국가자격
시행처: **식품의약품안전처(MFDS)**

실전 연습용
OMR 답안지 수록
★★★★★★
출제경향 분석 및
합격전략

맞춤형 화장품조제관리사
난이도별 모의고사
500제

황예지 저

도서출판 한수

머 리 말

우리나라 화장품 산업이 각 부문에서 눈부시게 발전함에 따라 K-beauty가 전 세계적으로 주목받고 있습니다. 화장품 시장의 발전과 함께 화장품을 사용하는 소비자의 눈높이 또한 높아지고 있는 바, 제품에 대해 추구하는 취향이나 방향에 대한 요구가 매우 구체화 되어가고 있으며, 더 나아가 개인의 피부 상태나 취향에 맞춘 화장품의 수요가 늘고 있습니다. 이에 식품의약품안전처는 2020년 3월 14일부터 본격적으로 맞춤형화장품 판매업 제도를 시행하였고, 이 제도와 함께 탄생된 맞춤형화장품조제관리사에 대하여 화장품산업의 여러 분야에서 관심이 고조되고 있습니다.

맞춤형화장품이란 다양해진 고객의 개별적 니즈에 맞춰 화장품의 내용물에 다른 화장품의 내용물이나 식품의약품안전처장이 정하는 원료를 추가하여 혼합한 화장품 또는 화장품의 내용물을 소분한 화장품을 뜻합니다. 그리고 맞춤형화장품판매업소에서는 이러한 혼합·소분 업무를 담당하는 국가 자격을 갖춘 사람이 필요한데, 그 자격을 갖춘 사람이 바로 "맞춤형화장품 조제관리사"입니다.

맞춤형화장품조제관리사란 화장품 전문가가 되기 위해서는 국가자격시험에 합격해야 합니다. 본 교재는 첫회 이후 출제된 모든 문제를 분석하여 난이도를 다양하게 형성했으며, 출제범위의 내용 또한 빠짐없이 충실하게 담았기에 여러분의 수험준비에 큰 도움이 될 것입니다.
맞춤형화장품조제관리사 제도의 도입으로 새로운 일자리를 창출하여 세계적인 K-beauty 산업의 성장에 함께할 것을 기대하며 많은 수험생들이 이 교재의 도움을 받아 합격의 영광을 누리시길 기원합니다.

황 예 지

시험
가이드

시험안내

시험소개

「화장품법」 제3조제4항에 따라 맞춤형화장품의 혼합, 소분 업무에 종사하고자 하는 자를 양성하기 위해 실시하는 시험이다.
- 주관처 : 식품의약품안전처
- 시행처 : 한국생산성본부

시험일정

매년 3월, 9월 첫째주 토요일 실시
(시험일정은 변경될 수 있으니, 시행처에 꼭 확인하기 바랍니다)

응시자격

응시 자격과 인원에 제한이 없음

합격기준

전 과목 총점(1,000점)의 60%(600점) 이상을 득점하고, 각 과목 만점의 40% 이상을 득점한 자.

시험방법 및 문항유형

시험과목	문항유형	과목별 총점	시험방법
화장품법의 이해	・선다형 7문항 ・단답형 3문항	100점	필기시험
화장품 제조 및 품질관리	・선다형 20문항 ・단답형 5문항	250점	
화장품 제조 및 품질관리	・선다형 25문항	250점	
맞춤형화장품의 이해	・선다형 28문항 ・단답형 12문항	400점	

시험영역

과목명	주요내용
화장품법의 이해	1.1. 화장품법 1.2. 개인정보 보호법
화장품 제조 및 품질관리	2.1. 화장품 원료의 종류와 특성 2.2. 화장품의 기능과 품질 2.3. 화장품 사용제한 원료 2.4. 화장품관리 2.5. 위해 사례 판단 및 보고
유통화장품의 안전관리	3.1. 작업장 위생관리 3.2. 작업자 위생관리 3.3. 설비 및 기구관리 3.4. 내용물 및 원료관리 3.5. 포장재의 관리
맞춤형화장품의 이해	4.1. 맞춤형화장품 개요 4.2. 피부 및 모발의 생리구조 4.3. 관능평가 방법과 절차 4.4. 제품 상담 4.5. 제품 안내 4.6. 혼합 및 소분 4.7. 충진 및 포장 4.8. 재고관리

시험시간

시험과목	입실완료	시험시간
·화장품법의 이해 ·화장품 제조 및 품질관리 ·유통화장품의 안전관리 ·맞춤형화장품의 이해	09 : 00까지	09 : 30 ~ 11 : 30 (120분)

시험장소

시험지역	시험장소
전국 11개 지역 (서울, 인천, 경기, 강원, 대전, 충북, 부산, 전북, 광주, 제주)	접수 시 응시자가 직접 선택

※ 시험지역 및 장소는 접수인원, 고사장 상황에 따라 변경될 수 있습니다
※ 응시자가 선호하는 시험지역 및 장소는 조기 마감될 수 있습니다.

출제 시험 분석

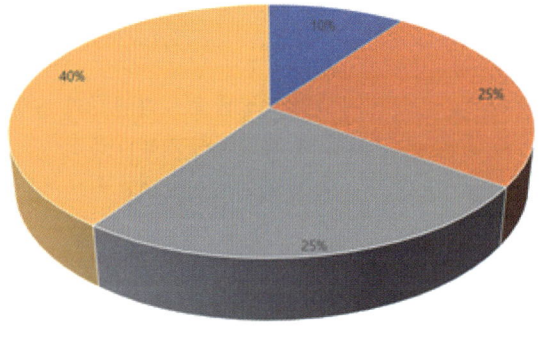

1. 화장품법의 이해
2. 화장품 제조 및 품질관리
3. 유통화장품 안전관리
4. 맞춤형 화장품의 이해

PART 1. 화장품법의 이해
Chapter 1. 화장품법	7%
Chapter 2. 개인정보 보호법	3%

PART 2. 화장품 제조 및 품질관리
Chapter 1. 화장품 원료의 종류와 특성	8%
Chapter 2. 화장품의 기능과 품질	2.5%
Chapter 3. 화장품 사용제한 원료	5.5%
Chapter 4. 화장품관리	5%
Chapter 5. 위해 사례 판단 및 보고	4%

PART 3. 유통화장품 안전관리
Chapter 1. 작업장 위생관리	4%
Chapter 2. 작업자 위생관리	3.5%
Chapter 3. 설비 및 기구관리	6%
Chapter 4. 내용물 및 원료관리	7.5%
Chapter 5. 포장재의 관리	4%

PART 4. 맞춤형화장품의 이해
Chapter 1. 맞춤형화장품 개요	6%
Chapter 2. 피부 및 모발의 생리구조	8.5%
Chapter 3. 관능평가 방법과 절차	2%
Chapter 4. 제품 안내	8%
Chapter 5. 제품 상담	6%
Chapter 6. 혼합 및 소분	4.5%
Chapter 7. 충진 및 포장	3.5%
Chapter 8. 재고관리	1.5%

연습용 OMR

맞춤형 화장품조제관리사 (난이도별) 모의고사 500제

* 본 OMR 카드는 시간 분배 연습을 위한 것입니다.
* 실제 OMR 카드와 다를 수 있습니다.

구 분

수험번호

성 명 (4자까지만 표기)

문번	답란	문번	답란	문번	답란	문번	답란
1	① ② ③ ④ ⑤	21	① ② ③ ④ ⑤	41	① ② ③ ④ ⑤	61	① ② ③ ④ ⑤
2	① ② ③ ④ ⑤	22	① ② ③ ④ ⑤	42	① ② ③ ④ ⑤	62	① ② ③ ④ ⑤
3	① ② ③ ④ ⑤	23	① ② ③ ④ ⑤	43	① ② ③ ④ ⑤	63	① ② ③ ④ ⑤
4	① ② ③ ④ ⑤	24	① ② ③ ④ ⑤	44	① ② ③ ④ ⑤	64	① ② ③ ④ ⑤
5	① ② ③ ④ ⑤	25	① ② ③ ④ ⑤	45	① ② ③ ④ ⑤	65	① ② ③ ④ ⑤
6	① ② ③ ④ ⑤	26	① ② ③ ④ ⑤	46	① ② ③ ④ ⑤	66	① ② ③ ④ ⑤
7	① ② ③ ④ ⑤	27	① ② ③ ④ ⑤	47	① ② ③ ④ ⑤	67	① ② ③ ④ ⑤
8	① ② ③ ④ ⑤	28	① ② ③ ④ ⑤	48	① ② ③ ④ ⑤	68	① ② ③ ④ ⑤
9	① ② ③ ④ ⑤	29	① ② ③ ④ ⑤	49	① ② ③ ④ ⑤	69	① ② ③ ④ ⑤
10	① ② ③ ④ ⑤	30	① ② ③ ④ ⑤	50	① ② ③ ④ ⑤	70	① ② ③ ④ ⑤
11	① ② ③ ④ ⑤	31	① ② ③ ④ ⑤	51	① ② ③ ④ ⑤	71	① ② ③ ④ ⑤
12	① ② ③ ④ ⑤	32	① ② ③ ④ ⑤	52	① ② ③ ④ ⑤	72	① ② ③ ④ ⑤
13	① ② ③ ④ ⑤	33	① ② ③ ④ ⑤	53	① ② ③ ④ ⑤	73	① ② ③ ④ ⑤
14	① ② ③ ④ ⑤	34	① ② ③ ④ ⑤	54	① ② ③ ④ ⑤	74	① ② ③ ④ ⑤
15	① ② ③ ④ ⑤	35	① ② ③ ④ ⑤	55	① ② ③ ④ ⑤	75	① ② ③ ④ ⑤
16	① ② ③ ④ ⑤	36	① ② ③ ④ ⑤	56	① ② ③ ④ ⑤	76	① ② ③ ④ ⑤
17	① ② ③ ④ ⑤	37	① ② ③ ④ ⑤	57	① ② ③ ④ ⑤	77	① ② ③ ④ ⑤
18	① ② ③ ④ ⑤	38	① ② ③ ④ ⑤	58	① ② ③ ④ ⑤	78	① ② ③ ④ ⑤
19	① ② ③ ④ ⑤	39	① ② ③ ④ ⑤	59	① ② ③ ④ ⑤	79	① ② ③ ④ ⑤
20	① ② ③ ④ ⑤	40	① ② ③ ④ ⑤	60	① ② ③ ④ ⑤	80	① ② ③ ④ ⑤

맞춤형 화장품조제관리사 (난이도별) 모의고사 500제

채점자 기입란

번호	①	②
81	①	②
82	①	②
83	①	②
84	①	②
85	①	②
86	①	②
87	①	②
88	①	②
89	①	②
90	①	②
91	①	②
92	①	②
93	①	②
94	①	②
95	①	②
96	①	②
97	①	②
98	①	②
99	①	②
100	①	②

단답형 답란

81.

82.

83.

84.

85.

86.

87.

88.

89.

90.

91.

92.

93.

94.

95.

96.

97.

98.

99.

100.

연습용 OMR

맞춤형 화장품조제관리사 (난이도별) 모의고사 500제

구 분
* 본 OMR 카드는 시간 분배 연습을 위한 것입니다.
* 실제 OMR 카드와 다를 수 있습니다.

수험 번호

성 명 (4자까지만 표기)

재점자 기입란

문항	①	②
81	①	②
82	①	②
83	①	②
84	①	②
85	①	②
86	①	②
87	①	②
88	①	②
89	①	②
90	①	②
91	①	②
92	①	②
93	①	②
94	①	②
95	①	②
96	①	②
97	①	②
98	①	②
99	①	②
100	①	②

단답형 답란

81	82	83	84	85
86	87	88	89	90
91	92	93	94	95
96	97	98	99	100

연습용 OMR

구 분

* 본 OMR 카드는 시간 분배 연습을 위한 것입니다.
* 실제 OMR 카드와 다를 수 있습니다.

수 험 번 호

성 명 (4자까지만 표기)

맞춤형 화장품조제관리사 (난이도별) 모의고사 500제

맞춤형 화장품조제관리사 (난이도별) 모의고사 500제

채점자 기입란

	①	②
81	①	②
82	①	②
83	①	②
84	①	②
85	①	②
86	①	②
87	①	②
88	①	②
89	①	②
90	①	②
91	①	②
92	①	②
93	①	②
94	①	②
95	①	②
96	①	②
97	①	②
98	①	②
99	①	②
100	①	②

단 답 형 답 란

81.

82.

83.

84.

85.

86.

87.

88.

89.

90.

91.

92.

93.

94.

95.

96.

97.

98.

99.

100.

연습용 OMR

맞춤형 화장품조제관리사 (난이도별) 모의고사 500제

구 분

* 본 OMR 카드는 시간 분배 연습을 위한 것입니다.
* 실제 OMR 카드와 다를 수 있습니다.

수험번호

성 명 (4자까지만 표기)

문번	답 란	문번	답 란	문번	답 란	문번	답 란
1	① ② ③ ④ ⑤	21	① ② ③ ④ ⑤	41	① ② ③ ④ ⑤	61	① ② ③ ④ ⑤
2	① ② ③ ④ ⑤	22	① ② ③ ④ ⑤	42	① ② ③ ④ ⑤	62	① ② ③ ④ ⑤
3	① ② ③ ④ ⑤	23	① ② ③ ④ ⑤	43	① ② ③ ④ ⑤	63	① ② ③ ④ ⑤
4	① ② ③ ④ ⑤	24	① ② ③ ④ ⑤	44	① ② ③ ④ ⑤	64	① ② ③ ④ ⑤
5	① ② ③ ④ ⑤	25	① ② ③ ④ ⑤	45	① ② ③ ④ ⑤	65	① ② ③ ④ ⑤
6	① ② ③ ④ ⑤	26	① ② ③ ④ ⑤	46	① ② ③ ④ ⑤	66	① ② ③ ④ ⑤
7	① ② ③ ④ ⑤	27	① ② ③ ④ ⑤	47	① ② ③ ④ ⑤	67	① ② ③ ④ ⑤
8	① ② ③ ④ ⑤	28	① ② ③ ④ ⑤	48	① ② ③ ④ ⑤	68	① ② ③ ④ ⑤
9	① ② ③ ④ ⑤	29	① ② ③ ④ ⑤	49	① ② ③ ④ ⑤	69	① ② ③ ④ ⑤
10	① ② ③ ④ ⑤	30	① ② ③ ④ ⑤	50	① ② ③ ④ ⑤	70	① ② ③ ④ ⑤
11	① ② ③ ④ ⑤	31	① ② ③ ④ ⑤	51	① ② ③ ④ ⑤	71	① ② ③ ④ ⑤
12	① ② ③ ④ ⑤	32	① ② ③ ④ ⑤	52	① ② ③ ④ ⑤	72	① ② ③ ④ ⑤
13	① ② ③ ④ ⑤	33	① ② ③ ④ ⑤	53	① ② ③ ④ ⑤	73	① ② ③ ④ ⑤
14	① ② ③ ④ ⑤	34	① ② ③ ④ ⑤	54	① ② ③ ④ ⑤	74	① ② ③ ④ ⑤
15	① ② ③ ④ ⑤	35	① ② ③ ④ ⑤	55	① ② ③ ④ ⑤	75	① ② ③ ④ ⑤
16	① ② ③ ④ ⑤	36	① ② ③ ④ ⑤	56	① ② ③ ④ ⑤	76	① ② ③ ④ ⑤
17	① ② ③ ④ ⑤	37	① ② ③ ④ ⑤	57	① ② ③ ④ ⑤	77	① ② ③ ④ ⑤
18	① ② ③ ④ ⑤	38	① ② ③ ④ ⑤	58	① ② ③ ④ ⑤	78	① ② ③ ④ ⑤
19	① ② ③ ④ ⑤	39	① ② ③ ④ ⑤	59	① ② ③ ④ ⑤	79	① ② ③ ④ ⑤
20	① ② ③ ④ ⑤	40	① ② ③ ④ ⑤	60	① ② ③ ④ ⑤	80	① ② ③ ④ ⑤

채점자 기입란

번호	①	②
81	①	②
82	①	②
83	①	②
84	①	②
85	①	②
86	①	②
87	①	②
88	①	②
89	①	②
90	①	②
91	①	②
92	①	②
93	①	②
94	①	②
95	①	②
96	①	②
97	①	②
98	①	②
99	①	②
100	①	②

단답형 답안란

81	82	83	84	85
86	87	88	89	90
91	92	93	94	95
96	97	98	99	100

연습용 OMR

맞춤형 화장품조제관리사 (난이도별) 모의고사 500제

맞춤형 화장품조제관리사 (난이도별) 모의고사 500제

채점자 기입란

번호	①	②
81	①	②
82	①	②
83	①	②
84	①	②
85	①	②
86	①	②
87	①	②
88	①	②
89	①	②
90	①	②
91	①	②
92	①	②
93	①	②
94	①	②
95	①	②
96	①	②
97	①	②
98	①	②
99	①	②
100	①	②

단답형 답란

81.

82.

83.

84.

85.

86.

87.

88.

89.

90.

91.

92.

93.

94.

95.

96.

97.

98.

99.

100.

CONTENTS

모의고사

모의고사 1회 (난의도 하)	023
모의고사 2회 (난의도 중)	061
모의고사 3회 (난의도 중)	107
모의고사 4회 (난의도 상)	147
모의고사 5회 (난의도 상)	209

정답 및 해설

정답 및 해설 1회	261
정답 및 해설 2회	277
정답 및 해설 3회	293
정답 및 해설 4회	309
정답 및 해설 5회	325

맞춤형화장품 조제관리사 모의고사

1회

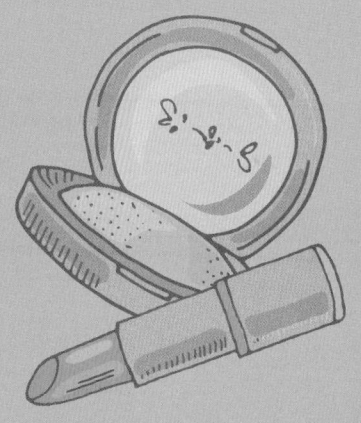

맞춤형화장품 조제관리사

【선다형】 제시된 지문과 문항을 읽고 알맞은 답을 고르시오.

제1과목 | 화장품법의 이해

01. 취급하는 화장품의 품질 및 안전 등을 관리하면서 이를 유통·판매하거나 수입대행형 거래를 목적으로 알선·수여하는 영업으로 옳은 것을 고르시오.

① 화장품대행업
② 화장품제조업
③ 화장품책임판매업
④ 화장품도매업
⑤ 맞춤형화장품판매업

02. 다음 중 회수 대상 화장품에 해당되지 않은 것을 고르시오.

① 화장품에 사용할 수 없는 원료를 사용한 화장품
② 화장품책임판매업자가 영업상 회수가 필요하다고 판단한 화장품
③ 사용기한을 변조한 화장품
④ 유통화장품 안전관리 기준에 적합하지 않은 화장품
⑤ 화장품 중 위생상 위해를 발생할 우려가 있는 화장품

03. 화장품법 시행규칙 별표 3에 따라 화장품의 포장에 표시하여야 하는 사용 시의 주의사항으로 옳은 것을 고르시오.

	화장품 종류	사용 시의 주의 사항
①	팩	알갱이가 눈에 들어갔을 때에는 물로 씻어내고, 이상이 있는 경우에는 전문의와 상담할 것
②	두발염색용 제품	눈, 코, 입 등에 닿지 않도록 주의하여 사용할 것
③	외음부 세정제	정해진 용법과 용량을 잘 지켜 사용할 것
④	퍼머넌트웨이브 제품	밀폐된 실내에서 사용할 때에는 반드시 환기할 것
⑤	체취방지용 제품	만 3세 이하의 영·유아에게는 사용하지 말 것

04. 다음 중 「화장품법」 제3조의3 화장품 제조업등록의 결격사유에 관한 설명으로 옳지 않은 것을 고르시오.

① 정신질환자(「정신건강증진 및 정신질환자 복지서비스 지원에 관한 법률」 제3조제1호) 다만, 전문의가 화장품제조업자로서 적합하다고 인정하는 사람은 제외
② 마약류의 중독자(「마약류 관리에 관한 법률」제2조제1호)
③ 피성년후견인 또는 파산선고를 받고 복권되지 아니한 자
④ 화장품법 또는 「보건범죄 단속에 관한 특별조치법」을 위반하여 금고 이상의 형을 선고받고 그 집행이 끝나지 아니하거나 그 집행을 받지 아니하기로 확정되지 아니한 자
⑤ 법 제24조에 따라 영업등록이 취소되거나 영업소가 폐쇄(제1호부터 제3호까지 제외)된 날부터 6개월이 지나지 아니한 자

05. 다음 중 화장품의 유형과 그 제품의 종류가 올바르게 연결된 것을 고르시오.

① 기초화장용 제품류 - 아이크림, 마스크팩, 화장비누
② 손발톱 제품류 - 네일 폴리시, 네일 에센스, 핸드크림
③ 색조화장용 제품류 - 메이크업 베이스, 마스카라, 보디페인팅용 제품
④ 두발염색용 제품류 - 헤어 틴트, 흑채, 헤어 컬러스프레이
⑤ 인체 세정용 제품류 - 폼 클렌저, 외음부 세정제, 물휴지

맞춤형화장품 조제관리사

06. 다음은 맞춤형화장품판매업자 A와 고객 B의 대화이다. 〈대화〉내용에서 「개인정보 보호법」에 따른 개인정보 수집에 관해 옳지 않은 내용을 이야기한 것을 고르시오.

> **대화**
>
> A : 안녕하세요. 고객님
>   신제품 출시 기념으로 이벤트에 참여해 주시면 선물을 드리고 있습니다.
>   참여해 보시겠어요?
> B : 네. 좋아요
>   참여방법을 알려주시겠어요?
> A : 회원가입서를 작성해 주시면 됩니다. ① 회원가입 시 화장품 신제품 관련된 설문조사와 함께 진행됩니다.
> B : 네. 그런데 개인정보 수집 항목이 굉장히 많네요.
> A : ② 고객님들에게 다양한 서비스를 제공해드리기 위해서 저희 회사는 최대한의 정보를 수집하고 있습니다. 행사 종료 시 수집 된 정보들은 모두 폐기됩니다.
> B : 폐기는 언제쯤 되나요?
> A : ③ 3개월 뒤에 행사가 종료됩니다. 회원가입서에 나와 있습니다.
> B : 혹시 마케팅 활용에 모두 동의해야 하나요?
> A : 아니요. ④ 고객님께서 선택하셔도 됩니다.
>   마케팅 활용 동의를 원하지 않으시면 거부하셔도 됩니다.
>   ⑤ 마케팅 활용 동의 거부로 인해 불이익은 전혀 없습니다.

07. 1년 이하의 징역 또는 1천만원 이하의 벌금에 관한 내용으로 옳지 않은 것을 고르시오.

① 등록을 하지 않고 화장품을 제조 또는 제조 · 수입하여 유통 · 판매한 자
② 영유아 또는 어린이가 사용할 수 있는 화장품의 제품별 안전성 자료를 작성 및 보관하지 않은 경우
③ 의약품으로 잘못 인식할 우려가 있는 표시 또는 광고를 한 경우
④ 천연화장품 또는 유기농화장품이 아닌 화장품을 천연화장품 또는 유기농화장품으로 잘못 인식할 우려가 있는 표시 또는 광고를 한 경우
⑤ 판매의 목적이 아닌 제품의 홍보 · 판매촉진 등을 위하여 미리 소비자가 시험 · 사용하도록 제조 또는 수입된 화장품을 판매한 경우

제 2과목 | 화장품 제조 및 품질관리

08. 계면활성제 중 비이온 계면활성제의 종류가 아닌 것을 고르시오.

① 폴리소르베이트 계열
② 소프비탄 계열
③ 글리세릴모노스테아레이트
④ 알카놀아마이드
⑤ 트라이에탄올아민

09. 고급 지방산(Fatty Acid)에 대한 설명으로 옳지 않은 것을 고르시오.

① R - COOH등으로 표시되는 화합물로 천연의 유지와 밀납 등에 에스터류로 함유되어 있다.
② 탄소사이의 결합이 단일결합이면 포화, 이중결합이면 불포화라고 한다.
③ 알킬기의 종류(탄소수)에 따라 여러 종류의 고급지방산으로 분류된다.
④ 리놀레닉애씨드는 탄소수가 16개로 투명한 액상이다.
⑤ 스테아릴애씨드는 탄소수가 18개로 흰색의 고상이다.

10. 염료에 대한 설명으로 옳지 않은 것을 고르시오.

① 염료는 물이나 오일에 잘 녹지 않기 때문에 주로 메이크업 화장품에 사용한다.
② 물 또는 오일에 녹는 색소로서 화장품 자체에 시각적인 색상효과를 부여한다.
③ 수용성 염료는 화장수, 로션, 샴푸 등의 착색에 사용되며, 유용성 염료는 헤어오일 등의 유성화장품의 착색에 사용된다.
④ 염료는 화장품의 내용물에 적당한 색상을 부여하기 위하여 기초화장품, 모발 화장품 등에 넓게 사용하고 있다.
⑤ 염료는 천연색소와 합성타르색소로 나눌 수 있는데, 천연색소는 가격이 비싸고 불안정하여 보존이 어렵다.

맞춤형화장품 조제관리사

11. 산화방지제로 사용되는 성분으로 옳은 것을 고르시오.

① 레시틴 ② 파라벤류 ③ 살리실산
④ 토코페릴 아세테이트 ⑤ 트리클로산

12. 유화의 분류 중 오일에 물이 섞여 있는 형태로 옳은 것을 고르시오.

① O/W ② W/O ③ W/Si
④ W/S ⑤ O/W/O

13. 계면활성제의 유형과 그 적용제품의 연결로 옳지 않은 것을 고르시오.

① 음이온 계면활성제 - 샴푸, 바디워시, 손 세척제
② 양이온 계면활성제 - 헤어컨디셔너, 린스
③ 실리콘계 계면활성제 - 파운데이션, 비비크림, 메이크업베이스
④ 비이온 계면활성제 - 베이비샴푸, 저자극샴푸
⑤ 천연 계면활성제 - 기초화장품

14. 식물성 오일의 특징에 대한 설명으로 옳지 않은 것을 고르시오.

① 특이취가 있다.
② 피부의 흡수가 느리다.
③ 산패되기가 쉽다.
④ 무거운 사용감이 있다.
⑤ 피부에 대한 친화성이 약하다.

15. 다음 유기계의 천연안료의 종류가 아닌 것을 고르시오.

① 울트라마린 블루　② 베타카로틴　③ 카라멜
④ 커큐민　⑤ 레이크

16. 색조화장품에 사용되는 안료로서 파우더의 사용감과 제형을 구성하는 기능을 하는 체질안료가 아닌 것을 고르시오.

① 마이카　② 탤크　③ 실리카
④ 하이포산틴　⑤ 알루미늄스테아레이트

17. 식물에서 향을 추출하는 방법에서 열에 약한 꽃의 향을 추출할 때 주로 사용하는 추출방법을 고르시오.

① 냉각압착법　② 흡착법　③ 용매추출법
④ 화학합성법　⑤ 수증기증류법

18. 다음 〈보기〉의 화장품 성분 중 동물성 향료로 옳은 것을 모두 고르시오.

보기
㉠ 무스크　　㉡ 자스민　　㉢ 멘톨
㉣ 벤질아세테이트　㉤ 라벤더　㉥ 시베트
㉦ 카스토리움　㉧ 로즈메리

① ㉠, ㉣, ㉥
② ㉠, ㉢, ㉦
③ ㉠, ㉥, ㉦
④ ㉠, ㉢, ㉥, ㉦
⑤ ㉠, ㉡, ㉣, ㉦, ㉧

맞춤형화장품 조제관리사

19. 자외선 차단효과에 관한 설명으로 옳지 않은 것을 고르시오.

① 징크옥사이드, 티타늄디옥사이드 등은 자외선 산란제 이다.
② 자외선 차단지수는 자외선 차단제가 UVA, UVB를 차단하는 정도를 나타내는 지수이다.
③ 자외선 차단지수란 도포 후의 최소홍반량을 도포 전의 최소홍반량으로 나눈 값으로 자외선 차단지수가 높을수록 자외선 차단효과가 크다.
④ 자외선 차단효과 평가방법은 피부에 인공 태양광선을 비추어 최소홍반량을 결정하고 피부에 자외선 차단제를 도포한 후 같은 방법으로 인공 태양광선을 비추어 최소홍반량을 결정한다.
⑤ 자외선 차단지수란 제품을 바른 피부의 최소홍반량에 제품을 바르지 않은 피부의 최소홍반량을 나눈값이다.

20. 화장품에서 에탄올의 용도에 대한 설명으로 옳지 않은 것을 고르시오.

① 수렴제　　　　② 살균제　　　　③ 가용화제
④ 청결제　　　　⑤ 수분제

21. 다음 〈보기〉에서 보습제 성분인 것을 모두 고르시오.

> **보기**
> ㉠ 글리세린　　㉡ 셀룰로오스　　㉢ 카복시비닐폴리머
> ㉣ 하이알루로닉애씨드　㉤ 세라마이드 유도체　㉥ 아데노신
> ㉦ 징크피리치온

① ㉠, ㉡, ㉣　　　　② ㉠, ㉣, ㉤　　　　③ ㉠, ㉣, ㉥
④ ㉡, ㉢, ㉣, ㉦　　⑤ ㉡, ㉣, ㉥, ㉦

모의고사 1회

22. 화장품 전성분 표시지침에 대한 설명으로 옳지 않은 것을 고르시오.

① 전성분의 표시는 글자의 크기는 5포인트 이상으로 한다.
② 전성분의 표시는 화장품에 사용된 함량 순으로 많은 것부터 기재한다.
③ 성분의 명칭은 식품의약품안전처장이 발간하는 화장품 성분사전에 따른다.
④ 전성분 표시는 원칙적으로 모든 화장품을 대상으로 한다.
⑤ 전성분이란 제품표준서 등 처방계획에 의해 사용된 원료의 명칭이다. 혼합원료의 사용 시 그것을 구성하는 개별 성분의 명칭을 표시하여야 한다.

23. 기초화장품의 제품과 그 작용에 대한 설명으로 옳지 않은 것을 고르시오.

① 유액 - 한선, 피지선이 없고 피부두께가 얇은 눈 주위 피부에 영양공급과 탄력감을 부여
② 영양액 - 보습성분과 영양성분이 고농축되어 있어 피부에 수분과 영양을 공급
③ 핸드크림 - 피부에 유분과 수분을 공급
④ 마사지크림 - 피부의 혈행촉진, 유연
⑤ 영양크림 - 세안 후 제거된 천연피지막 회복, 피부를 외부환경으로부터 보호 및 피부의 생리기능을 도와줌. 활성성분이 피부트러블을 개선함

24. 다음 색조화장품 안료의 함유율이 가장 높은 것을 고르시오.

① 메이크업베이스 ② 쿠션 ③ 비비크림
④ 파우더 ⑤ 파운데이션

맞춤형화장품 조제관리사

25. 색조화장품 제품에 대한 설명으로 옳지 않은 것을 고르시오.

① 메이크업 프라이머 - 피부색 정돈, 파운데이션이 잘 발라지도록 하는 베이스로 파운데이션의 색소침착을 방지, 인공피지막을 형성하여 피부보호
② 메이크업베이스 - 피부색 정돈, 피부결점 커버, 자외선 차단
③ 파운데이션 - 피부결점 커버, 건조한 외부환경으로부터 피부보호, 자외선 차단, 피부색 보정, 피부요철 보정
④ 컨실러 - 피부결점 커버, 피부색 보정
⑤ 파우더 - 땀이나 피지의 분비를 흡수·억제하여 화장무너짐 예방, 빛을 난반사하여 얼굴을 화사하게 표현하고 피부색을 밝게 함. 번들거림 방지

26. 보존제성분의 사용한도 대상 원료가 아닌 것을 고르시오.

① 벤질알코올
② 드로메트리졸트리실록산
③ 메칠클로로이소치아졸리논
④ 소듐아이오데이트
⑤ 글루타랄

27. 착향제의 구성성분 중 알레르기 유발성분이 아닌 것을 고르시오.

① 이소유제놀　　② 쿠마린　　③ 제라니올
④ 벤질벤조에이트　　⑤ 디옥시벤존

제3과목 | 유통화장품 안전관리

28. 다음 중 〈보기〉에서 「우수화장품 제조 및 품질관리기준(CGMP)」 제2조에 따른 용어의 정의로 옳지 않은 것을 모두 고르시오.

> **보기**
>
> ㉠ '품질보증'이란 제품이 적합 판정 기준에 충족될 것이라는 신뢰를 제공하는데 필수적인 모든 계획되고 체계적인 활동을 말한다.
> ㉡ '일탈'이란 규정된 합격 판정 기준에 일치하지 않는 검사, 측정 또는 시험결과를 말한다.
> ㉢ '불만'이란 제품이 규정된 적합판정기준을 충족시키지 못한다고 주장하는 내부 정보를 말한다.
> ㉣ '공정관리'란 제조공정 중 적합판정기준의 충족을 보증하기 위하여 공정을 모니터링 하거나 조정하는 모든 작업을 말한다.
> ㉤ '시장출하'란 화장품책임판매업자가 그 제조 등 (타인에게 위탁 제조 또는 검사하는 경우를 포함하고 타인으로부터 수탁 제조 또는 검사하는 경우는 포함하지 않는다.) 을 하거나 수입한 화장품의 판매를 위해 출하하는 것을 말한다.
> ㉥ '품질관리'란 화장품의 책임판매 시 필요한 제품의 품질을 확보하기 위해서 실시하는 것으로서, 화장품책임판매업자 및 관리자에 관계된 업무이다.

① ㉠, ㉡, ㉢
② ㉠, ㉤, ㉥
③ ㉡, ㉢, ㉤
④ ㉡, ㉢, ㉥
⑤ ㉡, ㉢, ㉤, ㉥

29. 다음 중 「우수화장품 제조 및 품질관리기준 (CGMP) 해설서」에 따른 작업장의 위생에 관한 설명이다. 옳지 않은 것을 고르시오.

① 곤충, 해충, 쥐를 막을 수 있는 대책을 마련하고 정기적으로 점검·확인하여야 한다.
② 제조시설이나 설비의 세척에 사용되는 세제 또는 소독제는 효능이 입증된 것을 사용하고 잔류하거나 적용하는 표면에 이상을 초래하지 아니하여야 한다.
③ 제조시설이나 설비는 적절한 방법으로 총소하여야 하며, 필요한 경우 위생관리 프로그램을 운영하여야 한다.
④ 제조, 관리 및 보관 구역 내의 바닥, 벽, 천장 및 창문은 항상 청결하게 유지되어야 한다.
⑤ 창문은 차광하고 야간에 빛이 밖으로 새어나가지 않게 하며 환기를 위해 개방할 수 있는 창문을 만들어 놓는다.

맞춤형화장품 조제관리사

30. <보기>는 「우수화장품 제조 및 안전관리 기준(CGMP)」 제21조 및 제22조의 내용이다. 검체의 채취 및 보관과 폐기처리 기준을 모두 고르시오.

> **보기**
>
> ㉠. 완제품의 보관용 검체는 적절한 보관조건하에 지정된 구역 내에서 제조단위별로 사용기한 경과 후 1년간 보관하여야 한다. 다만, 개봉 후 사용기간을 기재하는 경우에는 제조일로부터 3년간 보관하여야 한다.
> ㉡. 재작업은 그 대상이 다음 각 호를 모두 만족한 경우에 할 수 있다.
>   1. 변질·변패 또는 병원미생물에 오염되지 아니한 경우
>   2. 제조일로부터 2년이 경과하지 않았거나 사용기한이 1년 이상 남아있는 경우
> ㉢. 원료와 포장재, 벌크제품과 완제품이 적합판정기준을 만족시키지 못할 경우 "기준일탈 제품"으로 지칭한다. 기준일탈 제품이 발생했을 때는 신속히 절차를 정하고, 정한 절차를 따라 확실한 처리를 하고 실시한 내용을 모두 문서에 남긴다.
> ㉣. 재작업의 절차 중 품질이 확인되고 품질보증책임자의 승인을 얻을 수 있을 때까지 재작업품은 다음 공정에 사용할 수 없고 출하할 수 없다.
> ㉤. 품질에 문제가 있거나 회수·반품된 제품의 폐기 또는 재작업 여부는 화장품책임판매업자에 의해 승인되어야 한다.

① ㉠, ㉢　　② ㉠, ㉣　　③ ㉡, ㉣
④ ㉡, ㉤　　⑤ ㉢, ㉤

31. 다음 <보기>는 화장품 포장의 표시기준 및 표시방법의 일부이다. (　　)에 들어갈 수 있는 화장품의 유형으로 옳지 않은 것을 고르시오.

> **보기**
>
> (　　)에서 호수별로 착색제가 다르게 사용된 경우 '± 또는 +/−'의 표시 다음에 사용된 모든 착색제 성분을 함께 기재·표시할 수 있다.

① 눈 화장용 제품류　　② 두발용 제품류　　③ 두발염색용 제품류
④ 색조 화장용 제품류　　⑤ 손발톱용 제품류

32. 화장품 생산 시설의 유지관리에 대한 설명으로 옳은 것을 고르시오.

① 유지관리는 유지보수, 정기 검교정으로 나눌 수 있다.
② 결함 발생 및 정비 중인 설비는 '고장'으로 표시하고 접근을 막는다.
③ 건물, 시설 및 주요 설비는 정기적으로 점검하여 화장품의 제조 및 품질관리에 지장이 없도록 유지·관리·기록하여야 한다.
④ 유지관리 중 정기 검교정는 주요 설비 및 시험장비에 대하여 실시하는 것을 말하며, 고장 발생 시의 긴급점검이나 수리하는 것은 유지보수라 한다.
⑤ 생산 시설에 제조 관련 설비는 근무하는 사람들이 정기적으로 접근이 가능해야 한다.

33. 다음 화장품의 분류 중 「유통화장품 안전관리 기준」의 pH 3.0 ~ 9.0 기준을 만족해야 하는 제품으로 옳은 것을 고르시오.

① 영·유아용 세정용 제품
② 클렌징 크림, 클렌징 폼
③ 클렌징 워터, 클렌징 오일
④ 바디미스트, 바디로션
⑤ 세이빙 크림, 세이빙 젤

34. 소독제에 대한 설명으로 옳지 않은 것을 고르시오.

① 소독제는 제품이나 설비와 반응하지 않아야 하며, 5분 이내의 짧은 처리에도 효과를 보여야 한다.
② 소독제는 인체의 피부, 점막의 표면이나 기구, 환경의 소독을 목적으로 사용하는 화학물질의 총칭을 말한다.
③ 소독제는 기구 등에 부착한 바이러스에 대해 사용하는 약제를 말한다.
④ 소독제는 에탄올 70%, 아이소프로필 알코올 70%가 주로 사용된다.
⑤ 소독제를 선택할 때는 경제적으로 저렴하고 쉽게 이용할 수 있어야 한다.

맞춤형화장품 조제관리사

35. 반제품의 보관 시 용기에 표시해야 할 사항이 아닌 것을 고르시오.

① 제조번호
② 완료된 공정명
③ 명칭 또는 확인코드
④ 최소한의 보관기한 설정
⑤ 필요한 경우에는 보관조건

36. 다음 〈보기〉에서 기준일탈 폐기 처리 과정을 순서대로 나열한 것을 고르시오.

> **보기**
> ㉠ 폐기처분
> ㉡ 격리 보관
> ㉢ 기준일탈 조사
> ㉣ 기준일탈 처리
> ㉤ '시험, 검사, 측정이 틀림 없음'을 확인
> ㉥ 기준일탈 제품에 대해 불합격라벨 첨부
> ㉦ 시험, 검사, 측정에서 기준일탈 결과 나옴

① ㉢-㉠-㉡-㉦-㉤-㉣-㉥
② ㉢-㉤-㉡-㉠-㉦-㉣-㉥
③ ㉣-㉤-㉡-㉠-㉢-㉦-㉥
④ ㉦-㉢-㉤-㉣-㉥-㉡-㉠
⑤ ㉦-㉣-㉡-㉠-㉥-㉢-㉤

37. 작업장 위생 기준에 대한 설명으로 옳지 않은 것을 고르시오.

① 사용된 세제나 세척제는 표면에 이상을 초래해서는 안 되며, 세제 또는 세척제는 정해진 가격 내의 제품을 사용해야 한다.
② 제조시설이나 설비는 적절한 방법으로 청소해야 하며, 필요한 경우 위생관리 프로그램을 운영해야 한다.
③ 보관 구역의 통로는 적절하게 설계되어야 하며, 손상된 팔레트는 수거하여 수선 또는 폐기하고, 매일 바닥의 폐기물을 치워야 한다.
④ 원료 취급 구역에서 원료의 포장이 훼손된 경우에는 봉인하거나 즉시 별도의 저장조에 보관한 후 품질상의 처분 결정을 취해 격리해야 한다.
⑤ 제조 구역에서 흘린 것은 신속히 청소하고, 여과지, 개스킷, 폐지, 플라스틱 봉지 등의 폐기물은 주기적으로 버려 장기간 모아놓거나 쌓아두지 않아야 한다.

38. 다음 제품 중 미생물 한도 기준에 근거하였을 때의 검출량이 적합하지 않은 것을 고르시오.

① 유아용 보디 로션 - 총호기성생균수 300개/g(mL) 검출
② 물휴지 - 세균 및 진균수 각각 100개/g(mL) 검출
③ 수분 에센스 - 총호기성생균수 900개/g(mL) 검출
④ 마사지 크림 - 총호기성생균수 500개/g(mL)) 검출
⑤ 영양 크림 - 대장균 100개/g(mL) 검출

39. 다음 〈보기〉의 화장품 중 pH 기준이 기준이 있는 제품을 모두 고르시오.

보기

ⓐ 클렌징오일   ⓑ 아이리무버   ⓒ 기능성 크림
ⓓ 영유아용 바디로션   ⓔ 셰이빙 크림   ⓕ 탈모샴푸
ⓖ 영유아용샴푸   ⓗ 아이크림

① ㉠, ㉢, ㉤   ② ㉠, ㉥, ㉧   ③ ㉡, ㉧
④ ㉢, ㉣   ⑤ ㉡, ㉣, ㉦, ㉧

맞춤형화장품 조제관리사

40. 포장용기의 종류 중 기체 또는 미생물 침입을 방지하고, 내용물이 손실되지 않도록 도와주는 용기를 고르시오.

① 밀폐용기 ② 기밀용기 ③ 차광용기
④ 차단용기 ⑤ 밀봉용기

41. 제조관리 및 출하에 관한 모든 사항을 확인할 수 있도록 표시된 번호로서 숫자, 문자, 기호 또는 이들의 특정적인 조합이다. 이 내용으로 옳은 것을 고르시오.

① 제조번호, 제조단위 ② 제조번호, 뱃치번호
③ 제조단위, 뱃치 ④ 제조단위, 뱃치번호
⑤ 기준일탈, 적합 판정 기준

42. 다음 〈보기〉는 포장재의 선정 절차과정이다 〈보기〉에서 ㉠~㉢에 들어갈 내용을 순서대로 고르시오.

> 보기
>
> 중요도 분류 ⇨ 공급자 (㉠) ⇨ 공급자 (㉡) ⇨ 품질 (㉢)
> ⇨ 품질계약서 공급계약 체결 ⇨ 정기적 모니터링

	㉠	㉡	㉢
①	결정	승인	선정
②	결정	선정	승인
③	선정	승인	결정
④	선정	결정	승인
⑤	승인	선정	결정

43. 온도, 압력, 흐림, 점도, pH, 속도, 부피 등 화장품의 특성을 측정 및 기록하기 위해 사용하는 기계로 옳은 것을 고르시오.

① 게이지와 미터기   ② 필터, 여과기   ③ 호모게나이저
④ 이송파이프   ⑤ 탱크

44. 불만처리 시 기록·유지해야 하는 사항 중 옳지 않은 것을 고르시오.

① 불만 접수연월일
② 불만 제기자의 이름과 연락처, 주소
③ 제품명, 제조번호, 등을 포함한 불만내용
④ 불만조사 및 추적조사 내용
⑤ 처리결과 및 향후 대책

45. 벌크제품에 대한 설명으로 옳지 않은 것을 고르시오.

① 사용하고 남은 벌크제품은 재보관하고 재사용이 가능하다.
② 여러 번 사용 후 재보관하는 벌크제품은 조금씩 나누어서 보관해야 한다.
③ 사용하고 남은 벌크제품을 다음 제조 시 우선적으로 먼저 사용해야 한다.
④ 사용 후 벌크제품을 재보관 시에는 기존의 보관 환경보다 온도가 낮아야 한다.
⑤ 변질 및 오염의 우려가 있거나 변질되기 쉬운 벌크제품은 재사용 하면 안된다.

맞춤형화장품 조제관리사

46. 다음 중 청정도 등급 관리 기준에 대한 설명으로 옳지 않은 것을 고르시오.

① Clean Bench는 1등급의 청정도 엄격관리가 필요한 곳으로, 20회/hr 이상 또는 차압관리로 공기 순환이 진행되어야하며, 부유균 10개/㎥ 또는 낙하균 20개/hr의 관리 기준에 적합해야 한다.
② 화장품 원료를 칭량하거나 화장품 제조, 미생물 실험실은 청정도 등급 중 2등급에 해당하며, 부유균 200개/㎥ 또는 낙하균 30개/hr의 관리 기준에 적합해야 한다.
③ 포장실과 같이 화장품 내용물이 노출되지 않는 곳은 청정도 등급 중 3등급에 해당하며, 차압관리를 통한 청정 공기순환이 이루어져야 하고, 갱의, 포장재의 외부 청소 후 반입할 수 있다.
④ 포장재 · 완제품 · 관리품 · 원료 보관소, 갱의실, 일반 실험실은 청정도 등급 중 4등급에 해당하며, 환기장치를 통해 청정 공기순환이 이루어져야 한다.
⑤ 1, 2, 3등급 시설에서 작업할 경우 작업복, 작업모, 작업화를 착용해야 한다.

47. 작업장의 청소 주기와 점검 방법으로 옳지 않은 것을 고르시오.

① 모든 작업장은 육안 점검을 한다.
② 원료 창고는 작업 후 빗자루 또는 진공청소기로 청소하고 물걸레로 닦는다.
③ 칭량실은 작업 후 상수와 70% 에탄올로 청소 및 점검한다.
④ 미생물 실험실은 작업 후 정제수를 이용하여 청소 및 점검한다.
⑤ 제조실은 수시(최소 1회/일)로 중성세제와 70% 에탄올을 이용하여 청소 및 점검한다.
　(작업 전 작업대와 테이블, 저울을 70% 에탄올로 소독한다)

48. 맞춤형화장품조제 시 작업자의 위생관리 기준에 대한 설명으로 옳지 않은 것을 고르시오.

① 소분 · 혼합 전에는 손을 세척하고 필요 시 소독해야 한다.
② 소분 · 혼합 전후에는 사용한 설비에 대하여 세척해야 한다.
③ 작업 전 복장을 점검하고 적절하지 않은 경우에는 시정해야 한다.
④ 소분 · 혼합 시 위생복과 위생모자, 필요 시 일회용 마스크를 착용해야 한다.
⑤ 음식, 음료수 및 흡연 등은 제조 구역 외 보관 구역에서만 섭취하거나 흡연하여야 한다.

49. 화장품 품질보증 책임자의 업무로 옳지 않은 것을 고르시오.

① 불만처리와 제품 회수에 관한 사항을 주관한다.
② 품질에 관련된 모든 문서와 절차의 검수 및 승인을 한다.
③ 일탈이 있는 경우 화장품책임관리자에게 보고한다.
④ 품질검사가 규정된 절차에 따라 진행되고 있는지 확인한다.
⑤ 부적합품이 규정대로 처리되고 있는지 확인하고, 적합 판정한 원자재 및 제품의 출고 여부를 결정한다.

50. 다음 중 유통화장품 관련 용어의 정의로 옳지 않은 것을 고르시오.

① 정기 검·교정 : 제품의 품질에 영향을 줄 수 있는 계측기에 대해 정기적 계획을 수립해 실시하는 활동
② 적합 판정 기준 : 시험 결과의 적합 판정을 위한 수적인 제한, 범위 또는 기타 적절한 측정법
③ 출하 : 주문준비와 관련된 일련의 작업과 운송수단에 적재하는 활동으로 제조소 밖으로 제품을 운반하는 것
④ 예방적 활동 : 주요 설비 및 시험장비에 대해 정기적으로 교체해야 하는 부속품에 대한 연간 계획을 세워 시정 실시(망가진 후 수리)를 하지 않는 것이 원칙이다.
⑤ 공정관리 : 제품이 규정된 적합 판정 기준을 충족시키지 못한다고 주장하는 외부정보

51. 적절한 보관을 위해 고려해야 할 사항으로 옳지 않은 것을 고르시오.

① 원료와 포장재가 재포장될 경우, 원래의 용기와 동일하게 표시되지 않아도 상관없다.
② 물질의 특성에 맞도록 보관, 취급되어야 한다.
③ 특수한 보관 조건은 적절하게 준수, 모니터링 되어야 한다.
④ 보관 조건은 각각의 원료와 포장재에 적합하여야 하고, 과도한 열, 추위, 햇빛 또는 습기에 노출되어 변질되는 것을 방지할 수 있어야 한다.
⑤ 원료와 포장재의 용기는 밀폐되어, 청소와 검사가 용이하도록 충분한 간격으로, 바닥과 떨어진 곳에 보관되어야 한다.

52. 청정도 기준에 따라 청정도 2등급의 대상시설로 옳은 것을 고르시오.

① 화장품 내용물이 노출되는 작업실
② 청정도 엄격 관리실
③ 일반작업실
④ 원료보관실
⑤ 포장실

제 4과목 | 맞춤형화장품의 이해

53. 화장품 표시 광고 시 준수해야 할 사항으로 옳지 않은 것을 고르시오.

① "최고" 또는 "최상" 등 배타성을 띠는 표현의 표시 광고를 하지 말 것
② 의사, 치과의사, 한의사, 약사 등이 광고 대상을 지정, 공인, 추천하지 말 것
③ 국제적 멸종위기종의 가공품이 함유된 화장품임을 표시 광고하지 말 것
④ 비교 대상 및 기준을 밝히고 객관적인 사실을 경쟁상품과 비교하는 표시 광고를 하지 말 것
⑤ 사실 유무와 상관없이 다른 제품을 비방하거나, 비방으로 의심되는 광고를 하지 말 것

54. 맞춤형화장품판매업자의 준수사항에 대한 설명으로 옳은 것을 고르시오.

① 사용하고 남은 제품은 사용하지 않도록 한다.
② 원료나 내용물 등은 반드시 냉장고에 보관하여야 한다.
③ 판매장 또는 혼합·판매 시 오염 등의 문제가 발생하였을 경우에는 위생검사를 실시한다.
④ 혼합 후에는 물리적 현상(층 분리 등)에 대하여 보존검사를 한 후 판매를 한다.
⑤ 혼합·소분 전 내용물과 원료의 품질성적서를 확인한다.

55. 맞춤형화장품의 단기간의 가속 조건이 물리·화학적, 미생물학적 안정성 및 적합성에 미치는 영향을 평가하기 위한 시험으로 옳은 것을 고르시오.

① 일반시험 ② 물리적 시험 ③ 화학적 시험
④ 가혹시험 ⑤ 가속시험

56. 화장품의 관능검사에 대한 설명으로 옳지 않은 것을 고르시오.

① 물질의 특성을 인간의 오감으로 감지하여 분석 및 판단하는 검사이다.
② 기업은 관능검사를 통하여 시장에서의 제품력을 확인할 수는 없다.
③ 사람의 감각은 심리적 또는 환경적 요인에 큰 영향을 받기 때문에 목적에 맞는 실험 디자인을 구성하여야 한다.
④ 새로운 제품 개발에 활용할 수 있다.
⑤ 훈련된 전문 패널이 있으면 이화학/기기 분석에 비해 짧은 시간 내에 유용한 결과를 얻을 수 있다.

57. 모발의 주성분과 관련된 설명으로 옳지 않은 것을 고르시오.

① 모발은 양모와 마찬가지로 동물성 천연섬유이다.
② 모발의 주성분은 케라틴 단백질이다.
③ 인모, 양모, 손톱은 경케라틴이다.
④ 모발을 태울 때 나는 냄새는 황결합의 분해로 유황화합물의 냄새가 난다.
⑤ 부드러운 피부는 연케라틴이다.

58. 화장비누에 관한 설명으로 옳은 것을 고르시오.

① 화장비누를 직접 제조해 판매하는 소규모공방 사업자는 화장품제조업 등록을 해야 한다.
② 화장비누와 세탁비누는 화장품법에서 인체 세정용 제품류에 속한다.
③ 화장비누를 생산하는 제조업자는 세탁비누를 생산할 수 없다.
④ 화장비누에만 사용할 수 있는 색소는 별도로 규정되어 있지 않다.
⑤ 화장비누만을 소분해서 판매하는 경우 맞춤형화장품판매업 신고를 해야 한다.

맞춤형화장품 조제관리사

59. 맞춤형화장품에 사용할 수 없는 성분으로 옳은 것을 고르시오.

① 페트로라튬
② 카프릴릭트리글리세라이드
③ 닥나무추출물
④ 세테아릴알코올
⑤ 카멜리아추출물

60. 화장품의 안전성 평가를 위한 심사에 제출하여야 할 자료로 옳지 않은 것을 고르시오.

① 관능 검사표
② 안점막 자극시험 자료
③ 투여 독성 시험 자료
④ 인체 첩포시험
⑤ 광독성 및 광감작성 시험 자료

61. 엑소 큐티클에 관한 설명으로 옳지 않은 것을 고르시오.

① 부드러운 케라틴의 층이다.
② 알칼리에 강하다.
③ 펌제와 같은 화학약품의 작용을 받기 쉽다.
④ 물리적, 화학적 저항력이 에피 큐티클 부분보다 현저히 낮다.
⑤ 시스틴이 많이 함유되어 있다.

62. 맞춤형화장품 관련 규정에 대한 설명으로 옳은 것을 고르시오.

① 맞춤형화장품조제관리사 자격이 있는 직원은 화장품에 사용상의 제한이 필요한 원료를 사용할 수 있다.
② 맞춤형화장품판매업을 신고하려는 자는 총리령에 따라 화장품책임관리자를 두어야 한다.
③ 행정구역 개편에 따른 맞춤형화장품판매업소의 소재지 변경은 30일 이내에 신고한다.
④ 맞춤형화장품조제관리사는 화장품 안전성 확보 및 품질관리에 관한 교육을 6개월 마다 받아야 한다.
⑤ 교육을 받아야 하는 자가 둘 이상의 장소에서 맞춤형화장품판매업을 하는 경우에는 종업원 중 총리령으로 선별된 자를 책임자로 지정하여 교육을 받게 할 수 있다.

63. 피부의 기능에 대한 설명으로 옳지 않은 것을 고르시오.

① 전체 호흡의 0.6~1.0%는 피부를 통해 호흡한다.
② 자외선 흡수를 통한 비타민D를 합성한다.
③ 모세혈관의 확장과 수축을 통해 체온을 조절하는 기능
④ 피하지방에 위치한 신경을 통해 피부 반사 작용을 하는 감각기능
⑤ 미생물 침입 시 염증 반응을 유발해 보호한다.

64. 진피에 존재하는 세포가 아닌 것을 고르시오.

① 교원섬유   ② 대식세포   ③ 섬유아세포
④ 비만세포   ⑤ 머켈세포

맞춤형화장품 조제관리사

65. 모발의 화학적 결합으로 옳지 않은 것을 고르시오.

① 이온 결합 ② 수소 결합 ③ 시스틴 결합
④ 큐티클 결합 ⑤ 펩타이드 결합

66. 피부의 유형별 특징으로 옳지 않은 것을 고르시오.

① 건성 피부 - 각질층 수분 함량이 10% 미만인 피부
② 민감성 피부 - 피부가 쉽게 붉어지거나 민감하게 반응하는 피부
③ 색소침착 피부 - 멜라닌이 정상적으로 생성된 피부
④ 노화 피부 - 광노화로 인해 보습과 탄력이 저하된 피부
⑤ 건성 피부 - 피지 분비량이 많고 모공이 큰 피부

67. 관능평가에 대한 설명으로 옳지 않은 것을 고르시오.

① 모든 관능평가는 전문가에 의해 진행된다.
② 관능평가의 요소에는 탁도, 변취, 분리, 점도, 경도 등이 있다.
③ 화장품의 품질을 오감을 통해 측정하고 분석하여 평가하는 방법이다.
④ 의사의 관리하에 대조군, 위약, 표준품 등과 비교하여 정량화될 수 있다.
⑤ '촉촉하게 발린다', '빠르게 스며든다', '투명감이 있다' 등의 관능용어로 평가될 수 있다.

68. 맞춤형화장품 표시사항으로 옳지 않은 것을 고르시오.

① 영유아용, 어린이용 제품은 보존제 함량 표시가 의무적이다.
② 붓기, 다크서클 완화는 의약품으로 오인할 수 있기에 표시·광고가 불가능하다.
③ 인체 세정용 항균 제품은 인체적용시험 자료를 제출하면 표시·광고가 가능하다.
④ 영유아용, 어린이용 제품으로 표시·광고할 때는 안전성 자료 작성 및 보관의 의무가 있다.
⑤ 15mL 이하 또는 15g 이하 제품의 용기 또는 포장이나 견본품, 시공품 등의 비매품은 바코드 생략이 가능하다.

69. 원료규격서에 원칙적으로 기재되어야 하는 사항이 아닌 것을 고르시오.

① 성상   ② 순도시험   ③ 확인시험
④ 함량 기준   ⑤ 원료의 기원

70. 다음 〈보기〉는 포장공간에 대한 설명이다. ㉠~㉢에 들어갈 숫자로 옳은 것을 고르시오.

> **보기**
>
> 인체 및 두발 세정용 제품류의 포장공간 비율은 (㉠)% 이하, 향수를 제외한 그 외 화장품류의 포장공간 비율은 (㉡)% 이하이며, 둘 다 최대 (㉢)차 포장까지 가능하다.

① ㉠ - 10, ㉡ - 10, ㉢ - 2   ② ㉠ - 10, ㉡ - 15, ㉢ - 1   ③ ㉠ - 15, ㉡ - 10, ㉢ - 1
④ ㉠ - 15, ㉡ - 10, ㉢ - 2   ⑤ ㉠ - 15, ㉡ - 15, ㉢ - 2

맞춤형화장품 조제관리사

71. 원료의 재고관리 방법에 대한 설명으로 옳지 않은 것을 고르시오.

① 많이 사용되는 원료는 계절별로 다르므로 계절별로 해당되는 원료 중심으로 재고조사를 실시한다.
② 보관기한이 지난 원료는 재평가를 통해 사용할 수 있다.
③ 사용기한이 짧은 경우 선한선출 방식으로 출고한다.
④ 유효기간에 먼저 도달한 원료부터 사용하는 선입선출 방식으로 재고를 관리할 수 있다.
⑤ 입고된 원료는 시험을 통해 적합 판정된 것만 선입선출 방식으로 출고한다.

72. 장기보존시험 조건에 대한 설명으로 옳지 않은 것을 고르시오.

① 로트의 선정 - 시중에 유통할 제품과 동일한 처방, 제형 및 포장용기를 사용한다.
② 보존조건 - 제품의 유통조건을 고려하여 적절한 온도, 습도, 시험 기간 및 측정 시기를 설정하여 시험한다.
③ 시험기간 - 1년 이상 시험하는 것을 원칙으로 하나, 화장품 특성에 따라 따로 정할 수 있다.
④ 측정시기 - 시험개시 때와 첫 1년간은 3개월마다, 그 후 2년까지는 6개월마다, 2년 이후부터 1년에 1회 시험한다.
⑤ 로트의 선정 - 3로트 이상에 대하여 시험하는 것을 원칙으로 한다.

73. 케라토하이알린 과립이 존재하는 피부층을 고르시오.

① 각질층   ② 투명층   ③ 과립층
④ 유극층   ⑤ 기저층

74. 다음 중 제형의 물리적 특성에 대한 설명으로 옳은 것을 고르시오.

① W/O형은 오일 안에 물이 분산된 상태이다.
② 하나의 상에 다른 상이 균일하게 혼합된 것을 가용화제라고 한다.
③ 스킨토너, 향수 등은 분산을 통해 제형이 만들어진다.
④ 비비 크림, 마스카라, 아이라이너 등은 유화를 통해 제형이 만들어진다.
⑤ 서로 섞이지 않는 두 액체의 한쪽이 미세한 입자의 상태로 균일하게 분산시켜 불투명한 상태로 나타나는 것을 분산이라고 한다.

75. 맞춤형화장품조제관리사가 사용할 수 있는 원료로 옳은 것을 고르시오.

① 페녹시에탄올　　② 징크피리치온　　③ 만수국꽃 추출물
④ 비타민E(토코페롤)　　⑤ 소듐하이알루로네이트

76. 화장품 부작용에 대한 설명으로 옳지 않은 것을 고르시오.

① 소양감 - 피부를 긁고 싶은 가려움
② 자통 - 찌르고 따끔거리는 것과 같은 통증
③ 따끔거림 - 쏘는 듯한 느낌
④ 홍반 - 모세혈관의 확장으로 인해 피부가 국소적으로 붉게 변하는 현상
⑤ 인설 - 생체조직 방어 반응의 하나로 주로 세균에 의한 감염이 많으며 붉거나 농이 지는 현상

맞춤형화장품 조제관리사

77. 「화장품 안전기준 등에 관한 규정」 중 유통화장품 안전관리 기준에서 규정하는 물휴지의 미생물 한도 기준으로 옳은 것을 고르시오.

① 세균 및 진균수는 각각 10개/g(mL) 이하
② 세균 및 진균수는 각각 100개/g(mL) 이하
③ 세균 및 진균수는 각각 150개/g(mL) 이하
④ 세균 및 진균수는 각각 200개/g(mL) 이하
⑤ 세균 및 진균수는 각각 250개/g(mL) 이하

78. 맞춤형화장품에 사용 가능한 원료로 옳은 것을 고르시오.

① 메칠이노치아졸리논   ② 벤제토늄클로라이드   ③ 히드로퀴논
④ 방사선 물질   ⑤ 카르나우바왁스

79. 맞춤형화장품 조제 과정 중 내용물과 원료를 혼합할 때 사용하는 기구로 옳은 고르시오.

① 비중계 (density meter)   ② pH 측정기 (pH meter)
③ 균질화기 (homogenizer)   ④ 점도계 (viscometer)
⑤ 레오메터 (rheometer)

80. <보기>에서 화장품을 혼합·소분하여 맞춤형화장품을 조제·판매하는 과정에 대한 설명으로 옳은 것을 모두 고르시오.

보기

㉠ 맞춤형화장품조제관리사가 고객에게 맞춤형화장품이 아닌 일반화장품을 판매하였다.
㉡ 메틸살리실레이트(methyl salicylate)를 5% 이상 함유하는 액체 상태의 맞춤형화장품을 일반 용기에 충전·포장하여 고객에게 판매하였다.
㉢ 맞춤형화장품판매업으로 신고한 매장에서 맞춤형화장품조제관리사가 200ml의 향수를 소분하여 50ml 향수를 조제하였다.
㉣ 맞춤형화장품판매업으로 신고한 매장에서 맞춤형화장품조제관리사가 맞춤형화장품을 조제할 때 미생물에 의한 오염을 방지하기 위해 페녹시에탄올(phenoxyethanol)을 추가하였다.
㉤ 맞춤형화장품판매업자에게 원료를 공급하는 화장품책임판매업자가 화장품법 제4조에 따라 해당원료를 포함하여 기능성화장품에 대한 심사를 받거나 보고서를 제출한 경우, 식품의약품 안전처장이 고시한 기능성화장품의 효능·효과를 나타내는 원료를 내용물에 추가하여 맞춤형화장품을 조제할 수 있다.

① ㉠, ㉡, ㉣ ② ㉠, ㉢, ㉣ ③ ㉠, ㉢, ㉤
④ ㉡, ㉢, ㉤ ⑤ ㉡, ㉣, ㉤

맞춤형화장품 조제관리사

[단답형] 제시된 지문과 문항을 읽고 알맞은 답안을 작성하시오.

단답형

81. 다음 <보기>의 ㉠에 들어갈 적절한 용어를 적으시오.

> 보기
> (㉠)이란 업무를 목적으로 개인정보파일을 운용하기 위해 스스로 또는 다른 사람을 통해 개인정보를 처리하는 공공기관, 법인, 단체, 개인 등을 말한다.

답 _____

82. 다음 <보기>의 ㉠, ㉡에 들어갈 적절한 용어를 순서대로 적으시오.

> 보기
> 화장품책임판매업자는 화장품의 사용 중 입원 또는 입원기간의 연장이 필요하거나, 선천적 기형 또는 이상을 초래하는 경우가 발생하는 화장품의 (㉠)를 알게 된 날로부터 (㉡)일 이내 식품의약품안전처장에게 보고해야 한다.

정답
㉠ _____

㉡ _____

83. 다음 〈보기〉에 해당하는 화장품의 유형을 적으시오.

> **보기**
> - 폼 클렌저
> - 액체비누
> - 화장비누
> - 바디 클렌저
> - 외음부 세정제
> - 물휴지

정답 _____

84. 다음 〈보기〉에서 설명하는 원료가 무엇인지 적으시오.

> **보기**
> - 화장품의 수성 원료로 수렴, 청결, 살균제, 가용화제 등으로 이용
> - 스킨 토너류제품에는 주로 수렴효과와 청량감을 부여함
> - 네일 제품에서는 가용화제로 사용
> - 살균과 소독의 효과가 우수함

정답 _____

맞춤형화장품 조제관리사

85. 다음 <보기>에서 ㉠, ㉡ 각각에 들어갈 숫자를 순서대로 적으시오.

> **보기**
>
> 착향제 성분 중 알레르기 유발 성분이 들어갈 경우, 사용 후 씻어내는 제품에는 (㉠)% 초과, 사용 후 씻어내지 않는 제품에는 (㉡)% 초과 함유하는 경우에만 알레르기 유발 성분의 명칭을 기재하여야 한다.

정답

㉠ _____

㉡ _____

86. 다음 <보기>에 제시된 개별 주의사항 문구가 들어가야 하는 제품을 적으시오.

> **보기**
>
> - 분사가스는 직접 흡입하지 않도록 주의할 것
> - 같은 부위에 연속 3초 이상 분사하지 말 것
> - 인체에서 20cm 이상 떨어져서 사용할 것
> - 눈 주위 또는 점막 등에 분사하지 말 것. (다만, 자외선 차단제의 경우 얼굴에 직접 분사하지 않고 손에 덜어 얼굴에 바를 것)

정답 _____

87. 다음 〈보기〉에서 ㉠ ~ ㉢에 들어갈 용어를 순서대로 적으시오.

보기

만 (㉠)세 이하의 영유아용 제품류 또는 만 (㉡)세 이상부터 만 13세 이하까지의 어린이가 사용할 수 있는 제품임을 특정하여 표시·광고하려는 경우 화장품 안전 기준 등에 따라 사용 기준이 지정·고시된 원료 중 (㉢)의 함량은 의무적으로 화장품의 포장에 기재·표시해야 한다.

정답

㉠ _____

㉡ _____

㉢ _____

88. 다음 〈보기〉는 화장품에 사용상의 제한이 필요한 원료의 항목이다. 비듬 및 가려움을 덜어주고 씻어내는 제품에 사용되는 화장품 원료를 〈보기〉에서 찾아 적으시오.

보기

메틸셀룰로스, 젤라틴, 엘-멘톨, 징크피리치온, 톨루엔, 살리실릭애씨드, 페녹시에탄올, 글리세린, 메틸프로판다이올, 호모살레이트, 토코페롤, 세티아릴알코올

정답 _____

맞춤형화장품 조제관리사

89. 다음 <보기>에서 설명하는 피부타입을 적으시오.

> **보기**
> - 피부가 얇고 피부결이 섬세하며 세안 후 얼굴 당김을 느낀다.
> - 피지와 땀의 분비가 적어서 피부표면에 윤기가 없다.
> - 메이크업이 잘 지워지지 않고 오래 지속된다.
> - 모공이 작다.
> - 잔주름이 생기기 쉽다.

정답 _____

90. 다음 <보기>는 안전용기·포장을 사용하여야 하는 품목에 관한 내용이다.
㉠ ~ ㉢에 들어갈 용어를 순서대로 적으시오.

> **보기**
> - (㉠)을 함유하는 네일 에나멜 리무버 및 네일 폴리시 리무버
> - 어린이용 오일 등 개별 포장당 (㉡)를 10%이상 함유하고 운동점도가 21센티스톡스(섭씨 40도 기준) 이하인 비에멀젼 타입의 액체 상태의 제품.
> - 개별 포장당 메틸살리실레이트를 (㉢)% 이상 함유하는 액체상태의 제품

정답

㉠ _____

㉡ _____

㉢ _____

91. 다음 <보기>는 맞춤형화장품 판매내역서에 포함되어야 하는 사항이다. ㉠, ㉡에 들어갈 용어를 적으시오.

> **보기**
>
> - 제조번호
> - (㉠) 또는 개봉 후 사용기간
> - 판매일자 및 (㉡)

정답

㉠ _____

㉡ _____

92. 다음 <보기>는 관능시험 내용이다. ㉠에 들어갈 용어를 적으시오.

> **보기**
>
> 관능시험 중 (㉠) 사용시험이란 소비자의 판단에 영향을 미칠 수 있는 제품의 정보를 제공하지 않는 시험을 말한다.

정답

㉠ _____

맞춤형화장품 조제관리사

93. 모발의 성장주기를 나타낸 것이다. 괄호 안에 들어 갈 용어를 순서대로 적으시오.

(㉠) -> 퇴행기 -> (㉡) -> 탈모

정답

㉠ _____

㉡ _____

94. 모발의 구조에서 모간의 3층 구조를 바깥층부터 순서대로 적으시오.

정답 _____

95. 표피와 피하지방층 사이에 위치하며 피부의 90%이상을 차지하며 교원섬유, 탄력섬유 등 으로 구성되어 있는 피부층을 적으시오.

정답 _____

96. 피부색을 결정하는 색소 3가지를 적으시오.

정답 _____

97. 다음 〈보기〉는 맞춤형화장품의 안전관리기준 미준수 시 행정처분에 관한 내용이다. ㉠에 들어갈 내용을 적으시오.

> **보기**
> - 1차 위반 : 판매 또는 해당품목 판매업무정지 15일
> - 2차 위반 : 판매 또는 해당품목 판매업무정지 1개월
> - 3차 위반 : 판매 또는 해당품목 판매업무정지 3개월
> - 4차 위반 : (㉠   )

정답 _____

98. 화장품에 사용하는 대표적인 방부제로 박테리아 성장을 억제하며 곰팡이에 대한 항균력을 가진 원료를 적으시오.

정답 _____

맞춤형화장품 조제관리사

99. 다음 <보기>의 위해평가 과정에 대한 설명이다. ㉠ ~ ㉣에 들어갈 용어를 순서대로 적으시오.

> **보기**
> - 위해요소의 인체 내 독성을 확인하는 (㉠)과정
> - 위해요소의 인체노출 허용량을 산출하는 (㉡)과정
> - 위해요소가 인체에 노출된 양을 산출하는 (㉢)과정
> - 위의 결과를 종합하여 인체에 미치는 위해 영향을 판단하는 (㉣)과정

정답

㉠ _____

㉡ _____

㉢ _____

㉣ _____

100. 다음 <보기> 자외선 차단제의 전성분표이다. 자외선 차단 효능을 가진 원료명을 <보기>에서 찾아 적고, 사용한도도 적으시오.

> **보기**
> 정제수, 메틸프로판다이올, 다이부틸아디페이트, 호모살레이트, 세틸알코올, 펜틸렌글라이콜, 1,2 헥산다이올, 글리세릴스테아레이트, 트로메타민, 에틸헥실글리세린, 부틸렌글라이콜, 카보머, 베헤닐알코올, 글리세린, 부틸렌글라이콜

정답 _____

맞춤형화장품 조제관리사 모의고사

2회

맞춤형화장품 조제관리사

【선다형】 제시된 지문과 문항을 읽고 알맞은 답을 고르시오.

제 1과목 | 화장품법의 이해

01. 다음 중 1차 포장에 속하지 않는 것을 고르시오.

① 카톤 ② 립스틱 용기 ③ 디스크
④ 퍼프 ⑤ 브러쉬

02. 화장품 기재사항 중 1차 포장에 반드시 표시해야 하는 사항으로 옳은 것을 고르시오.

① 해당 화장품 제조에 사용된 전성분
② 가격
③ 제조번호
④ 사용할 때 주의사항
⑤ 내용물의 용량 또는 중량

03. 책임판매관리자가 의무교육을 이수하지 않았을 때 받는 처벌로 옳은 것을 고르시오.

① 과징금 50만원
② 과징금 100만원
③ 과태료 50만원
④ 과태료 100만원
⑤ 과태료 200만원

04. 다음은 화장품 표시·광고의 일부이다. 「화장품법 시행규칙」에 따라 표시·광고로 옳은 것을 고르시오.

① 얼굴에 나는 여드름 때문에 고생이 많으셨죠? 여드름과 여드름 흔적을 지우는 지우개크림을 소개합니다.
② 몸매 관리를 어떻게 하고 있으세요? 몸에 바르면 열이 나서 피하지방을 분해하고 셀룰라이트를 분해해주는 바디젤입니다.
③ 다크서클 때문에 팬더라고 놀림 받는 분들 많으시죠? 다크서클 완화에 도와주는 인체적용시험이 완료된 아이크림을 사용해 보세요.
④ 아토피는 피부장벽 관리가 중요합니다. 피부장벽을 튼튼하게 도와주는 세라마이드성분이 들어간 제품을 약국에서 구매하셔서 사용해보세요.
⑤ 물광크림을 사용하시면 얼굴 수분감은 2배로!! 꿀광크림보다 수분감이 더욱 높습니다.

05. 다음 <보기>는 개인정보처리에 대한 서면 동의 시 중요한 내용을 표시하는 방법이다. ㉠에 들어갈 %를 고르시오.

보기

서면 동의 시 중요한 내용의 표시방법은 다음과 같다
- 글씨의 크기는 최소 9포인트 이상으로 다른 내용보다 (㉠)% 이상 크게 하여 알아보기 쉽게 할 것.
- 글씨의 색깔, 굵기 또는 밑줄 등을 통하여 그 내용이 명확히 표시되도록 할 것.
- 동의 사항이 많아 중요한 내용이 명확히 구분되기 어려운 경우에는 중요한 내용이 쉽게 확인 될 수 있도록 그 밖의 내용과 별도로 구분하여 표시할 것.

① 1 ② 5 ③ 15
④ 20 ⑤ 25

맞춤형화장품 조제관리사

06. 「화장품법」제15조의2(동물실험을 실시한 화장품 등의 유통판매 금지)에 따르면 「실험동물에 관한 법률」에 따른 동물실험을 실시한 제품은 유통·판매가 금지되어 있으나 예외에 해당하는 경우가 있다. 그 경우가 아닌 것을 고르시오.

① 화장품 원료 등에 대한 안전성·유효성 평가를 위하여 필요한 경우
② 수입하려는 상대국의 법령에 따라 제품 개발에 동물실험이 필요한 경우
③ 화장품 수출을 위하여 수출 상대국의 법령에 따라 동물실험이 필요한 경우
④ 다른 법령에 따라 동물실험을 실시하여 개발된 원료를 화장품에 제조 등에 사용하는 경우
⑤ 동물대체시험법(동물의 개체 수를 감소하거나 고통을 경감시킬 수 있는 실험 방법으로서 식품의약품안전처장이 인정한 것)이 존재하지 않아 동물실험이 필요한 경우

07. 맞춤형화장품조제관리사가 맞춤형화장품조제를 위해 고객 개인정보 수집·이용 및 민감정보 제공 동의서를 받았다. 다음 중 개인정보와 민감정보 항목을 나눈 내용 중 옳은 것을 고르시오.

개인정보 항목	민감정보 항목
① 성명, 생년월일, 성별	사용 중인 화장품
② 성명, 생년월일, 연락처	피부질환, 피부과 진료 내용
③ 성명, 생년월일, 연락처	알레르기 유발 성분, 사용 중인 화장품
④ 성명, 주소, 직업	피부질환, 피부과 진료 내역
⑤ 성명, 나이, 여권번호	피부과 진료 내용

제 2과목 | 화장품 제조 및 품질관리

08. 살리실산(AHA), 유황성분(식품의약품안전처 고시성분)으로 각질을 제거하며 얻는 화장품의 효과는 무엇인지 고르시오.

① 미백효과　　　② 자외선 차단효과　　　③ 세포재생 효과
④ 주름개선 효과　　　⑤ 여드름 치유효과

09. 다음 중 화장품에 사용상의 제한이 필요한 원료로 기능성화장품의 유효성분으로 사용하는 경우에 한하며, 기타 제품에는 사용을 금지하는 성분을 고르시오.

① 트라이클로산
② 톨루엔
③ 레조시놀
④ 실버나이트레이트
⑤ 칼슘하이드록사이드

10. 회수대상 위해성 등급 중 '다등급'에 대한 설명으로 옳지 않은 것을 고르시오.

① 전부 또는 일부가 변패된 화장품
② 이물이 혼입되었거나 부착된 것 중 보건위생상 위해를 발생할 우려가 있는 화장품
③ 사용기한 또는 개봉 후 사용기간(병행 표기된 제조연월일을 포함)을 위조·변조한 화장품
④ 안전용기·포장 규정 위반
⑤ 화장품 판매 등의 금지 규정에 위반되는 화장품

11. 위해성 등급이 '가등급'인 화장품으로 옳지 않은 것을 고르시오.

① 돼지폐 추출물이 사용된 화장품
② 니트로스아민류가 사용된 화장품
③ 4-니트로소페놀이 사용된 화장품
④ 1,3 부틸렌글라이콜이 사용된 화장품
⑤ 천수국꽃 추출물 또는 오일이 사용된 화장품

맞춤형화장품 조제관리사

12. 비이온성 계면활성제로 옳은 것을 고르시오.

① 폴리쿼터늄-10　　　　② 스테아릴알코올
③ 코카미도프로필베타인　④ 암모늄라우릴설페이트
⑤ 세트리모늄클로라이드

13. 다음 〈보기〉 중 제모제의 개별 주의사항으로 옳은 것을 모두 고르시오.

> **보기**
> ㉠ 면도 직후에는 사용하지 말 것
> ㉡ 만 3세 이하의 영유아에게는 사용하지 말 것
> ㉢ 제품을 10분 이상 피부에 방치하거나 피부에서 건조시키지 말 것
> ㉣ 땀발생억제제, 향수, 수렴 로션은 이 제품 사용 후 24시간 후에 사용할 것
> ㉤ 특이체질, 생리, 또는 출산 전후이거나 질환이 있는 사람 등은 사용을 피할 것
> ㉥ 눈 또는 점막에 닿았을 경우 미지근한 물로 씻어내고 붕산수(농도 약 2.0%) 헹구어 낼 것

① ㉠, ㉡, ㉢　　② ㉠, ㉢, ㉣　　③ ㉡, ㉢, ㉤
④ ㉡, ㉣, ㉤　　⑤ ㉢, ㉣, ㉥

14. 다음 중 기능성화장품 중 탈모 증상의 완화에 도움을 주는 화장품제를 고르시오.

① 양모제　　　　　　② 염모제　　　　　　③ 정발제
④ 세정용 모발화장품　⑤ 퍼머넌트 웨이브 용제

15. 다음 〈보기〉에서 음이온 계면활성제가 사용되는 제품을 모두 고르시오.

　　　보기
　　　⊙ 샴푸　　　　　ⓛ 베이비샴푸　　　ⓔ 헤어컨디셔너
　　　ⓡ 비누　　　　　ⓜ 기초화장품　　　ⓗ 비비크림

① ⊙, ⓛ, ⓔ　　　　② ⓛ, ⓔ, ⓜ　　　　③ ⊙, ⓔ, ⓗ
④ ⊙, ⓡ　　　　　　⑤ ⓛ, ⓜ

16. 천연고분자 점증제로 옳지 않은 것을 고르시오.

① 전분　　　　　② 잔탄검　　　　　③ 펙틴
④ 카르복실 비닐폴리머　⑤ 카라기난

17. 위해평가, 해외규제 동향 등에 의해 2019년 사용금지 원료로 지정된 원료를 고르시오.

① 엠디엠하이단토인
② 만수국꽃 추출물 또는 오일
③ 천수국꽃 추출물 또는 오일
④ 만수국아재비꽃 추출물 또는 오일
⑤ 하이드롤라이즈드밀단백질

맞춤형화장품 조제관리사

18. 다음 <보기>에서 계면활성제 중 양이온 종류로 옳은 것을 모두 고르시오.

보기
㉠ 피이지 계열
㉡ 세테아디모늄클로라이드
㉢ 알카놀아마이드
㉣ 다이스테아릴다이모늄클로라이드
㉤ 베헨트라이모늄클로라이드
㉥ 폴리소르베이트 계열
㉦ 소프비탄 계열

① ㉠, ㉡, ㉢   ② ㉡, ㉢, ㉤   ③ ㉡, ㉣, ㉤
④ ㉡, ㉤, ㉥   ⑤ ㉢, ㉤, ㉥, ㉦

19. 계면활성제 중 음이온 계면활성제로만 짝이 지어있는 것을 고르시오.

① 소듐라우릴설페이트, 코코암포글리시네이트, 코카미도프로필베타인
② 소듐라우릴설페이트, 코코암포글리시네이트, 트라이에탄올아민라우릴설페이트
③ 소듐라우릴설페이트, 소듐라우레스설페이트, 코카미도프로필베타인
④ 소듐라우레스설페이트, 소듐자일렌설포네이트, 트라이에탄올아민라우릴설페이트
⑤ 소듐라우레스설페이트, 소듐자일렌설포네이트, 코코암포글리시네이트

20. 탄화수소 중 끈적거리는 사용감으로 립글로스 제형에서 부착력과 광택을 주는데 사용되는 원료로 옳은 것을 고르시오.

① 폴리부텐   ② 페트롤라툼   ③ 스쿠알란
④ 미네랄오일   ⑤ 스쿠알렌

21. 점증제는 수계점증제와 비수계점증제로 구분된다. 다음 중 수계점증제로 옳지 않은 것을 고르시오.

① 클레이　　　　② 잔탄검　　　　③ 카제인
④ 나무삼출물　　⑤ 폴리아크릴릭애씨드

22. 실리콘에 대한 설명으로 옳지 않은 것을 고르시오.

① 실리콘은 고분자물질이다.
② 퍼발림성이 우수하고 실키한 사용감이다.
③ 무독성, 무자극성이다.
④ 낮은 표면장력(소포제)을 가진다.
⑤ 기초화장품에 사용을 조심한다.

23. 합성 무기안료 중에 진정작용의 특징을 갖는 것을 고르시오.

① 비스머스옥시클로라이드
② 징크스테아레이트
③ 징크옥사이드
④ 티타늄디옥사이드
⑤ 마그네슘스테아레이트

맞춤형화장품 조제관리사

24. 향료에 대한 설명 중 옳지 않은 것을 고르시오.

① 향료는 천연향료, 합성향료, 조합향료로 분류된다.
② 향료는 화장품에서 제품 이미지와 원료 특이취 억제를 위해 제형에 따라 1.0~3.0%까지 사용이 가능하다.
③ 식물 등에서 향을 추출하는 방법으로 냉각 압착법, 수증기 증류법, 흡착법, 용매추출법 등이 있다.
④ 동물의 피지선 등에서 채취한 동물성 향료가 있다.
⑤ 식물성 향료는 식물의 꽃, 과실, 종자, 가지, 껍질, 뿌리 등에서 추출한다.

25. 화장품 성분 중 향균제, 항진균제로 사용되는 원료가 아닌 것을 고르시오.

① 징크피리치온　　② 살리실릭애씨드　　③ 클림바졸
④ 피록톤올아민　　⑤ 레티놀

26. 화장품의 유성원료 중 액상유성 성분이 아닌 것을 고르시오.

① 식물성 오일　　② 동물성 오일　　③ 광물성 오일
④ 고급 지방산　　⑤ 실리콘

27. 화장품 전성분 표시지침상 표시생략 성분에 대한 설명으로 옳지 않은 것을 고르시오.

① 식품의약품안전처장은 착향제의 구성성분 중 알레르기 유발물질로 알려져 있는 별표의 성분이 함유되어 있는 경우에는 그 성분을 표시하도록 권장할 수 있다.
② 원료 자체에 이미 포함되어 있는 안정화제, 보존제 등으로 제품 중에서 그 효과가 발휘되는 것보다 적은 양으로 포함되어 있는 부수성분과 불순물은 표시하지 않아도 된다.
③ 제조과정 중 제거되어 최종제품에 남아 있지 않는 성분은 표시하지 않아도 된다.
④ 메이크업용 제품, 눈화장용 제품, 염모용 제품 및 매니큐어용 제품에서 호수별로 착색제가 다르게 사용된 경우 <± 또는 +÷-> 의 표시 뒤에 사용된 모든 착색제 성분을 기재·표시해야 한다.
⑤ 착향제는 <향료>로 표시해도 된다.

제 3과목 | 유통화장품 안전관리

28. 작업복의 조건 및 관리에 관한 내용으로 옳지 않은 것을 고르시오.

① 작업복은 세탁에 의하여 훼손되지 않아야 한다.
② 작업원을 보호할 수 있어야 하며, 작업하기 편리하여야 한다.
③ 작업복은 정기적으로 교체주기 3개월로 정해야 한다.
④ 작업복은 먼지가 발생하지 않는 무진 재질의 소재로 되어야 한다.
⑤ 작업장 내 세탁기가 설치된 경우에는 화장실에 세탁기를 설치하는 것을 권장하지 않는다.

29. 다음 중 포장설비 설계 시 고려해야 할 사항으로 옳지 않은 것을 고르시오.

① 제품과 최종 포장의 요건을 고려해야 한다.
② 화학반응을 일으키거나 제품에 첨가되거나 흡수되지 않아야 한다.
③ 제품과 접촉되는 부위의 청소 및 위생관리가 용이하게 만들어져야 한다.
④ 효율성보다는 안전한 조작을 위한 공간을 제공해야 한다.
⑤ 제품 오염을 최소화하고 제품과 최종 포장의 요건을 고려해야 한다.

맞춤형화장품 조제관리사

30. 다음 〈보기〉의 원료 입고 및 내용물에 대한 처리 순서가 올바르게 나열된 것을 고르시오.

보기
㉠ 입고된 원료 확인
㉡ 시험 의뢰를 위해 판정 대기소에 보관
㉢ 검체 채취 및 시험라벨 부착(시험 중 : 황색라벨)
㉣ 시험판정 결과에 따라 라벨 부착(적합 : 청색라벨 / 부적합 : 적색라벨)
㉤ 입고되어 적합 보관소로 이동

① ㉠ - ㉡ - ㉢ - ㉣ - ㉤
② ㉠ - ㉡ - ㉣ - ㉢ - ㉤
③ ㉠ - ㉢ - ㉣ - ㉡ - ㉤
④ ㉡ - ㉠ - ㉢ - ㉣ - ㉤
⑤ ㉡ - ㉠ - ㉣ - ㉢ - ㉤

31. 인체 세포·조직 배양액 안전 기준과 관련한 내용 중 옳지 않은 것을 고르시오.

① 청정등급은 부유입자 및 미생물이 유입되거나 잔류하는 것을 통제하여 일정 수준 이하로 유지되도록 관리하는 구역의 관리수준을 정한 등급을 말한다.
② 공여자는 배양액에 사용되는 세포 또는 조직을 제공하는 사람을 말한다.
③ 공여자 적격성검사는 공여자가 세포배양액에 사용되는 세포 또는 조직을 제공하는 것에 대해 적격성이 있는지를 판정하는 것을 말한다.
④ 윈도우 피리어드(Window Period)는 감염 초기에 세균, 진균, 바이러스 및 그 항원·항체·유전자 등을 검출할 수 있는 기간을 말한다.
⑤ 인체 세포·조직 배양액은 인체에서 유래된 세포 또는 조직을 배양한 후 세포와 조직을 제거하고 남은 액을 말한다.

32. 다음 중 화장품 포장의 표시기준 및 표시방법에 대한 설명 중 옳은 것을 고르시오.

① 함량이 1% 이하로 사용된 성분, 착향제 또는 착색제는 함량이 낮은 것부터 기재·표시한다.
② 혼합원료는 혼합 후 최종 성분과 혼합된 개별 성분의 명칭을 모두 기재·표시한다.
③ 화장품 제조에 사용된 함량이 적은 것부터 순서대로 기재·표시한다.
④ pH 조절 목적으로 사용되는 성분은 그 성분을 표시하는 대신 중화반응에 따른 생성물로 기재·표시할 수 있고, 비누화반응을 거치는 성분은 비누화반응에 따른 생성물로 기재·표시할 수 있다.
⑤ 글자의 크기는 10포인트 이상이다.

33. <보기>는 「우수화장품 제조 및 품질관리기준 (CGMP) 해설서」에 따른 작업장의 위생 유지 관리 활동에 대한 설명이다. 옳은 것을 모두 고르시오.

보기

㉠. 청소에 사용되는 용구는 깨끗하게 정돈하고, 건조된 상태로 지정된 장소에 보관되어야 한다.
㉡. 충전실의 바닥, 작업대 등은 수시로 청소를 실시하여 공정 중 혹은 공정 간 오염을 방지해야 한다.
㉢. 바닥, 벽, 천장은 가능하면 청소하기 쉽고 미끄럽지 않은 표면을 지니고, 소독제 등의 부식성에 저항력이 있는 재질로 구비한다.
㉣. 외부와 연결된 창문은 가능하면 열리지 않도록 하여 외부의 이물질이 들어오지 못하도록 막는다.
㉤. 화장실은 바닥에 잔존하는 이물질을 완전히 제거하고 소독제로 바닥을 세척한다.
㉥. 원료보관소의 입고 장소 및 각 저장통은 작업 후 걸레로 쓸어내고, 오염물 유출시 물걸레로 제거하며 필요시 연성 세제나 락스를 이용하여 오염물을 제거한다.
㉦. 작업실 내에 설치되어 있는 배수로 및 배수구는 월 2회 락스 소독 후 내용물, 잔류물, 기타 이물질 등을 완전히 제거한다.

① ㉠, ㉢ 　② ㉡, ㉤ 　③ ㉢, ㉦
④ ㉣, ㉥ 　⑤ ㉤, ㉦

맞춤형화장품 조제관리사

34. 다음 중 「맞춤형화장품조제관리사 교수학습 가이드」에 설명된 작업장의 위생 유지관리를 위해 시행하는 낙하균 측정법에 대한 설명으로 옳지 않은 것을 고르시오.

① koch법이라고도 하며, 실내외를 불문하고, 대상 작업장에서 오염된 부유 미생물을 직접 한천 평판배지 위해 일정시간 노출시켜 배양접시에 낙하된 미생물을 배양하여 증식된 집락수를 측정하고 단위시간당의 생균수로서 산출하는 방법이다.
② 세균용 배지로 사부로포도당 한천배지(sabouraud dextrose agar) 또는 포테이토덱스트로즈한천배지(potatodextrose agar)에 배지 100ml당 클로람페니콜 50mg을 넣어 이용하며, 진균용 배지로서는 대두카제인 소화한천배지(tryptic soy agar)를 이용한다
③ 배양접시(내경 9cm), 배양접시에 멸균된 배지(세균용, 진균용)을 각각 부어 굳혀 낙하균 측정용 배지를 준비한다.
④ 노출시간은 공중 부유 미생물수의 많고 적음에 따라 결정되며, 노출 시간이 1시간 이상이되면 배지의 성능이 떨어지므로 예비시험으로 적당한 노출시간을 결정하는 것이 좋다.
⑤ 위치별로 정해진 노출시간이 지나면, 배양접시의 뚜껑을 닫아 배양기에서 배양, 일반적으로 세균용 배지는 30~35℃, 48시간 이상, 진균용 배지는 20~25℃, 5일 이상 배양, 배양 중에 확산균의 증식에 의해 균수를 측정 할 수 없는 경우가 있으므로 매일 관찰하고 균수의 변동을 기록한다.

35. <보기>는 맞춤형화장품판매업자의 준수사항의 일부이다. ( ) 안에 들어갈 말로 옳은 것을 순서대로 고르시오.

> **보기**
>
> 최종 혼합, 소분된 맞춤형화장품은 소비자에게 제공되는 '유통화장품'이므로 그 안전성을 확보하기 위하여 「화장품법」 제8조 및 식품의약품안전처 고시 「(㉠)」의 제6조에 따른 (㉡)을 준수해야 한다.

	㉠	㉡
①	화장품 안전기준 등에 관한 규정	유통화장품의 안전관리기준
②	우수화장품 제조 및 품질관리 기준	화장품 안전기준 등에 관한 규정
③	유통화장품의 안전관리기준	화장품의 색소 종류와 기준 및 시험방법
④	화장품 전성분 표시지침	화장품 중 배합금지성분 분석법
⑤	우수화장품 제조 및 품질관리 기준	유통화장품의 안전관리기준

36. 다음 <품질성적서>는 화장품책임판매업자로부터 수령한 맞춤형화장품의 시험 결과이고, <보기>는 2중 기능성 화장품 제품의 전성분 표시이다. 이를 바탕으로 맞춤형화장품조제관리사 A가 고객 B에게 할 수 있는 상담으로 옳은 것을 고르시오.

[품질성적서]

시험과목	시험 결과
아데노신(adenosine)	104%
에칠아스코빌에텔(ethyl ascorbyl ether)	95%
납(lead)	8㎍/g
비소(arsenic)	불검출
수은(mercury)	불검출
포름알데하이드(formaldehyde)	불검출

보기

정제수, 글리세린, 다이메치콘, 스테아릭애씨드, 스테아릴알코올, 폴리솔베이트 60, 솔비탄올리에이트, 하이알루로닉애씨드, 에칠아스코빌에텔, 페녹시에탄올, 아데노신, 아스코빌글루코사이드, 카보머, 트리에탄올아민, 스쿠알란

① B : 이 제품은 자외선 차단 효과가 있습니까?
　A : 네. 2중 기능성 화장품으로 자외선 차단 효과가 있습니다.
② B : 이 제품 성적서에 납이 검출된 것으로 보이는데 판매 가능한 제품인가요?
　A : 죄송합니다. 당장 판매 금지 후 책임판매자를 통하여 회수 조치하도록 하겠습니다.
③ B : 이 제품은 성적서를 보니까 보존제 무첨가 제품으로 보이네요?
　A : 네. 저희 제품은 모두 보존제를 사용하지 않습니다. 안심하고 사용하셔도 됩니다.
④ B : 요즘 주름 때문에 고민이 많네요. 이 제품은 주름 개선에 도움이 될까요?
　A : 네. 이 제품은 주름뿐만 아니라 미백에도 도움을 주는 기능성 화장품입니다.
⑤ B : 이 제품은 아데노신이 104%나 함유되어 있네요? 더 좋은 제품인가요?
　A : 네. 아데노신이 100% 넘게 함유된 제품으로 미백에 더욱 큰 효과를 주는 제품입니다.

맞춤형화장품 조제관리사

37. 다음 <보기 1>은 제품의 제조일자와 사용기한이다. <보기 2>에서 제품에 기재·표시 방법으로 옳은 것을 모두 고르시오.

보기 1

- 제조일자 : 2022. 11. 24.
- 사용기한 : 제조일로부터 2년

보기 2

㉠. 2024. 11. 24 까지
㉡. 2024. 10월 까지
㉢. 2024. 11월 까지
㉣. 2024년 11월 23일까지
㉤. 사용기한 제조연월일로부터 1년 (제조연월일 2022. 11. 24.)
㉥. 사용기한 제조연월일로부터 2년 (제조연월일 2022. 11. 24.)
㉦. 사용기한 제조연월일로부터 2년 (제조연월일 2022. 11. 23.)

① ㉠, ㉢, ㉥   ② ㉠, ㉢, ㉦   ③ ㉡, ㉣, ㉥
④ ㉡, ㉣, ㉦   ⑤ ㉢, ㉣, ㉦

38. 다음 〈보기〉는 화장품 안전기준 등에 관한 규정상 일반적인 유통 화장품의 내용량의 기준에 대한 설명을 하는 대화 내용이다. 다음 대화 내용에서 옳은 것을 고르시오.

> **보기**
>
> 주희 : 화장품을 유통하기 전에 내용량 기준을 체크하려고 하는데 기준을 알고있어?
> 명한 : ① 제품 3개를 가지고 평균 내용량이 표기량에 대하여 98% 이상이어야 해.
> 주희 : 제품 3개를 가지고 평균 내용량을 체크했더니... 98%로가 되지 않아...
> 명한 : ② 위의 기준치를 벗어날 경우는 6개를 더 취하여 총 9개의 평균 내용량이 98% 이상이면 가능해.
> 가영 : 98%로 아니라 97%로 아니야? ③ 제품 3개를 가지고 평균 내용량이 표기량에 대하여 97% 이상이 되어야 하고, 그 후 기준치를 벗어하면 3개를 더 취해서 총 6개의 평균 내용량이 97%이상 되어야해.
> 은지 : ④ 기준치를 벗어나면 처음 시험한 제품 3개와 6개를 더 취하여 시험할 때 9개의 평균 내용량의 기준치를 98%이상 맞춰야 해.
> 주희 : ⑤ 제품 3개를 가지고 시험할 때 평균 내용량이 표기량에 대하여 97% 이상이며, 기준치를 벗어날 경우 6개를 더 취해 9개의 평균 내용량이 97%이상이면 가능한 줄 알았어. 안전기준 등에 관한 규정을 한 번 더 체크해봐야 할꺼 같아.

39. 제조위생관리기준서 포함사항 중 제조시설의 세척 및 평가 사항으로 옳은 것을 고르시오.

① 이전 작업 표시 제거방법
② 곤충, 해충, 쥐를 막는 방법
③ 시험시설 및 시험기구의 점검
④ 작업복장의 규격
⑤ 안정성시험

맞춤형화장품 조제관리사

40. 다음은 「화장품법 시행규칙」 제18조 안전용기·포장 대상 품목 및 기준에 관한 내용이다. 다음 중 시행규칙에 의거하여 옳은 것을 순서대로 고르시오.

【제18조 안전용기·포장 대상 품목 및 기준】
① 법 제9조제1항에 따른 안전용기·포장을 사용해야 하는 품목은 다음 각 호와 같다. 다만, 일회용 제품, 용기 입구 부분이 펌프 또는 방아쇠로 작동되는 분무용기 제품, 압축 분무용기 제품(에어로졸 제품 등)은 제외한다.
1. (㉠)을/를 함유하는 네일 에나멜 리무버 및 네일 폴리시 리무버
2. (㉡) 오일 등 개별포장 당 탄화수소를 10퍼센트 이상 함유하고 운동점도가 21센티스톡스(섭씨 40도 기준) 이하인 에멀션 형태가 아닌 액체상태의 제품
3. 개별포장당 메틸 살리실레이트를 (㉢) 이상 함유하는 액체상태의 제품

② 제1항에 따른 안전용기·포장은 성인이 개봉하기는 어렵지 아니하나 만 5세 미만의 어린이가 개봉하기는 어렵게 된 것이어야 한다. 이 경우 개봉하기 어려운 정도의 구체적인 기준 및 시험방법은 산업통상자원부장관이 정하여 고시하는 바에 따른다.

	㉠	㉡	㉢
①	에탄올	영·유아용	10퍼센트
②	에탄올	영·유아용	5퍼센트
③	아세톤	어린이용	10퍼센트
④	아세톤	어린이용	5퍼센트
⑤	아세톤	영·유아용 및 어린이용	5퍼센트

41. 다음 <보기>에서 방충방서의 절차순서가 바르게 연결된 것을 고르시오.

> 보기
> 가. 모니터링
> 나. 현장파악
> 다. 방충방서체제 유지
> 라. 방충방서체제 보완
> 마. 제조시설의 방충방서체계 확립

① 가 → 나 → 다 → 라 → 마
② 가 → 다 → 나 → 마 → 라
③ 나 → 다 → 마 → 가 → 라
④ 나 → 가 → 라 → 다 → 마
⑤ 나 → 마 → 다 → 가 → 라

42. 기준일탈 제품을 처리하는 과정으로 옳지 않는 것을 고르시오.

① 입고할 수 없는 제품의 폐기처리규정을 작성하여야 하며 폐기 대상은 따로 보관하고 규정에 따라 신속하게 폐기하여야 한다.
② 재작업이 가능하려면 제조일로부터 1년이 경과하지 않았거나 사용기한이 1년 이상 남아 있어야 한다.
③ 기준일탈 제품이 발생했을 때는 미리 정한 절차를 따라 확실히 처리하고 실시한 내용을 모두 문서에 남긴다.
④ 품질에 문제가 있거나 회수 및 반품된 제품의 폐기 또는 재작업 여부는 실험자에 의해 승인되어야 한다.
⑤ 재작업이 가능하려면 변질, 변패 또는 병원미생물에 오염되지 아니하여야 한다.

맞춤형화장품 조제관리사

43. 맞춤형화장품 안전 기준의 주요사항으로 옳지 않은 것을 고르시오.

① 원료 내용물의 입고, 사용, 폐기 내역 등에 대하여 기록 관리해야 한다.
② 최종 혼합·소분된 맞춤형화장품은 유통화장품의 안전관리 기준을 준수해야 한다.
③ 맞춤형화장품 판매장 시설·기구를 정기적으로 점검하여 보건위생상 위해가 없도록 관리해야 한다.
④ 맞춤형화장품 사용과 관련된 부작용 발생사례에 대해서는 지체 없이 화장품제조업자에게 보고해야 한다.
⑤ 맞춤형화장품 판매 시 혼합·소분에 사용되는 내용물 또는 원료의 특성, 사용 시 주의사항에 대하여 설명해야 한다.

44. 우수화장품 제조 및 품질관리 기준에 따른 작업소의 시설 적합 기준으로 옳은 것을 고르시오.

① 제조하는 화장품의 종류·제형에 따라 충분한 간격을 두어 착오나 혼동이 일어나지 않도록 해야 하며, 외부와 연결된 창문은 가능한 한 열리지 않도록 해야한다.
② 사용하는 세척제 등의 소모품은 제품의 품질에 3.0% 이내의 영향을 주는 것이 가능하다.
③ 수세실과 화장실은 제품에 영향을 미칠 수 있으므로 생산 구역과 다른 층에 위치해야 한다.
④ 각 제조 구역별 청소 및 위생관리 절차에 따라 고가의 세척제 및 소독제를 사용해야 한다.
⑤ 제조하는 화장품의 종류는 다르나 제형이 같을 경우 작업소의 구획·구분이 생략될 수 있다.

모의고사 2회

45. 다음 〈보기〉에서 원자재 용기 및 시험기록서의 필수 기재사항으로 옳은 것을 모두 고르시오.

> 보기
> ㉠ 수령일자　　㉡ 원자재 공급자명　　㉢ 원자재 사용기한
> ㉣ 공급자 주의사항　㉤ 원자재 등록주소지　㉥ 원자재 공급자가 정한 제품명
> ㉦ 공급자가 부여한 제조번호 또는 관리번호

① ㉠, ㉡, ㉢, ㉣　　② ㉠, ㉡, ㉥, ㉦　　③ ㉠, ㉢, ㉣, ㉤
③ ㉠, ㉢, ㉥, ㉦　　⑤ ㉡, ㉢, ㉥, ㉦

46. 물의 품질에 관한 설명으로 옳지 않은 것을 고르시오.

① 화장품 제조 시, 제조설비 세척 시에는 정제수와 상수를 이용한다.
② 물의 품질 적합 기준은 사용 목적에 맞게 규정되어야 한다.
③ 물 공급 설비는 물의 정체와 오염을 피할 수 있도록 설치되어야 한다.
④ 물 공급 설비는 물의 품질에 영향이 없어야 하고 살균 처리가 가능해야 한다.
⑤ 물의 품질은 정기적으로 검사해야 하며 필요 시 미생물학적 검사를 실시해야 한다.

맞춤형화장품 조제관리사

47. 다음 중 유통화장품 안전관리 기준에서의 미생물 검출 한도가 다른 하나를 고르시오.

① 마스카라 ② 아이섀도 ③ 아이크림
④ 아이라이너 ⑤ 아이메이크업 리무버

48. 다음 <보기>를 읽고, 안전용기·포장에 대한 내용으로 옳은 것을 모두 고르시오.

> **보기**
> ㉠ 일회용 제품은 안전용기·포장 대상 기준에서 제외한다.
> ㉡ 안전용기·포장은 만3세 이하의 어린이는 개봉하기 어렵게 되어야 한다.
> ㉢ 메틸살리실레이트를 5.0% 이상 함유하는 액체 상태의 제품은, 성인이 개봉하기 어렵지 않도록 안전용기·포장을 해야 한다.
> ㉣ 메틸살리실레이트를 5.0% 이상 함유하고 있는 에멀젼 타입의 제품은 안전용기·포장을 해야 한다.
> ㉤ 어린이용 오일 등 개별 포장당 탄화수소류를 10% 이상 함유하고, 운동점도가 24센티스톡스 이하인 에멀젼 타입의 제품은 안전용기·포장을 해야 한다.
> ㉥ 어린이용 오일 등 개별 포장당 탄화수소류 10% 이상 함유하고, 운동점도가 21센티스톡스 이하인 비에멀젼 타입의 액체 상태 제품은 안전용기·포장을 해야 한다.
> ㉦ 아세톤을 함유하고 있는 기초화장품 제품류는 안전용기·포장을 해야 한다.

① ㉠, ㉡, ㉤　　② ㉠, ㉢, ㉥　　③ ㉡, ㉢, ㉦
④ ㉡, ㉤, ㉥　　⑤ ㉢, ㉣, ㉦

49. 화장품 완제품 및 반제품의 보관 및 출고에 대한 내용으로 옳지 않은 것을 고르시오.

① 완제품은 적절한 조건으로 정해진 장소에서 보관해야 한다.
② 원자재, 반제품 및 완제품은 적합 판정된 것만 출고해야 한다.
③ 출고는 선입선출 방식으로 하며 타당한 사유가 있는 경우 그러지 않을 수 있다.
④ 완제품은 시험 결과 적합으로 판정되고 제조업자가 출고를 승인한 것만 출고해야 한다.
⑤ 서로 혼동을 일으킬 우려가 없는 시스템에 의하여 보관되는 경우 원자재와 부적합품 및 반품된 제품은 구획되지 않은 장소에서 보관할 수 있다.

50. 다음 중 위해 평가가 필요하지 않은 경우로 맞는 것을 고르시오.

① 위해 관리 우선순위를 설정할 경우
② 위험에 대한 충분한 정보가 부족한 경우
③ 비의도적 오염 물질의 기준을 설정할 경우
④ 위해성에 근거하여 사용금지를 설정할 경우
⑤ 인체 위해의 유의한 증거가 없음을 검증할 경우

맞춤형화장품 조제관리사

51. 다음 폐기신청서를 보고 ㉠, ㉡에 들어갈 내용으로 옳은 것을 고르시오.

폐 기 신 청 서

접수번호	접수일	발급일	처리기간
신청인	상호(법인인 경우 법인의 명칭)		
	대표자	전화번호	
제품정보	제품명		
	(㉠)		
	사용기한 또는 개봉 후 사용기간		
	(㉡)		

	㉠	㉡
①	제품용량	폐기 사유
②	제품용량	폐기량
③	제조번호, 제조일자	폐기 사유
④	제조번호, 제조일자	폐기량
⑤	제조번호, 제조일자	폐기 방법

52. 내용물 및 원료의 폐기에 관한 설명으로 옳지 않은 것을 고르시오.

① 폐기 대상은 따로 보관한다.
② 폐기 대상은 규정에 따라 1주일 보관 후 폐기하여야 한다.
③ 재입고를 할 수 없는 제품의 폐기 처리 규정을 작성하여야 한다.
④ 품질에 문제가 있거나 회수된 제품의 폐기 또는 재작업 여부는 품질보증 책임자에 의해 승인되어야 한다.
⑤ 변질, 변패 또는 병원미생물에 오염되지 않았고 제조일로부터 1년이 경과하지 않았다면 재작업을 할 수 있다.

제 4과목 | 맞춤형화장품의 이해

53. 진피의 역할과 구성 성분에 대해 설명한 것이다. 옳은 것을 고르시오.

① 피하조직을 지지하는 역할을 한다.
② 콜라겐은 진피의 세포외 기질의 주요 단백질로 피부조직 형태를 유지하는 작용을 한다.
③ 온도가 낮으면 땀샘에 의해 털이 수직 방향으로 세워지고 소름이 돋는다.
④ 피지선은 전신의 모든 피부에 존재하며 신체 부위에 따라 크기, 형태가 다르다.
⑤ 입모근은 모낭으로 피지를 분비하며 이는 윤활유로 작용하여 털의 손상을 보호한다.

맞춤형화장품 조제관리사

54. 맞춤형화장품조제관리사인 영주는 매장을 방문한 고객과 다음과 같은 〈대화〉를 나누었다. 영주가 고객에게 혼합하여 추천할 제품으로 다음 〈보기〉 중 적절한 것을 모두 고르시오.

대화

고객 : 최근 들어 피지가 과다하게 분비되고, 여드름이 심해진 거 같아요.
영주 : 아, 그러신가요? 그럼 고객님 피부 상태를 측정해 보도록 할까요?
고객 : 그럴까요? 지난 번 방문 시와 비교해 주세요.
영주 : 네. 이쪽에 앉으시면 저희 측정기로 측정을 해드리겠습니다.

- 피부 측정 후 -
영주 : 고객님은 1달 전 측정 시 보다 피지 분비량이 30% 가량 증가하였고, 여드름의 발생도 2배 정도 증가되었군요.
고객 : 음. 걱정이네요. 그럼 어떤 제품을 쓰는 것이 좋을지 추천 부탁드려요.

보기

㉠. 올리브오일(Olive oil) 함유 제품
㉡. 나이아신아마이드(Niacinamide) 함유 제품
㉢. 티타늄디옥사이드(Titanium dioxide) 함유 제품
㉣. 살리실릭애씨드(salicylic acid) 함유 제품
㉤. 벤토나이트(Bentonite) 함유 제품

① ㉠, ㉡ ② ㉠, ㉢ ③ ㉠, ㉤
④ ㉡, ㉣ ⑤ ㉣, ㉤

55. 맞춤형화장품에 대한 설명으로 옳지 않은 것을 고르시오.

① 맞춤형화장품판매업을 하려는 자는 대통령령으로 정하는 바에 따라 식품의약품안전처장에게 신고하여야 한다.
② 신고한 사항 중 대통령령으로 정하는 사항을 변경할 때에는 대통령령으로 정하는 바에 따라 식품의약품안전처장에게 신고하여야 한다.
③ 맞춤형화장품판매업을 신고한 자는 대통령령으로 정하는 바에 따라 맞춤형화장품의 혼합·소분 업무에 종사하는 자를 두어야 한다.
④ 맞춤형화장품조제관리사가 되려는 사람은 식품의약품안전처장이 실시하는 자격시험에 합격하여야 한다.
⑤ 식품의약품안전처장의 권한을 위임받은 자는 자격시험 업무를 효과적으로 수행하기 위하여 필요한 전문인력과 시설을 갖춘 기관 또는 단체를 시험 운영기관으로 지정하여 시험업무를 위탁할 수 있다.

맞춤형화장품 조제관리사

56. 맞춤형화장품조제관리사인 유리는 매장을 방문한 고객과 다음과 같은 〈대화〉를 나누었다. 유리가 고객에게 추천할 제품으로 다음 〈보기〉 중 적절한 것을 모두 고르시오.

대화

고객 : 날씨가 건조해서 그런지 피부에 윤기가 없고 심하게 당기네요. 각질도 많이 일어나는 편이에요.
유리 : 아, 그러신가요? 그럼 고객님 피부 상태를 측정해 보도록 할까요?
고객 : 그럴까요? 지난 번 방문 시와 비교해 주시면 좋겠네요.
유리 : 네. 이쪽에 앉으시면 저희 측정기로 측정을 해드리겠습니다.

- 피부 측정 후 -
유리 : 고객님은 지난 번 측정 시보다 피부 보습도가 30% 가량 많이 낮아졌고, 각질은 10% 가량 증가했네요.
고객 : 음, 걱정이네요. 그럼 어떤 제품을 쓰는 것이 좋은지 추천 부탁드려요

보기

㉠. 판테놀(Panthenol) 함유 제품
㉡. 나이아신아마이드(Niacinamide) 함유 제품
㉢. 벤토나이트(Bentonite) 함유 제품
㉣. 히알루론산(Sodium Hyaluronic) 함유 제품
㉤. 레티놀(Retinol) 함유 제품

① ㉠, ㉢   ② ㉠, ㉤   ③ ㉡, ㉢
④ ㉡, ㉣   ⑤ ㉢, ㉣

57. 소비자에게 성분에 대해 설명하기 위해 다음 화장품의 전성분 표기 중 사용상의 제한이 필요한 보존제에 해당하는 성분으로 옳은 것을 고르시오.

〈전성분〉

> 정제수, 글리세린, 부틸렌글라이콜, 토코페릴아세테이트, 프로판디올, 잔탄검, 알로에베라, 1,2헥산디올, 폴리비닐피롤리돈, 클로로부탄올, 아데노신, 클로로필류, 향료

① 1,2헥산디올 ② 프로판디올 ③ 폴리비닐피롤리돈
④ 클로로필류 ⑤ 클로로부탄올

58. 다음 중 고체·액체 분산이 적용되는 기초화장품의 상품적인 특성에 따라 요구되는 기능에 대한 내용으로 옳지 않은 것을 고르시오.

① 분산 상태에서의 안전성이 양호하며 경시 변화가 있어야 한다.
② 피부에 양호한 도포력과 부착력을 가져야 한다.
③ 땀이나 비, 물 등에 잘 지워지지 않아야 한다.
④ 피부의 생리적 기능과 작용을 저해시키지 않고 장기간 사용하여도 피부에 유해하지 않아야 한다.
⑤ 우수한 커버 효과를 갖고 있으며 동시에 피부에 양호한 퍼짐성을 나타내야 한다.

59. 동물에 1회 투여했을 때 LD 50 값을 산출하여 위험성을 예측하는 안전성시험법은 무엇인지 고르시오.

① 광독성시험 ② 유전 독성시험 ③ 인체 첩포시험
④ 1차 피부 자극시험 ⑤ 단회 투여 독성시험

맞춤형화장품 조제관리사

60. 제품 충진 시 확인해야 할 사항으로 옳지 않은 것을 고르시오.

① 제품 충진 담당자
② 전원 및 전압의 종류
③ 충전 용량(g, mL) 등
④ 스티커 부착기의 경우 부착 위치
⑤ 포장 기기의 포장 능력과 포장 가능 크기

61. 일정 시간이 지나면 굳는 성질로 폴리비닐알코올, 고분자 실리콘이 이것에 해당한다. 이것으로 옳은 것을 고르시오.

① 점증제
② 희석제
③ 피막형성제(밀폐제)
④ 계면활성제
⑤ 금속이온봉쇄제

62. 맞춤형화장품 판매업자가 변경신고를 해야 하는 경우가 아닌 것을 고르시오.

① 맞춤형화장품 판매업자의 변경(법인인 경우에는 대표자의 변경)
② 맞춤형화장품 판매업자의 상호변경
③ 맞춤형화장품 판매업자의 소재지 변경
④ 맞춤형화장품 조제관리사의 변경
⑤ 맞춤형화장품 사용계약을 체결한 책임판매업자의 변경

63. 화장품 책임판매업을 등록하려는 자는 누구에게 등록서류를 제출해야 하는지 고르시오.

① 대통령
② 시청공무원
③ 식품의약품안전처장
④ 지방 식품의약품안전청장
⑤ 보건복지부장관

64. 다음 〈보기〉에서 피부의 주름개선에 도움을 주는 제품의 유효성 또는 기능 시험방법으로 옳은 것을 모두 고르시오.

보기

㉠ 타이로시나제의 활성저해 시험
㉡ 세포내 콜라겐 생성시험
㉢ 세포내 콜라게나제활성 억제시험
㉣ 멜라닌 생성 저해시험
㉤ 엘라스타제 활성억제 시험
㉥ DOPA 산화 활성저해 시험

① ㉠, ㉡, ㉢   ② ㉠, ㉢, ㉤   ③ ㉡, ㉢, ㉣
④ ㉡, ㉣, ㉥   ⑤ ㉡, ㉢, ㉤

65. 이것은 UVA를 사람의 피부에 조사한 후 2~24시간의 범위 내에 조사영역의 전 영역에 희미한 흑화가 인식되는 최소자외선조사량을 말한다. 이것은 무엇인지 고르시오.

① 최소지속형 즉시흑화량(MPPD)
② 최소홍반량(MED)
③ 자외선 A 차단제
④ 자외선차단지수(SPF)
⑤ 자외선 A 차단지수(PFA)

66. 안정성시험 중 장기보존시험 및 가속시험의 물리적 시험항목과 거리가 먼 것을 고르시오.

① 증발잔류물
② 비중
③ 유화상태
④ 점도
⑤ pH

67. 피부의 구성에 대한 설명으로 옳지 않은 것을 고르시오.

① 피부의 구성성분은 물 70%, 단백질 25%, 탄수화물 1%, 소량의 비타민, 미네랄 등 으로 구성되어 있다.
② 피부의 평균온도는 약 32~33℃이다.
③ 신체기관 중에서 가장 큰 기관에 속한다.
④ 피부의 무게는 성인기준으로 약 8~10kg 정도이다.
⑤ 피부의 총 면적은 성인기준으로 1.6~2.0㎡이다.

68. 정상피부의 표피층 중 각질층의 수분량(%)으로 옳은 것을 고르시오.

① 5 ~ 10% ② 10 ~ 15% ③ 15 ~ 20%
④ 20 ~ 25% ⑤ 25 ~ 30%

69. 다음 중 땀의 구성성분으로 옳지 않은 것을 고르시오.

① 물 ② 지방산 ③ 요소
④ 단백질 ⑤ 아미노산

70. 맞춤형화장품 소분·혼합 전 배합금지 원료를 확인해야 하는 책임자를 고르시오.

① 보건복지부장관
② 식품의약품안전처장
③ 지방식품의약품안전청장
④ 책임판매관리자
⑤ 맞춤형화장품조제관리사

맞춤형화장품 조제관리사

71. 화장품 포장의 기재·표시 및 화장품의 가격표시상 준수사항에 대한 설명으로 옳지 않은 것을 고르시오.

① 한글로 읽기 쉽도록 기재·표시하여야 한다.
② 수출용 제품은 수출대상국의 언어로 적어야 한다.
③ 국내용 제품은 기재·표시 시 외국어와 함께 적을 수 없다.
④ 가격은 소비자에게 화장품을 직접 판매하는 자가 가격을 표시해야 한다.
⑤ 화장품의 성분을 표시하는 경우 표준화된 일반명을 사용하여야 한다.

72. 화장품의 제형에 대한 분류로 옳지 않은 것을 고르시오.

① 유화제형 - 비비크림, 파운데이션, 메이크업베이스 등
② 가용화제형 - 화장수, 토너, 미스트, 향수 등
③ 고형화제형 - 립스틱, 립밤, 컨실러 등
④ 파우더혼합제형 - 아이새도우, 쉐딩, 팩트, 페이스파우더
⑤ 계면활성제혼합제형 - 샴푸, 린스, 바디워시 등

73. 다음 성분 중에서 화장품에 0.5% 이상 함유되었을 경우 안정성시험 자료를 보존해야 하는 성분으로 옳지 않은 것을 고르시오.

① 비타민A
② 비타민C
③ 비타민E
④ 판테놀
⑤ 효소

74. 맞춤형화장품조제관리사인 별이는 매장을 방문한 고객과 다음 <대화>를 하였다. 내용을 읽고 <보기>에서 고객에게 추천할 혼합 성분으로 옳은 것을 모두 고르시오.

대화

별이 : 고객님. 피부측정기를 통해 피부 상태를 점검하겠습니다.
고객 : 네. 요즘 날씨가 추워져서 그런지 얼굴도 쉽게 붉어지고 너무 건조해요.

- 피부측정 후 -
별이 : 현재 고객님의 피부상태는 민감하고 수분이 매우 적은 것으로 나오네요.
고객 : 지금 사용하는 화장품을 사용해도 고민이 해결되지 않았어요.
별이 : 이번 피부 측정에 맞게 화장품을 다시 조제 해 드리겠습니다.

보기

㉠ 글리세린
㉡ 아데노신
㉢ 토코페롤
㉣ 솔비톨
㉤ 세라마이드

① ㉠, ㉡, ㉢ ② ㉠, ㉢, ㉤ ③ ㉠, ㉡, ㉣
④ ㉠, ㉢, ㉣ ⑤ ㉠, ㉣, ㉤

75. 포장재의 종류와 특성에 대한 설명으로 옳지 않은 것을 고르시오.

① 칼리납유리 - 산화납 다량 함유, 굴절률이 매우 높음
② 고밀도 폴리에틸렌 - 유백색, 무광택, 수분 투과 적음
③ 저밀도 폴리에틸렌 - 유백색, 무광택, 수분 투과 적음
④ 스테인리스스틸 - 광택 우수, 부식이 잘 안됨
⑤ AS수지 - 투명, 광택성, 내충격성 우수

맞춤형화장품 조제관리사

76. 투명하고 광택성이 좋으며 딱딱한 특징을 가진 포장재로 성형가공성은 우수하나 내약품성과 내충격성이 좋지 않아 스틱용기로 사용되는 것을 고르시오.

① 폴리스티렌
② 폴리프로필렌
③ 폴리염화비닐
④ 스테인리스스틸
⑤ AS수지

77. 모발에 존재하는 결합이 아닌 것을 고르시오.

① 수소결합　　② 이중결합　　③ 펩티드 결합
④ 염결합　　　⑤ 디설파이드 결합

78. 가용화 제형의 제품과 가장 거리가 먼 것을 고르시오.

① 클렌징 밀크　　② 아스트린젠트　　③ 손소독제
④ 미스트　　　　⑤ 헤어토닉

79. 다음 성분 중에 진피에 대한 설명으로 옳지 않은 것을 고르시오.

① 교원섬유　　　② 탄력섬유　　　③ 섬유아세포
④ 필라그린　　　⑤ 초질

80. 다음 중 국내에서 화장품을 유통·판매되는 화장품에 대한 화장품 바코드 표시 의무자를 고르시오.

① 화장품 제조업자
② 화장품 책임판매업자
③ 화장품 유통업자
④ 화장품 판매업자
⑤ 맞춤형화장품조제관리사

맞춤형화장품 조제관리사

[단답형] 제시된 지문과 문항을 읽고 알맞은 답안을 작성하시오.

단답형

81. 다음 <보기>의 ㉠, ㉡ 안에 들어갈 용어를 순서대로 적으시오.

> **보기**
>
> 「화장품 안전기준 등에 관한 규정」에서 비의도적 유래물질의 검출허용한도를 정하고 있다. 니켈의 허용한도는 눈 화장용 제품에서 (㉠)㎍/g, 색조 화장용 제품에서 (㉡)㎍/g 이하이다.

정답

㉠ _____

㉡ _____

82. 다음 <보기>에서 ㉠과 ㉡에 들어갈 내용을 순서대로 적으시오.

> **보기**
>
> 개인정보유출로 과징금의 부과 통지를 받은 자는 통지를 받은 날부터 (㉠) 이내에 (㉡)이 정하는 수납처에 과징금을 납부하여야 한다.

정답

㉠ _____

㉡ _____

83. 다음 <보기>의 내용을 읽고 (   )에 들어갈 정확한 용어를 적으시오.

보기

(   )는 피부세포 가운데 표피 각질층의 지질막 성분의 하나로 피부 장벽을 생성하여 피부 표면에서 손실되는 수분을 방어하고 외부로부터 유해 물질의 침투를 막는 역할을 한다.

정답
_____

84. 다음 <보기>의 내용을 읽고 (   )에 들어갈 정확한 용어를 적으시오.

보기

화장품 표시 · 광고 실증에 관한 규정상 (   )은 실험실의 배양접시, 인체로부터 분리한 모발 및 피부, 인공피부 등 인위적 환경에서 시험물질과 대조물질 처리 후 결과를 측정하는 것을 말한다.

정답
_____

85. (   ) 안에 들어갈 용어를 한글로 적으시오.

색소 침착이란, 생체 내에 색소가 과도하게 침착되어 정상적인 피부가 갈색이나 흑갈색으로 변하는 색소변성을 뜻한다. (   )은/는 후천적 색소 침착증으로 일반적으로 30세 이후의 여자에게 잘 생기며 햇볕 노출부에 발생하고, 임신이나 경구피임약과 관련성이 높다고 알려져 있다. 이러한 증상으로 고민하는 고객에게는 미백에 도움을 주는 고시형 원료로 등재되어 있으며, 멜라닌 색소 생성을 저해하는 물질이며, 비타민 B군에 속하는 나이아신아마이드(niacinamide)를 함유한 제품을 추천할 수 있다.

정답
_____

맞춤형화장품 조제관리사

86. 다음은 고객 상담 결과에 따른 맞춤형화장품 에센스의 최종 성분 비율이다.
〈대화〉에서 ( ) 안에 들어갈 말을 쓰시오.

```
정제수 ······································· 74.4%
알로에추출물 ······························ 10.0%
베타-글루칸 ································· 5.0%
부틸렌글라이콜 ····························· 5.0%
글리세린 ······································ 3.0%
하이드록시에틸셀룰로오스 ············ 1.0%
카보머 ········································· 0.5%
벤조페논-4 ·································· 0.1%
벤질알코올 ·································· 0.5%
다이소듐이디티에이 ······················ 0.2%
향료 ············································ 0.3%
```

대화

A : 제품에 사용된 보존제는 어떤 성분이고 문제가 없나요?
B : 제품에 사용된 보존제는 (㉠)입니다. 해당 성분은 화장품법에 따라 보존제로 사용될 경우 (㉡) 이하로 사용하도록 하고 있습니다. 해당 성분은 한도 내로 사용되었으며, 쓰는 데 문제는 없습니다.

정답
_____

87.
<보기>는 「기능성화장품 기준 및 시험방법」 〔별표9〕의 일부로서 '탈모 증상의 완화에 도움을 주는 기능성화장품'의 원료 규격의 신설을 주요 내용으로 고시한 일부 원료에 대한 설명이다. 설명에 해당하는 원료명을 한글로 적으시오.

> **보기**
>
> - 분자식(분자량) $C_{10}H_{20}O$ 156.27
> - 정량할 때 98.0~101.0%를 함유한다. 무색의 결정으로 특이하고 상쾌한 냄새가 있고 맛은 처음에는 쏘는 듯하고 나중에는 시원하다. 에탄올(ethanol) 또는 에테르(ether)에 썩 잘 녹고 물에는 매우 녹기 어려우며 실온에서 천천히 승화한다.
> - 확인시험
> - 1) 이 원료는 같은 양의 캠퍼(camphor), 포수클로랄(chloral hydrate) 또는 치몰(thymol)과 같이 섞을 때 액화한다.
> - 2) 이 원료 1g에 황산 20mL를 넣고 흔들어 섞을 때 액은 혼탁하고 황적색을 나타내나 3시간 방치할 때, 냄새가 없는 맑은 기름층이 분리된다.

정답
_____

88.
다음 <보기>은 화장품에 사용하는 성분의 선택에 있어 고려해야 하는 요인들이다. 이에 해당하는 성분을 작성하시오.

> **보기**
>
> - 피부에 대한 안전성(무독·무자극)
> - 안정성(성분과의 반응, 제조 시 분해되거나 파괴되지 않을 것)
> - 무색·무취
> - 제조조건, 경시 변화 등에 대한 착색이 없을 것
> - 산소를 흡수하여 산패되는 현상을 억제하는 기능이 장시간 유지될 것(지속성)

정답
_____

맞춤형화장품 조제관리사

89. 다음 〈보기〉는 화장비누에 대한 설명이다. ㉠, ㉡에 들어갈 단어를 순서대로 적으시오.

> **보기**
> - 유통화장품 안전관리 기준에서 화장비누의 내용량 기준은 (㉠)으로 표기량의 97% 이상을 만족해야 한다.
> - 유통화장품 안전관리 기준에서 화장비누는 유리알칼리 (㉡)% 이하를 만족해야 한다.

정답
㉠ _____
㉡ _____

90. 다음 ㉠과 ㉡, ㉢에 들어갈 적합한 단어를 작성하시오.

> 위해 화장품의 회수기한은 위해성 등급이 "가" 등급인 화장품은 회수를 시작한 날부터 (㉠)일 이내이고, 위해성 등급이 "나" 등급인 화장품은 회수를 시작한 날부터 (㉡)일 이내이며, "다" 등급인 화장품은 회수를 시작한 날부터 (㉢)일 이내이다.

정답
㉠ _____
㉡ _____
㉢ _____

91. 다음 괄호에 적합한 용어를 작성하시오.

> 기저층 세포에서 분열된 각질형성세포가 그 모양과 특성이 변화하며 각질층으로 분화하여 이동하여 최종적으로 탈락하는 과정을 ( )(이)라고 한다.

정답 _____

92. 다음 〈보기〉의 설명에 해당하는 피부층을 적으시오.

보기
- 케라틴을 약 58% 함유하고 있다.
- 약 10~20층으로 구성된 무핵의 세포층이다.
- 수분 손실을 막고, 자극으로부터 피부를 보호한다.

정답 _____

93. 〈보기 1〉의 ( )안에 공통으로 들어갈 용어로 옳은 것을 〈보기 2〉에서 찾아서 적으시오.

보기1
- ( )은/는 생체 내의 산화환원반응에 중요한 역할을 하는 항산화 물질이다.
- ( )은/는 기본적으로 세 개의 아미노산인 글루탐산, 시스테인, 글리신이 결합하여 생성된 폴리펩타이드 구조로 체내 모든 세포에서 합성될 수 있다.
- ( )은/는 환원된 상태와 산화된 상태로 존재하여, 거의 모든 생체 내의 산화-환원반응에 중요한 역할을 한다. 분자 내 티올기(- SH)를 포함하여 환원형 ( )은/는 항산화 효과로 멜라닌 합성을 유도하여 미백작용을 하는 것으로 알려져 있다.

보기1

노긴펩타이드, 키닌, 콜라게나이제, 알파리포익애씨드, 아스코빅애씨드, 토코페롤, 글루타메이트, 글루타민, 플라보노이드, 아연, 감마리놀렌산, 스피룰리나, 코엔자임Q10, 셀레늄, 글루타치온, 글루코사민, 갈락토사민, 아르기닌, 베타글루칸, 알기닌, 로이신, 라이신, 트레오닌, 발린, 알라닌, 메티오닌, 히스티딘, 타우린, 폴리페놀, 라이코펜, 카페인

정답 _____

맞춤형화장품 조제관리사

94. (㉠)는 기타 사용상의 제한이 있는 원료이다. 천연 산화방지제로도 사용 할 수 있으며, 피부 컨디셔닝제나 수분 증발 차단제 등의 용도로는 20% 미만으로 사용이 가능한 원료이다. 기타 사용상의 제한이 있는 이 원료는 무엇인가?

정답 _____

95. 맞춤형화장품조제관리사 현정이는 매장을 방문한 고객과 피부 상담 및 피부 측정을 한 후 고객에게 맞춤형화장품 로션을 제조하였다. 〈보기〉는 조제된 맞춤형화장품 로션의 최종 성분 비율이다. 〈대화〉를 읽고, ㉠, ㉡에 들어갈 말을 적으시오.

성분	비율
정제수	80.1%
글리세린	5.0%
부틸렌글라이콜	7.0%
병풀 추출물	3.0%
소듐하이알루로네이트	2.0%
카보머	0.2%
다이메치콘	0.1%
올리브오일	2.0%
세틸알코올	0.5%
비즈 왁스	0.1%
이미다졸리디닐우레아	0.1%
다이소듐이디티에이	0.01%

대화

고객 : 제품에 사용된 보존제는 어떤 성분이 있나요? 사용하는 데 문제는 없을까요?

민아 : 네, 제품에 사용된 보존제는 (㉠)입니다. 해당 성분은 화장품법에 따라 보존제로 사용될 경우 (㉡)% 이하로 사용 가능합니다. 고객님 로션에는 해당 성분이 한도 내로 사용되었으며, 사용하시는데 문제는 없습니다.

정답
㉠_____
㉡_____

96. 보기는 우수화장품 제조 및 품질관리기준(CGMP) 제11조(입고관리)에서 규정한 사항이다. ( )에 들어갈 용어를 적으시오.

> **보기**
> - 제조업자는 원자재 공급자에 대한 관리감독을 적절히 수행하여 입고관리가 철저히 이루어지도록 해야 한다.
> - 원자재의 입고 시 구매 요구서(발주서), 원자재 공급업체 성적서 및 현품이 서로 일치하여야 한다. 필요한 경우 운송 관련 자료를 추가적으로 확인할 수 있다.
> - 원자재 용기에 제조번호가 없는 경우에는 ( )을 부여하여 보관하여야 한다.

정답 _____

97. 다음 <보기>에서 화장품 원료 중에서 화장품 안전기준 등에 관한 규정되어 사용할 수 없는 원료를 모두 고르시오.

> **보기**
> 땅콩오일, 소듐보레이트, 클로로아트라놀, 톨루엔, 트레티노인, 벤조일퍼옥사이드

정답 _____

98. 일상의 취급 또는 보통의 보존상태에서 기체 또는 미생물이 침입할 염려가 없는 용기를 (㉠)용기라 한다. ㉠에 들어갈 용어를 적으시오.

정답 ㉠ _____

맞춤형화장품 조제관리사

99. 화장품의 색소 종류와 기준 및 시험 방법에 따르면 색소 중 콜타르, 그 중간생성물에서 유래되었거나 유기합성하여 얻은 색소 및 레이크, 염, 희석제와의 혼합물을 (㉠)이라 한다. ㉠에 들어갈 용어를 적으시오.

정답 ㉠_____

100. 물 속에 계면활성제를 투입하면 계면활성제의 소수성(hydrophobicity)에 의해 계면 활성제가 친유부를 공기쪽으로 향하여 기체(공기)와 액체 표면에 분포하고 표면이 포화되어 더 이상 계면활성제가 표면에 있을 수 없으면 물 속에서 자체적으로 친유부(꼬리)가 물과 접촉하지 않도록 계면활성제가 회합하는데 이 회합체를 (㉠)라고 한다. ㉠에 들어갈 용어를 적으시오.

정답 ㉠_____

맞춤형화장품 조제관리사 모의고사

3회

맞춤형화장품 조제관리사

【선다형】 제시된 지문과 문항을 읽고 알맞은 답을 고르시오.

제1과목 | 화장품법의 이해

01. 다음 중 맞춤형화장품판매업자의 영업등록의 결격사유에 대한 설명으로 옳지 않은 것을 고르시오.

① 「보건범죄 단속에 관한 특별조치법」을 위반하여 금고 이상의 형을 선고받고 그 집행이 끝나면 영업신고를 할 수 있다.
② 「마약류 관리에 관한 법률」 제2조제1호에 의해 마약중독자로 진단받으면 맞춤형화장품판매업의 신고를 할 수 없다.
③ 법 제24조에 따라 영업 등록이 취소되거나 영업소가 폐쇄된 지 1년이 지나면 영업신고를 할 수 있다.
④ 피성년 후견인 또는 파산선고를 받고 복권되지 않으면 영업신고를 할 수 없다.
⑤ 국민보건에 위해를 끼쳤거나 끼칠 우려가 있는 화장품을 제조·수입하여 등록이 취소된 지 1년이 지나지 않은 경우 맞춤형화장품판매업의 신고를 할 수 없다.

02. 맞춤형화장품 판매업소 소재지 변경 미신고시 1차적발된 경우 받는 행정처분으로 옳은 것을 고르시오.

① 시정명령
② 판매업무정지 15일
③ 판매업무정지 1개월
④ 판매업무정지 3개월
⑤ 판매업무정지 6개월

03. 책임판매관리자의 자격 기준에 대한 설명으로 옳지 않은 것을 고르시오.

① 이공계학과 또는 향장학·화장품과학·한의학·한약학과 등을 전공하고 학사 이상의 학위를 취득한 자
② 간호학과, 간호과학과, 건강간호학과를 전공하고 관련 과목을 20학점 이상 이수한 학사 이상의 학위를 취득한 자
③ 전문대학에서 화장품관련 분야를 전공한 후 화장품 제조 또는 품질관리 업무에 1년 이상 종사한 자
④ 전문대학에서 간호학과, 간호과학과, 건강간호학과를 전공하고 관련 과목을 20학점 이상 이수한 후 화장품 제조나 품질관리 업무에 1년 이상 종사한 자
⑤ 맞춤형화장품조제관리사 자격시험에 합격한 사람으로서 화장품 제조 또는 품질관리 업무에 3년 이상 종사한 자

04. 화장품을 사용한 고객에게 피부가 따갑다는 유해사례가 지속적으로 발생할 시 화장품책임판매업자가 취해야 할 조치로 옳지 않은 것을 고르시오.

① 지체 없이 부작용 발생사례를 식품의약품안전처장에게 보고한다.
② 지체 없이 해당 화장품을 회수하거나 회수하는 데에 필요한 조치를 한다.
③ 회수대상화장품이라는 사실을 안 날부터 5일 이내에 회수계획서를 지방식품의약품안전청장에게 제출하여야 한다.
④ 해당 품목의 제조·수입기록서 사본, 판매처별 판매량·판매일 등의 기록, 회수 사유를 적은 서류를 회수계획서에 첨부하여 지방식품의약품안전청장에게 제출한다.
⑤ 화장품의 사용으로 인해 인체 건강에 미치는 위해영향이 중대한 경우 '가등급'에 해당하므로 5일 이내 회수종료를 해야된다.

05. 화장품의 유형별 특성에 대한 설명 중 옳지 않은 것을 고르시오.

① 인체 세정용 제품류로는 폼클렌저, 보디 클렌저, 버블배스, 외음부 세정제 등이 있다.
② 기초화장용 제품류로는 클렌징 크림, 메이크업 리무버, 손·발의 피부연화 제품 등이 있다.
③ 눈화장용 제품류로는 아이라이너, 마스카라, 아이섀도, 아이메이크업 리무버 등이 있다.
④ 두발용 제품류는 퍼머넌트 웨이브, 헤어 스트레이트너, 흑색, 샴푸 등이 있다.
⑤ 방향용 제품류는 향수, 코롱, 향낭 등이 있다.

06. 다음 〈보기〉는 개인정보처리에 대한 서면 동의 시 중요한 내용을 표시하는 방법이다. ㉠, ㉡에 들어갈 숫자로 옳은 것을 고르시오.

> **보기**
> 개인정보 수집의 서면 동의 시 중요한 내용을 표시할 때 글씨 크기는 최소한 (㉠) 포인트 이상이어야 하고, 다른 내용보다 (㉡)% 이상 크게 작성하여야 한다.

	㉠	㉡		㉠	㉡		㉠	㉡
①	5	5	②	5	10	③	7	15
④	9	20	⑤	10	20			

07. 「개인정보 보호법」과 관련하여, 위반하였을 경우 과태료가 다른 하나를 고르시오.

① 동의를 받아 개인정보를 국외로 이전하는 경우 필요한 보호조치를 하지 않은 자
② 개인정보를 파기하지 않고 보존해야 하는 경우 개인정보를 분리하여 저장·관리하지 않은자
③ 개인정보 처리에 대한 정보주체가 내용을 명확하게 인지하도록 한 규정을 위반하여 동의를 받은 자
④ 개인정보 처리방침을 정하지 않거나 이를 공개하지 않은 자
⑤ 개인정보 보호책임자(개인정보 처리에 관한 업무를 총괄하여 책임지는 자)를 지정하지 않은 자

제 2과목 | 화장품 제조 및 품질관리

08. 화장품 원료 중 고급 지방산이 아닌 것을 고르시오.

① 라우릭애씨드　　② 미리스틱애씨드　　③ 팔미틱애씨드
④ 스테아릭애씨드　⑤ 아스코빅애씨드

09. 「화장품법 시행규칙」 제2조 기능성화장품의 범위에 기재된 기능성화장품의 효능·효과에 대한 설명으로 옳지 않은 것을 고르시오.

① 피부에 멜라닌색소가 착색하는 것을 방지하여 기미·주근깨 등의 생성을 억제 함으로써 피부의 박피에 도움을 준다.
② 자외선을 차단 또는 산란시켜 자외선으로부터 피부를 보호한다.
③ 튼살로 인한 붉은 선을 엷게 하는데 도와준다.
④ 피부장벽의 기능을 회복하여 가려움 등의 개선에 도움을 준다.
⑤ 탈모 증상의 완화에 도움을 준다.(단, 코팅 등 물리적으로 모발을 굵어 보이게 하는 제품은 제외)

10. 모발화장품에 대한 설명으로 옳지 않은 것을 고르시오.

① 세정용 : 모발과 두피의 피지, 땀, 각질 등 오염 물질을 제거하여 청결하고 건강하게 유지시키기 위해 사용한다.
② 정발제 : 모발을 화학적으로 원하는 형태로 만들어 주고 형태를 고정시켜주기 위해 사용한다.
③ 헤어 트리트먼트제 : 모발 손상을 방지하고 손상된 모발을 회복시키기 위해 사용한다.
④ 양모제 : 30~70% 에탄올 함유로 살균, 청량, 쾌적함을 부여하고 비듬, 가려움을 제거하기 위해 사용하여 탈모 증상 완화에 도움을 준다.
⑤ 퍼머넌트 웨이브 용제 : 모발 케라틴 속의 시스틴 결합(-s-s-)을 환원제로 부분적으로 절단한 다음 산화제로 재결합하여 모발에 웨이브를 만들어 주기 위해 사용한다.

맞춤형화장품 조제관리사

11. 식품의약품안전처장이 고시한 「화장품 안전기준 등에 관한 규정」에 따라 다음 중 화장품에 사용할 수 없는 원료를 고르시오.

① 벤질알코올
② 3-니트로-4-아미노페녹시에탄올 및 그 염류
③ 2, 4-디클로로벤질알코올
④ 3, 4-디클로로벤질알코올
⑤ 페녹시에탄올

12. 다음 <보기>는 천연화장품과 유기농화장품에 대한 설명이다. 설명 중 옳지 않은 것을 모두 고르시오.

> **보기**
> ㉠ 유기농화장품 판매 시 식품의약품안전처에 인증을 받아야 한다.
> ㉡ 인증의 유효기간은 인증받은 날부터 1년이다.
> ㉢ 인증의 유효기간을 연장 받으려는 경우에는 유효기간 만료 30일 전까지 받아야 한다.
> ㉣ 천연화장품은 중량 기준으로 천연 함량이 전체 제품에서 95% 이상으로 구성되어야 한다.
> ㉤ 동물성 원료로 만든 화장품은 천연화장품이다.

① ㉠, ㉡, ㉢
② ㉠, ㉡, ㉣
③ ㉡, ㉢, ㉤
④ ㉡, ㉣, ㉤
⑤ ㉠, ㉡, ㉢, ㉣, ㉤

13. 다음 중 「화장품 안전기준 등에 관한 규정」에 따라 맞춤형화장품조제관리사가 사용할 수 있는 성분으로 옳은 것을 고르시오.

① 살리실릭애씨드
② 아이오도프로피닐부틸카바메이트(아이피비씨)
③ 1, 2-헥산다이올
④ 페녹시에탄올
⑤ 1, 2-나프틸아민 및 그 염류

14. 식품의약품안전처고시 「화장품 사용 시의 주의사항 및 알레르기 유발성분 표시에 관한 규정」에 따라, 알레르기 유발 성분이 아닌 것을 고르시오.

    ① 신남알
    ② 아밀신남알
    ③ 신나밀알코올
    ④ 아니스알코올
    ⑤ 리도카인

15. 다음 중 천연화장품 및 유기농화장품 제조 시 금지 된 공정이 아닌 것을 고르시오.

    ① 설폰화
    ② 포름알데하이드 사용
    ③ 에틸렌 옥사이드 사용
    ④ 오존분해
    ⑤ 설폰화

16. 천연화장품 및 유기농화장품에 5%까지 사용할 수 있는 원료가 아닌 것을 고르시오.

    ① 벤조익애씨드 및 그 염류
    ② 카르복시메칠- 식물 폴리머
    ③ 이소프로필알코올
    ④ 3급부틸알코올
    ⑤ 살리실릭애씨드 및 그 염류

맞춤형화장품 조제관리사

17. 다음 용어 설명 중 옳지 않은 것을 고르시오.

① 원자재 : 화장품 원료 및 자재
② 완제품 : 출하를 위해 제품의 포장 및 첨부문서에 표시하는 공정 등을 포함한 모든 제조 공정이 완료된 화장품
③ 품질보증 : 제품이 적합 판정 기준에 충족될 것이라는 신뢰를 제공하는 데 필수적인 모든 계획되고 체계적인 활동
④ 사용기간 : 화장품이 제조된 날부터 적절한 보관 상태에서 제품이 고유의 특성을 간직 한 채 소비자가 안정적으로 사용할 수 있는 최소한의 기한
⑤ 재작업 : 적합 판정 기준을 벗어난 완제품, 벌크제품 또는 반제품을 재처리하여 품질이 적합한 범위에 들어오도록 하는 작업

18. 화장품의 취급방법에 대한 설명으로 옳은 것을 고르시오.

① 완제품은 시험 결과 적합 판정과 품질보증부서 책임자가 출고 승인한 것만을 출고한다.
② 원자재, 반제품 및 벌크제품은 바닥과 벽에 닿지 않도록 보관하고, 특별한 사유가 없는 한 빠르게 출고할 수 있도록 보관해야 한다.
③ 원자재, 반제품 및 벌크제품은 품질에 나쁜 영향을 미치지 아니하는 조건에서 보관해야 하며, 보관기한을 설정하고, 정기적으로 점검해야 한다.
④ 원자재, 시험 중인 제품 및 부적합품은 구분하여서 보관하여야 한다.
⑤ 설정된 보관기한이 지나면 즉각 폐기처분해야 한다.

19. 다음 중 피부를 곱게 태워주거나 자외선으로부터 피부를 보호하는 데 도움을 주는 제품의 성분 및 사용 한도를 연결한 것이 옳지 않은 것을 고르시오.

① 징크옥사이드 - 25%
② 호모살레이트 - 10%
③ 티이에이- 살리실레이트 - 10%
④ 에칠헥실살리실레이트 - 5%
⑤ 에칠헥실트리아존 - 5%

20. 다음 〈보기〉에서 화장품의 함유 성분별 사용 시 주의사항 표시 문구로 옳지 않은 것을 고르시오.

보기

대상 제품	표시 문구
과산화수소 및 과산화수소 생성 물질 함유 제품	① 눈에 접촉을 피하고 눈에 들어갔을 때는 즉시 씻어낼 것
벤질코늄클로라이드, 벤잘코늄브로마이드 및 벤잘코늄사카리네이트 함유 제품	② 눈에 접촉을 피하고 눈에 들어갔을 때는 즉시 씻어낼 것
실버나이트레이트 함유 제품	③ 사용 시 흡입되지 않도록 주의할 것
부틸파라벤	④ 만 3세 이하 어린이의 기저귀가 닿는 부위에 사용하지 말 것
아이오도프로피닐부틸카바메이트(IPBC)	⑤ 만 3세 이하 어린이에게는 사용하지 말 것

21. 화장품 사용 시 공통 주의사항에 대한 설명으로 옳지 않은 것을 고르시오.

① 눈 주위를 피하여 사용할 것
② 직사광선을 피해서 보관할 것
③ 어린이의 손이 닿지 않는 곳에 보관할 것
④ 상처가 있는 부위 등에는 사용을 자제할 것
⑤ 가려움증 등의 이상 증상이나 부작용이 있는 경우 전문의 등과 상담할 것

맞춤형화장품 조제관리사

22. 다음 용어에 대한 설명 중 옳지 않은 것을 고르시오.
① 인체적용제품 : 사람이 섭취・투여・접촉・흡입 등을 함으로써 인체에 직접 영향을 줄 수 있는 것으로서 「화장품법」에 따른 화장품을 포함
② 독성 : 인체적용제품에 존재하는 위해요소가 인체에 유해한 영향을 미치는 고유의 성질
③ 위해요소 : 인체의 건강을 해치거나 해칠 우려가 있는 화학적・생물학적・물리적 요인
④ 위험성 확인 : 위해요소를 대상으로 인체 내 독성을 나타내는 잠재적 성질을 과학적으로 확인하는 과정
⑤ 위험성 : 인체적용제품에 존재하는 위해요소에 노출되는 경우 인체의 건강을 해칠 수 있는 정도

23. 다음 중 위해성 등급이 다른 하나를 고르시오.

① 옥틸도데칸올
② 메탄올
③ 디클로로펜
④ 메톡시아세틱애씨드
⑤ 벤조일퍼옥사이드

24. '나등급' 위해성 화장품의 경우 회수 기간으로 옳은 것을 고르시오.

① 5일   ② 15일   ③ 20일
④ 30일   ⑤ 90일

25. 위해 화장품을 절차에 따라 폐기 처리한 후 폐기확인서를 몇 년간 보관해야 하는지 옳은 것을 고르시오.

① 6개월　　　　② 1년　　　　③ 2년
④ 3년　　　　　⑤ 5년

26. 다음 〈보기〉는 「화장품법」 제2조2항에 명시된 기능성화장품에 대한 정의이다. 다음 설명 중 옳은 것을 모두 고르시오.

보기
가. 피부의 미백에 도움을 주는 제품
나. 피부의 주름 개선에 도움을 주는 제품
다. 피부의 미백 및 주름 개선에 도움을 주는 제품
라. 여드름성 피부를 완화하는 데 도움을 주는 제품
마. 체모를 제거하는 데 도움을 주는 제품
바. 탈모 증상의 완화에 도움을 주는 제품
사. 자외선으로부터 피부를 보호하는 데 도움을 주는 제품

① 가, 나, 다
② 가, 다, 라, 마, 사
③ 가, 다, 마, 바, 사
④ 가, 나, 다, 라, 바, 사
⑤ 가, 나, 다, 라, 마, 바, 사

27. 지용성 피부민의 설명으로 옳지 않은 것을 고르시오.

① 비타민 A : 각화를 정상화시켜 피부 재생에 도움을 준다.
② 비타민 D : 칼슘과 인의 대사에 관여하여 뼈와 치아 구성에 영향을 준다.
③ 비타민 F : 피부장벽유지, 수분 손실 예방을 한다.
④ 비타민 K : 피부염과 습진에 효과가 있다.
⑤ 비타민 P : 콜라겐 생성을 돕는다.

맞춤형화장품 조제관리사

제 3과목 | 유통화장품 안전관리

28. 우수화장품 제조 및 안전관리 기준(CGMP)의 내용 중 작업소의 위생관리 기준으로 옳지 않은 것을 고르시오.

① 보관구역의 통로는 적절하게 설계되어야 하며, 사람과 물건이 이동하는 구역으로, 사람과 물건의 이동에 불편함이 없어야 한다.
② 제조구역 표면은 청소하기 용이한 재질로 설계되어야 하며, 탱크의 바깥 면들을 수시로 청소하고, 모든 배관이 사용될 수 있도록 우수한 정비 상태로 유지해야 한다.
③ 포장구역제품의 교차오염을 방지할 수 있도록 설계하고, 질서를 무너뜨리는 다른 재료가 있어서는 안된다.
④ 원료의 포장이 훼손된 경우에는 봉인하거나 즉시 별도의 저장조에 보관한 후 품질상의 처분 결정을 취해 격리해야 한다.
⑤ 제조시설이나 설비는 적절한 방법으로 청소해야 하며, 필요한 경우 위생관리 프로그램을 운영해야 한다.

29. 다음 <보기>는 작업장의 낙하균 측정법에 대한 설명이다. 옳지 않은 것을 고르시오.

보기

① 원리	• koch법 : 실내외를 불문하고, 대상 작업장에서 오염된 부유 미생물을 직접 평판배지 위에 일정시간 자연 낙하시켜 측정하는 방법
② 배지	• 세균용 : 대두카제인 소화한천배지 • 진균용 : 사부로포도당 한천배지 또는 포테이토덱스트로즈 한천배지에 배지 100mL당 클로람페니콜 50mg을 넣음
③ 측정 위치	• 벽에서 30cm 떨어진 곳이 좋음 • 측정 높이는 바닥에서 측정하는 것이 원칙이지만 부득이 한 경우 바닥으로부터 20~30cm 높은 위치에서 측정하기도 함
④ 노출 시간	• 공중 부유 미생물 수의 많고 적음에 따라 결정되며, 노출 시간이 1시간 이상이 되면 배지의 성능이 떨어지므로 예비 시험으로 적당한 노출 시간을 결정하는 것이 좋음 • 청정도가 낮은 시설 : 30분 이상 노출 • 청정도가 높고 오염도가 낮은 시설 : 측정 시간 단축
⑤ 측정	• 선정된 측정 위치마다 세균용 배지와 진균용 배지를 1개씩 놓고 배양접시의 뚜껑을 열어 배지에 낙하균이 떨어지도록 한다. • 위치별로 정해진 노출 시간이 지나면, 배양접시의 뚜껑을 닫아 배양기에서 배양함. 일반적으로 세균용 배지는 30~35℃, 48시간 이상, 진균용 배지는 20~25℃, 5일 이상 배양함.

30. 다음 <보기>에 들어갈 용어로 옳은 것을 고르시오.

> **보기**
> 원료 물질의 칭량부터 혼합, 충전(1차 포장), 2차 포장 및 표시 등의 일련의 작업을 ( )이라고 한다.

① 제조 ② 생산 ③ 품질관리
④ 유기관리 ⑤ 검증작업

31. 소독제의 종류 중 다른 하나를 고르시오.

① 전기 가열 테이프
② 벤질코늄클로라이드
③ 글루콘산클로르헥시딘
④ 페놀수(3% 수용액)
⑤ 70% 에탄올

32. 작업장의 청소 방법 및 위생처리에 관한 설명 중 옳지 않은 것을 고르시오.

① 공조시스템에 사용된 필터는 규정에 의해 청소되거나 교체되어야 한다.
② 제조공정 또는 포장과 관련되는 지역에서의 청소와 관련된 활동이 기류에 의한 오염을 유발하여 제품 품질에 위해를 끼칠 것 같은 경우에는 작업을 해서는 안 된다.
③ 제조공장을 깨끗하고 정돈된 상태로 유지하기 위해 수시로 청소를 한다.
④ 물질 또는 제품 필터들은 규정에 의해 청소되거나 교체되어야 한다.
⑤ 물 또는 제품의 유출이 있는 곳과 고인 곳 그리고 파손된 용기는 지체 없이 청소 또는 제거되어야 한다.

33. 이상적인 소독제의 조건으로 옳지 않은 것을 고르시오.

① 소독 전에 존재하던 미생물을 최소한 99.9% 이상 사멸해야 한다.
② 인체 및 환경 안전성 및 충분한 저장 안정성이 있어야 한다.
③ 사용 농도에는 독성이 없어야 한다.
④ 경제적이고 쉽게 이용할 수 있어야 한다.
⑤ 5분 이내의 짧은 처리에도 효과를 나타내야 한다.

34. 작업장별 소독 방법에 대한 설명으로 옳지 않은 것을 고르시오.

① 제조실의 환경균 측정 결과 부적합이 나오거나 기타 필요 시 소독을 실시한다.
② 화장실은 바닥에 있는 이물을 완전히 제거하고 세제를 이용하여 세척한다.
③ 원료보관소는 연성세제, 또는 락스를 이용하여 오염물 제거한다.
④ 소독 시에는 소독 중임을 나타내는 표지판을 출입구에 부착한다.
⑤ 물청소 후에는 물기를 반드시 제거한다.

35. 작업장 내의 직원의 위생 기준 설정에 대한 설명으로 옳지 않은 것을 고르시오.

① 적절한 위생관리 기준 및 절차를 마련하고, 제조소 내의 모든 직원은 위생관리 기준 및 절차를 준수하여야 한다.
② 작업소 및 보관소 내의 직원은 화장품의 오염 방지를 위해 작업소 및 보관소 내의 규정된 작업복을 착용해야 하며, 음식물 등의 반입해서는 안된다.
③ 의약품 외 개인 물품은 별도의 지역에 보관해야 하며, 음식 및 음료 섭취, 흡연 등을 할 수 없다.
④ 피부에 외상이 있거나 질병에 걸린 직원은 화장품과 직접 접촉되지 않도록 격리되어야 한다.
⑤ 방문객과 훈련받지 않은 직원이 제조, 관리 및 보관 구역으로 들어갈 경우 반드시 안내자와 동행해야 한다.

36. 작업자가 받는 정기적 교육의 내용으로 옳지 않은 것을 고르시오.

① 영양상태 ② 복장상태 ③ 건강상태
④ 작업 중 주의 사항 ⑤ 방문객 및 교육 훈련을 받지 않은 직원 위생관리

37. 작업자의 위생 유지를 위한 손 세정제의 종류로 옳은 것을 고르시오.

① 알코올 ② 아이오도퍼 ③ 클로르헥시딘
④ 고체형 손비누 ⑤ 헥시클로로펜

38. 우수화장품 제조 및 품질관리기준(CGMP)에 설명된 청정도 등급에 관한 설명으로 옳지 않은 것을 고르시오.

① 완제품보관소 및 원료보관소는 관리기준이 없다.
② 3등급 대상시설은 화장품 내용물이 노출 안 되는 곳이다.
③ 1등급 대상시설은 청정도 엄격 관리 시설이다.
④ 2등급 낙하균 30개/hr 또는 부유균 200개/m^3이다.
⑤ 미생물시험실은 낙하균 10개/hr 또는 부유균 20개/m^3이다.

맞춤형화장품 조제관리사

39. 다음 중 「화장품법 시행규칙」 제18조에 따라 안전용기·포장의 기준에 맞게 사용해야 되는 제품으로 옳은 것을 고르시오.

① 일회용 제품, 용기 입구 부분이 펌프 또는 방아쇠로 작동되는 수분 미스트
② 에탄올을 함유하는 네일 에나멜 리무버 및 네일 폴리시 리무버
③ 어린이용 오일 등 개별포장 당 탄화수소류를 5퍼센트 이상 함유한 어린이용 크림
④ 운동점도가 21센티스톡스 이하인 고체상태의 클렌징제품
⑤ 개별포장당 메틸 살리실레이트를 5퍼센트 이상 함유한 토너

40. 제조 및 품질관리에 필요한 설비의 위생 기준에 대한 설명으로 옳지 않은 것을 고르시오.

① 사용하지 않은 연결 호스와 부속품은 청소 등 위생관리하여 먼지, 얼룩 또는 다른 오염으로부터 보호하고, 건조한 상태를 유지해야 한다.
② 사용 목적에 적합하고, 청소가 가능하며, 필요한 경우 위생유지관리가 가능할 것. 단, 자동화 시스템을 도입한 경우에는 제외된다.
③ 설비 등의 위치는 원자재나 직원의 이동으로 제품의 품질에 영향을 주지 않으면서 제품의 오염을 방지해야 한다.
④ 배관 및 배수관을 설치하며 배수관은 역류하지 않고 청결을 유지해야 한다.
⑤ 천장 주위의 대들보, 파이프, 덕트 등은 가급적 노출되지 않게 설계해야 한다.

41. 제품의 균일성 또는 물리적 성상을 얻기 위해 사용하는 설비로 옳은 것을 고르시오.

① 펌프　　　　　② 칭량장치　　　　　③ 게이지와 미터기
④ 호모게나이저　⑤ 호스

42. 원자재 입고관리 기준에 대한 설명으로 옳지 않은 것을 고르시오.

① 기준일탈 : 규정된 합격 판정 기준에 일치하지 않는 검사, 측정 또는 시험 결과
② 불만 : 제품이 규정된 적합 판정 기준을 충족시키지 못한다고 주장하는 외부 정보
③ 감사 : 제조 및 품질과 관련한 결과가 계획된 사항과 일치하는지의 여부와 제조 및 품질관리가 효과적으로 실행되고 목적 달성에 적합한지 여부를 결정하기 위한 회사 내 자격이 있는 직원에 의해 행해지는 체계적이고 독립적인 조사
④ 변경관리 : 모든 제조, 관리 및 보관된 제품이 규정된 적합 판정 기준에 일치하도록 보장하기 위해 우수화장품 제조 및 품질관리기준이 적용되는 모든 활동을 내부조직의 책임 하에 계획하여 변경하는 것
⑤ 공정관리 : 제조공정 중 적합 판정 기준의 충족을 보증하기 위해 공정을 모니터링하거나 조정하는 모든 작업

43. 원자재 용기 및 시험기록서의 필수적인 기재사항으로 옳지 않은 것을 고르시오.

① 시험일자
② 수령일자
③ 원자재 공급자명
④ 원자재 공급자가 정한 제품명
⑤ 공급자가 부여한 제조번호 또는 관리번호

44. 완전 제거가 불가능한 성분과 검출 허용한도의 연결이 옳지 않은 것을 고르시오.

① 비소 10㎍/g 이하
② 디옥산 100㎍/g 이하
③ 수은 5㎍/g 이하
④ 안티몬 10㎍/g 이하
⑤ 카드뮴 5㎍/g 이하

맞춤형화장품 조제관리사

45. 화장품의 미생물 한도에 대한 설명으로 옳지 않은 것을 고르시오.

① 영유아용 제품류 - 총호기성생균수 500개/g(mL) 이하
② 눈화장용 제품류 - 총호기성생균수 100개/g(mL) 이하
③ 기타 화장품류 - 총호기성생균수 1000개/g(mL) 이하
④ 물휴지 - 세균 및 진균수 각각 100개/g(mL) 이하
⑤ 모든 화장품류 - 대장균, 녹농균, 황색포도상구균 불검출

46. 인체 세포·조직 배양액 안전 기준에 대한 설명으로 옳지 않은 것을 고르시오.

① 인체 세포·조직 배양액을 제조하는 배양시설은 청정등급 1등급 이상의 구역에 설치하여야 한다.
② 공여자는 건강한 성인으로서 감염증이나 질병으로 진단되지 않아야 하고, 의료기관에서는 윈도우피리어드를 감안한 관찰기간 설정 및 공여자 적격성검사에 필요한 기준서를 작성하고 이에 따라야 한다.
③ 세포·조직을 채취하는 장소는 외부 오염으로부터 위생적으로 관리하고, 보관되었던 세포·조직의 균질성 검사 방법은 현 시점에서 가장 적절한 최신의 방법을 사용해야 하며, 그와 관련한 절차를 수립하고 유지한다.
④ 인체 세포·조직 배양액을 제조할 때에는 세균, 진균, 바이러스 등을 비활성화 또는 제거하는 처리를 하여야 한다.
⑤ 화장품제조업자는 세포·조직의 채취, 검사, 배양액 제조 등을 실시한 기관에 대해 안전하고 품질이 균일한 인체 세포·조직 배양액이 제조될 수 있도록 관리·감독을 철저히 해야 한다.

47. 벌크제품의 보관 기준에 대한 설명으로 옳지 않은 것을 고르시오.

① 남은 제품은 적합한 용기를 사용하여 밀폐해야 한다.
② 남은 제품은 재보관·재사용할 수 있으며, 다음 제조 시 우선 사용해야 한다.
③ 재보관 시에는 재보관임을 표시한 라벨을 부착해야 하며, 원래 보관 환경에서 보관해야 한다.
④ 변질, 오염의 우려가 있으므로 변질되기 쉬운 제품은 재사용하지 않아야 하며, 여러 번 재보관하는 제품은 조금씩 나누어서 보관해야 한다.
⑤ 최대 보관기한을 설정해야 하며, 최대 보관기한이 가까워진 제품은 완제품 제조 전에 품질 이상, 변질, 변색, 변취 여부 등을 확인해야 한다.

48. 액상 또는 고형의 이물 또는 수분이 침입하지 않고, 내용물의 손실, 풍화, 증발로부터 보호할 수 있는 용기로 옳은 것을 고르시오.

① 기밀용기　　　　② 밀폐용기　　　　③ 밀봉용기
④ 유리용기　　　　⑤ 차광용기

49. 다음 중 인체세포·조직의 채취 및 검사 기록서에 포함되지 않는 것을 고르시오.

① 공여자 DNA　　　　② 공여자 주민번호
③ 공여자의 적격성 평가 결과　　④ 채취한 의료기관 명칭
⑤ 채취 연월일

맞춤형화장품 조제관리사

50. 인체 세포·조직 배양액의 안전성 확보를 위해 작성 및 보존해야 하는 안전성시험 자료로 옳지 않은 것을 고르시오.

① 인체 첩포시험 자료
② 반복 투여 독성시험자료
③ 유전 독성시험 자료
④ 1,2차 피부 자극시험 자료
⑤ 단회 투여 독성시험 자료

51. 원료 개봉 시 주의사항으로 옳지 않은 것을 고르시오.

① 원료 겉면에 표시된 주의사항을 자세히 확인한다.
② 캔의 경우 뚜껑 개봉 시 손 부상을 입지 않도록 주의한다.
③ 에탄올은 기화할 수 있으므로 여름 보관 시 주의한다.
④ 질소가 충전된 경우 뚜껑을 열어 질소가 빨리 빠질 수 있도록 한다.
⑤ 파우더 타입은 공기 중으로 날아갈 수 있으므로 주의한다.

52. 내용물 및 원료의 변질상태 확인을 위해 완제품 보관 검체의 주요사항으로 옳지 않은 것을 고르시오.

① 제품을 그대로 보관한다.
② 각 뱃치를 모두 보관한다.
③ 각 뱃치별로 제품 시험을 2번 실시할 수 있는 양을 보관한다.
④ 제품이 가장 안정한 조건에서 보관한다.
⑤ 사용기한 경과 후 1년간 보관 또는 개봉 후 사용기간을 기재하는 경우 제조일로부터 3년간 보관한다.

제 4과목 | 맞춤형화장품의 이해

53. 다음 설명 중 「화장품 안전성 정보관리 규정」 및 「맞춤형화장품판매업 가이드라인」에 따라 옳지 않은 것을 고르시오.

① 유해사례란 화장품의 사용 중 발생한 바람직하지 않고 의도되지 아니한 징후, 증상 또는 질병을 말하며, 당해 화장품과 반드시 인과관계를 가져야 하는 것은 아니다.
② 실마리 정보란 유해사례와 화장품 간의 인과관계 가능성이 있다고 보고된 정보로서 그 인과관계가 알려지지 아니하거나 입증자료가 불충분한 것을 말한다.
③ 화장품책임판매업자는 중대한 유해사례를 알게 된 때 그 정보를 알게 된 날로부터 15일 이내에 식품의약품안전처장에게 신속히 보고하여야 하며 이를 '안전성 정보의 신속보고'라고 한다.
④ 맞춤형화장품의 부작용 사례 보고 역시 「화장품 안전성 정보관리 규정」에 따른 절차를 준용하므로 맞춤형화장품판매업자는 화장품책임판매업자와 더불어 '안전성 정보의 신속보고'의 의무가 있으나 '안전성 정보의 정기보고'를 할 의무는 없다.
⑤ 화장품책임판매업자는 신속보고하지 않은 지난해의 화장품의 안전성 정보를 매 반기 종료 후 1개월 이내에 식품의약품안전처장에게 보고하여야 하며 이를 '안전성 정보의 정기보고'라고 한다. 매년 2월 말까지 보고하는 것은 수입 및 생산 실적 보고이다.

54. 「화장품법」제3조의4 맞춤형화장품조제관리사 자격시험에 관한 설명으로 옳지 않은 것을 고르시오.

① 화장품과 원료 등에 대해 식품의약품안전처장이 실시하는 자격시험에 합격해야 한다.
② 거짓이나 그 밖의 부정한 방법으로 자격시험에 응시한 사람 또는 자격 시험에서 부정행위를 한 사람에 대해서는 그 자격시험을 정지시키거나 합격을 무효로 한다.
③ 자격시험이 정지되거나 합격이 무효가 된 사람은 그 처분이 있는 날부터 1년간 자격시험에 응시 불가하다.
④ 자격시험의 관리 및 자격증 발급 등에 관한 업무를 효과적으로 수행하기 위해 필요한 전문 인력과 시설을 갖춘 기관 또는 단체를 시험운영기관으로 지정하여 시험업무를 위탁할 수 있다.
⑤ 자격시험의 시기, 절차, 방법, 시험과목 자격증의 발급, 시험운영기관의 지정 등 자격시험에 필요한 사항은 총리령으로 정한다.

맞춤형화장품 조제관리사

55. 안전성시험에 대한 설명으로 옳지 않은 것을 고르시오.

① 단회 투여 독성시험 : 동물에 1회 투여했을 때 LD 50값(반수 치사량)을 산출하여 위험성을 예측함
② 연속 피부 자극시험 : 피부에 반복적으로 투여했을 때 나타나는 자극성을 평가함
③ 광감작성시험 : UV램프를 조사하여 자외선에 의해 생기는 자극성을 평가함
④ 인체 첩포시험 : 등, 팔 안쪽에 폐쇄 첩포하여 피부 자극성이나 감작성(알레르기)을 평가함
⑤ 유전 독성시험 : 염색체 이상을 유발하는지 설치류를 통해 시험하고 안전성을 평가함

56. 다음 〈보기〉에서 맞춤형화장품 제도에 대한 설명으로 옳은 것을 모두 고르시오.

보기

㉠ 개성과 다양성을 추구하는 판매자가 증가함에 따라 제조업시설 등록이 없어도 개인의 취향과 피부타입을 반영하여 판매장에서 즉시 화장품을 만들어 제공하는 제도가 도입되었다.
㉡ 맞춤형화장품은 소비자 중심으로 소비자의 특성 및 기호에 따라 즉석에서 제품을 혼합·소분하여 판매하는 대량 생산 방식이다.
㉢ 맞춤형화장품 제조 시행 이전 화장품 분야는 생산자 중심으로 미리 제품을 대량생산 하여 일반적인 소비자에게 판매하는 방식으로 화장품 판매가 이루어졌다.
㉣ 맞춤형화장품 판매의 범위, 위생상 주의사항, 소비자 안내 요령, 판매 사후관리 등에 대한 내용을 법제화하여 정함으로써 소비자의 안전관리를 확보하는 범위 내에서 맞춤형화장품 판매 행위가 이루어지도록 관리하고자 맞춤형화장품이 도입되었다.

① ㉠, ㉡ ② ㉠, ㉢ ③ ㉡, ㉢
④ ㉡, ㉣ ⑤ ㉢, ㉣

57. 피부층에 존재하는 세포에 대한 설명으로 옳지 않은 것을 고르시오.

대상 제품	대상 제품	표시 문구
① 표피 (유극층)	랑게르한스세포	면역반응 조절에 관여하는 세포
② 표피(기저층)	멜라닌형성세포	멜라닌을 합성하여 각질형성세포에 멜라닌이 축적된 멜라노솜을 공급하는 세포
③ 표피(기저층)	머켈세포	신경말단과 연결되어 촉각을 감지하는 세포
④ 진피	대식세포	염증 반응에 중요한 역할, 히스타민, 세로토닌 생산
⑤ 진피	섬유아세포	콜라겐, 엘라스틴 생성

58. 모발의 구조에서 모근에 대한 설명으로 옳지 않은 것을 고르시오.

① 두발 내부의 모피질을 감싸고 있는 화학적 저항성이 강한 층이다.
② 모유두는 모발의 영양 공급을 관장한다.
③ 모모세포는 모유두를 덮고 있으며, 모유두로부터 영양을 공급받아 끊임없이 세포분열 한다.
④ 모낭은 피지선과 연결되어 있다.
⑤ 모구부는 모근의 아래쪽에 위치하며 둥근 모양이다.

59. 두피의 기능에 대한 설명으로 옳지 않은 것을 고르시오.

① 멜라닌색소와 표피는 광선으로부터 두피를 보호한다.
② 한선에서 피지를 분비하여 수분손실을 막고, 피부 보호 및 세균 침입 및 방어 한다.
③ 입모근에서는 수축과 이완을 통해 모공을 개폐하여 체온을 유지하고, 모세혈관의 혈류량을 조절하여 체온을 조절한다.
④ 두피에 각질이나 노폐물이 쌓이면 두피의 모공을 막아 피부의 호흡을 저해한다.
⑤ 외부 마찰에 대항하여 외부 환경으로부터 두피 내부를 보호하는 역할을 한다.

맞춤형화장품 조제관리사

60. 관능평가 방법에 관한 설명으로 옳지 않은 것을 고르시오.

① 탁도(침전) : 10mL 바이알에 액체 형태의 화장품을 넣고 탁도계로 탁도 측정
② 변취 : 손등에 적당량을 바른 뒤 원료의 베이스 냄새를 기준으로 표준품과 비교하여 변취 확인
③ 분리(성상) : 육안과 현미경을 이용하여 기포, 응고, 분리, 겔화, 빙결 등 유화 상태 확인
④ 점도, 경도 : 슬라이드 글라스에 각각 소량으로 묻힌 후 육안으로 확인, 손등이나 실제 사용 부위에 직접 발라 경도를 측정
⑤ 증발, 표면 굳음 : 건조 감량, 무게 측정을 통해 증발과 표면 굳음 측정

61. 제품별 관능평가 요소로 옳지 않은 것을 고르시오.

① 크림 - 탁도
② 로션 - 분리, 점도
③ 스킨 - 변취
④ 파운데이션 - 표면 굳음
⑤ 립스틱 - 경도

62. 물리적 관능 요소의 관능 용어로 옳지 않은 것을 고르시오.

① 투명감이 있음 ⇔ 불투명함
② 끈적임 ⇔ 끈적이지 않음
③ 촉촉함 ⇔ 뽀송함
④ 부드러움 ⇔ 딱딱함
⑤ 가볍게 발림 ⇔ 뻑뻑하게 발림

63. 맞춤형화장품 판매업자가 맞춤형화장품 사용과 관련된 부작용이 발생한 사실을 알았을 경우 안전성 정보에 대한 내용을 누구에게 즉시 보고해야 하는지 고르시오.

① 화장품 품질보증 책임자
② 화장품책임 관리자
③ 식품의약품안전처장
④ 소비자보호센터
⑤ 원료 공급자

64. 화장품 사용 후 부작용에 해당하는 내용이 아닌 것을 고르시오.

① 피부가 화끈거리거나 쓰린 느낌
② 표피의 각질이 은백색의 부스러기처럼 탈락하는 현상
③ 바늘로 찌르는 듯한 느낌
④ 피부나 피하조직이 부은 상태로, 세포와 세포 사이에 수분이 비정상적으로 축척된 상태
⑤ 피지 분비량이 감소하여 피부가 건조하고 간지럽다.

65. 영유아용 제품류에 사용이 금지된 원료가 아닌 것을 고르시오.

① 적색 2호
② 적색 102호
③ 벤질알코올
④ 살리실릭애씨드
⑤ 아이오도프로피닐부틸카바메이트

맞춤형화장품 조제관리사

66. 관능평가에 대한 설명으로 옳지 않은 것을 고르시오.

① 관능평가는 전문가에 의해서 진행된다.
② 화장품의 품질을 오감을 통해 측정하고 분석하여 평가하는 방법이다.
③ 의사의 관리하에 대조군, 표준품 등과 비교하여 정량화 될 수 있다.
④ 관능평가의 요소에는 탁도, 변취, 분리, 점도, 경도 등이 있다.
⑤ 관능 용어는 물리적 관능요소, 광학적 관능 요소로 나뉜다.

67. 맞춤형화장품조제관리사인 A씨는 고객과 〈대화〉를 나누었다. 〈보기〉에서 고객에게 추천할 혼합 성분으로 옳은 것을 모두 고르시오.

> **대화**
>
> A 씨 : 고객님 무엇이 고민이세요?
> 고객 : 요즘 햇빛이 너무 강한거 같아요. 기미도 올라오고 피부가 칙칙해요.
> A 씨 : 다른 고민은 없으세요?
> 고객 : 피부가 너무 당기고 건조하기도 해요.
>
> (피부 측정 후)
>
> A 씨 : 피부측정결과 피부 유수분이 부족하고 얼굴에 색소침착이 많이 보이네요.
> 고객 : 저에게 맞는 화장품 성분을 추천해 주시겠어요?

> **보기**
>
> ㉠ 세라마이드 　　　㉡ 나이아신아마이드
> ㉢ 글리세린 　　　　㉣ 아스코빅애씨드
> ㉤ 유용성 감초추출물

① ㉠, ㉡, ㉢　　　② ㉠, ㉢, ㉣　　　③ ㉠, ㉢, ㉤
④ ㉡, ㉢, ㉣　　　⑤ ㉡, ㉣, ㉤

68. 다음 〈보기〉는 포장공간에 대한 설명이다. ㉠ ~ ㉢에 들어갈 숫자로 옳은 것을 고르시오.

보기
> 종합세트 화장품 제품류의 포장공간 비율은 (㉠)% 이하, 향수를 제외한 그 외 화장품류의 포장공간 비율은 (㉡)% 이하이며, 둘 다 최대 (㉢)차 포장까지 가능하다.

	㉠	㉡	㉢
①	10	5	1
②	15	5	2
③	15	10	2
④	25	10	2
⑤	25	15	1

69. 맞춤형화장품의 표시・광고 관련 행정처분 중 1차 위반 시 해당 품목 판매 또는 광고 업무정지 2개월에 해당하는 것이 아닌 것을 고르시오.

① 의약품으로 잘못 인식할 우려가 있는 표시・광고
② 외국과 기술 제휴하지 않고 기술 제휴 등을 표현한 표시・광고
③ 외국제품으로 오인 우려가 있는 표시・광고
④ 절대적 표현을 사용한 표시・광고
⑤ 화장품의 범위를 벗어나는 표시・광고

70. 화장품에 사용되는 포장재 중 투명성, 광택성, 내약품성이 우수하고 딱딱하며 주로 화장수・유액・샴푸・린스 용기 등을 제조할 때 사용되는 것을 고르시오.

① AS수지
② ABS수지
③ 폴리프로필렌(PP)
④ 폴리염화비닐(PVC)
⑤ 폴리에틸렌테레프탈레이트(PET)

맞춤형화장품 조제관리사

71. 적정 재고를 유지하기 위한 발주 순서로 옳은 것을 고르시오.

① 발주 - 보관 - 입고 - 라벨 첨부 - 불출
② 발주 - 입고 - 보관 - 라벨 첨부 - 불출
③ 발주 - 입고 - 라벨 첨부 - 보관 - 불출
④ 입고 - 보관 - 라벨 첨부 - 불출 - 발주
⑤ 입고 - 라벨 첨부 - 불출 - 발주 - 보관

72. 맞춤형화장품으로 볼 수 없는 것을 고르시오.

① 수입된 대용량 토너의 내용물을 소분한 토너
② 제조된 화장품의 내용물에 다른 화장품의 내용물을 혼합한 에센스
③ 피부 보습크림을 만들기 위해 글리세린과 세라마이드를 혼합하여 제조한 크림
④ 맞춤형화장품조제관리사에 의해서 소량 소분된 립밤
⑤ 사전심사를 받은 기능성화장품 원료에 다른 화장품의 내용물을 혼합한 미백크림

73. 효과 발현의 작용기전이 포함되어야 하는 성분 효력에 대한 비임상시험 자료의 설명으로 옳지 않은 것을 고르시오.

① 국내외 대학에서 시험한 것으로서 당해 기관의 장이 발급한 자료
② 국내외 전문 연구기관에서 시험한 것으로서 당해 기관의 장이 발급한 자료
③ 관련 분야 전문의 또는 화장품 관련 연구기관에서 5년 이상 인체적용시험 경력을 가진 자의 지도 및 감독하에 수행·평가된 자료
④ 과학논문인용 색인에 등재된 전문학회지에 게재된 자료
⑤ 당해 기능성화장품이 개발국 정부에 제출되어 평가된 모든 효력시험 자료로서 개발국 정부 (허가 또는 등록기관)가 제출받았거나 승인하였음을 증명한 자료

74. 맞춤형화장품판매업의 준수사항으로 옳지 않은 것을 고르시오.

① 판매내역서에 식별번호, 판매일자, 판매량, 사용기한 또는 개봉 후 사용기간을 작성하여 보관해야 한다.
② 혼합·소분 전에 내용물 및 원료에 대한 발주내역서를 확인해야 한다.
③ 혼합·소분에 사용되는 장비는 사용 전후 오염이 없도록 깨끗하게 세척해야 한다.
④ 혼합·소분되는 내용물 및 원료에 대하여 고객에게 설명 의무를 다해야 한다.
⑤ 사용과 관련한 부작용 사례는 식품의약품안전처장에게 보고해야 한다.

75. 재고관리 방법에 대한 설명으로 옳지 않은 것을 고르시오.

① 벌크제품의 보관기한이 지나면 재평가 시스템에 의해 보관기한을 다시 평가할 수 있다.
② 선입선출이 기준이나 사용기한이 짧은 벌크제품의 경우 먼저 출고할 수 있다.
③ 벌크제품은 바닥과 벽에 닿지 않도록 보관해야 한다.
④ 입고 시 혼동을 일으킬 우려가 없는 시스템에 의해서 보관되는 경우는 각각 구획된 장소에 보관을 안해도 된다.
⑤ 벌크제품은 품질에 영향을 미치지 않도록 보관해야 하며 유통기한을 설정해야 한다.

맞춤형화장품 조제관리사

76. 맞춤형화장품조제관리사와 고객의 〈대화〉를 읽고 〈보기〉에서 고객에게 추천할 성분으로 옳은 것을 모두 고르시오.

> **대화**
>
> 맞춤형화장품조제관리사 : 안녕하세요. 고객님 무엇을 도와드릴까요?
> 고객 : 네. 계절이 변해서 그런지 피부에 트러블이 올라오고 많이 푸석푸석 한 것 같아요.
> 맞춤형화장품조제관리사 : 피부측정부터 먼저 도와드리겠습니다.
>
> (피부 측정 후)
>
> 맞춤형화장품조제관리사 : 피부측정결과 수분이 10% 미만으로 측정됩니다. 유수분 모두 부족하며 트러블이 전체적으로 많이 관찰되네요.
>
> 고객 : 제 피부에 맞는 성분으로 화장품 제조 부탁드려요.

> **보기**
>
> ㉠ 티트리 오일　　　　㉡ 글리세린
> ㉢ 코코넛 오일　　　　㉣ 부틸렌글라이콜
> ㉤ 토코페롤　　　　　㉥ 아데노신

① ㉠, ㉡, ㉢, ㉣
② ㉠, ㉡, ㉣, ㉥
③ ㉠, ㉢, ㉣, ㉤
④ ㉠, ㉡, ㉢, ㉣, ㉥
⑤ ㉡, ㉢, ㉣, ㉤, ㉥

모의고사 3회

77. 맞춤형화장품조제관리사 C씨가 매장을 방문한 고객과 〈대화〉를 나누었다. 다음 〈보기〉 중 맞춤형화장품조제관리사 C씨가 고객에게 추천할 제품을 모두 고르시오.

대화

고객 : 안녕하세요. 제가 웨딩을 준비하고 있는데요~ 피부가 건조하고 화장이 잘 안 받는 것 같아요.
C씨 : 피부 측정 후 상담을 도와드리겠습니다.

(피부 측정 후)

C씨 : 고객님. 현재 각질이 많이 들떠있는 상태입니다. 피부장벽도 약하고 피부의 수분량도 10% 미만으로 보입니다.
고객 : 피부에 맞는 제품 추천 부탁드려요.

보기

㉠ 콜라겐 함유 제품
㉡ 세라마이드 함유 제품
㉢ 부틸렌글라이콜 함유 제품
㉣ 1,2 헥산다이올 함유 제품
㉤ 나이아신아마이드 함유 제품
㉥ 소듐하이알루로네이트 함유 제품
㉦ 토코페롤 함유 제품
㉧ 아데노신 함유 제품

① ㉠, ㉡, ㉤
② ㉡, ㉢, ㉥
③ ㉠, ㉣, ㉤, ㉥
④ ㉡, ㉣, ㉤, ㉧, ㉦
⑤ ㉠, ㉡, ㉣, ㉥, ㉦, ㉧

맞춤형화장품 조제관리사

78. 이온교환수지를 통하여 모든 불순물을 제거하는 여과 과정을 거친 물로 옳은 것을 고르시오.

① 이온수　　　② 정제수　　　③ 알칼리수
④ 탄소수　　　⑤ 해양수

79. 다음 중 피부 분석의 방법이 다른 하나를 고르시오.

① pH측정기를 이용하여 분석한다.
② 우드램프를 이용하여 피부를 분석한다.
③ 확대경을 이용하여 분석한다.
④ 손으로 누르거나 만져서 피부를 분석한다.
⑤ 유·수분 측정기를 이용하여 피부를 분석한다.

80. <보기>는 탈모 연구원의 인터뷰 내용이다. ㉠, ㉡에 들어갈 용어를 고르시오.

보기

<뷰티매거진>
질문 : 남성 탈모가 일어나는 대표적인 원인이 무엇인가요?
연구원 : 남성 탈모의 대표적인 원인은 남성호르몬과 관련이 있습니다. 남성호르몬인 (㉠)이 모낭에 있는 (㉡)와/과 만나서 디하이드로테스토스테론이라는 물질을 만듭니다. 이 물질은 모낭을 위축시키기 때문에 모발을 가늘게 합니다. 힘이 없어지는 이런 현상을 연모화라고 하는데 이것이 탈모의 시작입니다. 디하이드로테스토스테론 생성을 억제하면 탈모 진행을 막는데 도움이 됩니다.

	㉠	㉡
①	안드로겐	테스토스테론
②	안드로겐	5α - 리덕타아제
③	안드로겐	티로신
④	테스토스테론	5α - 리덕타아제
⑤	테스토스테론	티로신

[단답형] 제시된 지문과 문항을 읽고 알맞은 답안을 작성하시오.

단답형

81. 다음 <보기>는 품질관리 기준에 따라 회수 처리에 대한 내용이다. ㉠에 들어갈 적합한 용어를 작성하시오.

> **보기**
> 화장품책임판매업자는 품질관리 업무 절차서에 따라 (㉠)에게 다음과 같이 회수 업무를 수행하도록 해야 한다.
> • 회수한 화장품은 구분하여 일정 기간 보관한 후 폐기 등 적정한 방법으로 처리 할 것
> • 회수 내용을 적은 기록을 작성하고 화장품책임판매업자에게 문서로 보고할 것

정답 _____

82. 화장품과 관련하여 국민보건에 직접 영향을 미칠 수 있는 안전성·유효성에 관한 새로운 자료, 유해사례 정보 등을 (㉠)라고 한다. ㉠에 들어갈 용어를 작성하시오.

정답 _____

83. 다음 <보기>의 ㉠에 들어갈 적합한 용어를 작성하시오.

> **보기**
> 개인정보 처리에 관한 업무를 총괄하여 책임지는 자를 (㉠)라고 한다.

정답 _____

맞춤형화장품 조제관리사

84. 다음 〈보기〉는 맞춤형화장품의 전성분 항목이다. 소비자에게 사용된 성분을 설명하기 위해 〈보기〉에서 보존제 성분을 모두 골라 작성하시오.

> **보기**
> 정제수, 나이아신아마이드, 소듐하이알루로네이트, 알부틴, 징크옥사이드, 세라마이드, 유제놀, 리날룰, 잔탄검, 로즈힙 오일, 디아졸리디닐우레아, 미리스틱애씨드, 페녹시에탄올, 소듐이디티에이

정답 _____

85. 다음 〈보기〉의 괄호에 들어갈 적절한 용어를 작성하시오.

> **보기**
> ( )은 타르색소를 기질에 흡착, 공침 또는 단순한 혼합이 아닌 화학적 결합에 의하여 확산시킨 색소이다.

정답 _____

86. (㉠) 제품 사용 시 눈, 코, 입이 닿지 않도록 주의하여야 하고, 프로필렌글리콜을 함유하고 있으므로 이 성분에 과민하거나 알레르기 병력이 있는 사람은 신중히 사용해야 한다.
㉠에 들어갈 적합한 용어를 작성하시오.

정답 _____

87. 다음 〈보기〉는 맞춤형화장품인 A제품의 전성분을 나열한 것이다. 〈보기〉에서 착향제(향료) 성분으로 알레르기 유발 물질을 모두 골라 작성하시오.

> **보기**
>
> 정제수, 글리세린, 아밀신남알, 소듐하이알루로네이트, 아밀신남알, 코코넛 오일, 포도씨 오일, 세틸알코올, 페녹시에탄올, 벤질벤조에이트, 소듐이디티에이, 메칠이소치아졸리논, 1,2헥산 다이올

정답 _____

88. 다음 〈보기〉는 자료의 보존에 대한 내용이다. 〈보기〉에서 ㉠, ㉡에 들어갈 적합한 숫자를 각각 작성하시오.

> **보기**
>
> 화장품의 책임판매업자는 천연화장품 또는 유기농화장품으로 표시·광고하여 제조, 수입 및 판매할 경우 이에 적합함을 입증하는 자료를 구비하고 제조일로부터 (㉠)년 또는 사용기한 경과 후 (㉡)년 중 긴 기간 동안 보존해야 한다.

정답 ㉠ _____

㉡ _____

89. 다음 〈보기〉는 HLB에 대한 내용이다. 〈보기〉에서 ㉠, ㉡에 들어갈 적합한 단어를 작성하시오.

> **보기**
>
> HLB(Hydrophile Lipophile Balance)는 계면활성제의 성질을 수치화하여 상대적 세기를 나타낸 것이다. HLB 값이 높을수록 (㉠), HLB 값이 낮을수록 (㉡)의 특징을 갖는다.

정답 ㉠ _____

맞춤형화장품 조제관리사

ⓒ_____

90. 다음 〈보기〉는 안정성시험의 목적에 대한 내용이다. 〈보기〉의 괄호 안에 공통으로 들어갈 적합한 용어를 작성하시오.

> **보기**
> 맞춤형화장품 안정성시험 중 장기보존시험은 저장 조건에서의 (   ) 설정이 목적이며, 개봉 후 안정성시험은 화장품 사용 시 일어날 수 있는 오염 등을 고려한 (   ) 설정이 목적이다.

정답 _____

91. 다음 〈보기〉는 포장재의 한 종류에 대한 설명이다. ㉠에 들어갈 적합한 용어를 작성하시오.

> **보기**
> (㉠)유리는 크리스탈 유리에 해당하며 굴절률이 매우 높고 산화납이 다량 함유되어 보통 고급 향수병으로 사용된다.

정답 _____

92. 각질과 세포간지질이 벽돌과 시멘트 구조로 된 층상구조로 지질이 층층이 쌓여서 만든 입체적 구조를 (㉠)라고 한다. ㉠에 들어갈 적합한 명칭을 작성하시오.

정답 _____

93. 표피세포의 각질화에 의해 떨어지는 쌀겨 모양으로 가려움증을 유발하고, 탈모의 원인이 되는 것을 (㉠)라고 한다. ㉠에 들어갈 적합한 용어를 작성하시오.

정답 _____

94. 소비자에 의한 화장품 자가평가 시 화장품의 상품명, 디자인, 표시사항 등을 가리고 제품을 사용한 후 시험하는 것을 (㉠)라고 한다. ㉠에 들어갈 적합한 용어를 작성하시오.

정답 _____

95. (㉠)는 기타 사용상의 제한이 있는 원료이다. 천연 산화방지제로도 사용 할 수 있으며, 피부 컨디셔닝제나 수분 증발 차단제 등의 용도로는 20% 미만으로 사용이 가능한 원료이다. 기타 사용상의 제한이 있는 ㉠의 원료는 무엇인지 작성하시오.

정답 _____

96. 징크옥사이드, 티타늄디옥사이드가 대표적 성분이며 자외선 차단 성분이 자외선을 반사 시켜 피부를 보호하는 것을 (㉠)라고 한다. ㉠에 들어갈 적합한 용어를 작성하시오.

정답 _____

맞춤형화장품 조제관리사

97. 다음 <보기>의 화장품 책임판매업자의 준수사항에서 (㉠)에 들어갈 말로 적합한 숫자를 작성하시오.

> **보기**
>
> 다음에 해당하는 성분을 (㉠)% 이상 함유하는 제품의 경우에는 해당 품목의 안정성 시험 자료를 최종 제조된 제품의 사용기한이 만료되는 날부터 1년간 보존한다.
>
> 가. 레티놀 및 그 유도체
> 나. 아스코빅애씨드 및 그 유도체
> 다. 토코페롤
> 라. 과산화화합물
> 마. 효소

정답 _____

98. 다음 <보기>는 유통화장품의 안전관리기준 중 pH에 대한 내용이다. <보기> 기준의 예외가 되는 제품에 대해 모두 작성하시오.

> **보기**
>
> 영·유아용제품(영·유아용 샴푸, 영·유아용 린스, 영·유아용 인체 세정용 제품, 영·유아 목욕용 제품 제외), 눈 화장용 제품류, 색조 화장품 제품류, 두발용 제품류(샴푸, 린스 제외), 면도용 제품류(셰이빙 크림, 셰이빙폼 제외), 기초화장용 제품류(클렌징 워터, 클렌징 오일, 클렌징 로션, 클렌징 크림 등 메이크업 리무버 제품 제외)중 액, 로션, 크림 및 이와 유사한 제형의 액상제품은 pH기준이 3.0 ~ 9.0 이어야 한다.

정답 _____

99. 다음 <보기>는 기능성화장품 심사에 관한 규정의 일부이다. ㉠, ㉡에 들어갈 알맞은 용어를 작성하시오.

> **보기**
>
> 제4조제1호 다목에서 정하는 유효성 또는 기능에 관한 자료 중 (㉠) 시험자료를 제출하는 경우 효력시험자료 제출을 면제할 수 있다. 다만, 이 경우에는 해당 효능·효과를 나타내는 성분을 제품 명칭의 일부로 사용하거나 해당 성분에 대해 효능·효과를 기재·표시 할수 없다.
> 자외선차단지수(SPF) (㉡)이하 제품의 경우에는 제4조제1호 라목의 자료 제출을 면제한다.

정답 ㉠_____

㉡_____

100. 평판도말법을 통해 총 호기성 생균수를 계수하고자 한다. 로션제 10배 희석 검액에서 0.1mL를 이용하여 2회 반복하여 실험하였을 때 다음의 표를 보고 총호기성 생균수를 쓰고, 적합 여부를 판정하시오.

	각 배지에서 검출된 집락수		
	평판1	평판2	평판3
세균용 배지	66	58	62
진균용 배지	28	24	26

정답 _____

맞춤형화장품 조제관리사 모의고사

4 회

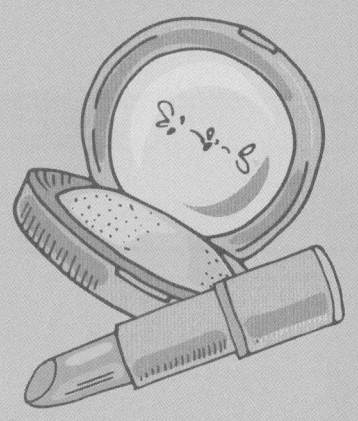

맞춤형화장품 조제관리사

【선다형】 제시된 지문과 문항을 읽고 알맞은 답을 고르시오.

제 1과목 | 화장품법의 이해

01. <보기>는 「화장품법」제2조의 기능성화장품 내용에 대한 설명이다. ㉠, ㉡, ㉢에 순서대로 들어갈 용어를 고르시오.

> **보기**
>
> "기능성화장품"이란 화장품 중에서 다음 각 목의 어느 하나에 해당되는 것으로서 (㉠)이/으로 정하는 화장품을 말한다.
> 가. 피부의 미백에 도움을 주는 제품
> 나. 피부의 주름 개선에 도움을 주는 제품
> 다. 피부를 곱게 태워주거나 자외선으로부터 피부를 (㉡)하는 데에 도움을 주는 제품
> 라. 모발의 색상 변화·제거 또는 (㉢)에 도움을 주는 제품
> 마. 피부나 모발의 기능 약화로 인한 건조함, 갈라짐, 빠짐, 각질화 등을 방지하거나 개선하는데 도움을 주는 제품

	㉠	㉡	㉢
①	총리령	보호	영양공급
②	총리령	보호	모발보호
③	식품의약품안전처장	방어	영양공급
④	식품의약품안전처장	방어	모발보호
⑤	식품의약품안전처장	보호	영양공급

02. 다음 〈보기〉는 화장품회사의 홍보물이다. 「화장품법 시행규칙」의 별표5 화장품의 표시·광고의 범위 및 준수사항으로 옳지 않은 것을 고르시오.

보기

〈 A사 탄력탱탱 화장품 출시 〉

원료명	검출여부
디에탄올아민	불검출

㉠ 진피까지 침투하여 피부 속 탄력집중 케어!!! 주름 개선에 최고의 효과
㉡ 주름 개선에 효과가 있는 아데노신 성분 함유
㉢ 디에탄올아민 불검출된 제품
㉣ B사보다 더 좋은 성분함유, C사보다 더 빠른 주름개선 효과
㉤ 전국의 피부과 의사들이 인정한 주름개선 아데노신 성분 최대함유 한 제품

① ㉠, ㉡, ㉢
② ㉠, ㉢, ㉤
③ ㉠, ㉣, ㉤
④ ㉡, ㉣, ㉤
⑤ ㉢, ㉣, ㉤

맞춤형화장품 조제관리사

03. <보기>는 천연화장품 및 유기농화장품의 기준에 관한 설명이다. ㉠ ~ ㉤에 대한 설명으로 옳지 않은 것을 고르시오.

> **보기**
>
> - 유기농유래 원료란 유기농 원료를 「천연화장품 및 유기농화장품의 기준에 관한 규정」에서 ㉠ 허용하는 공정에 따라 가공한 원료를 말한다.
> - 유기농 원료는 국제유기농업운동연맹(IFOAM)에 등록된 인증기관으로부터 유기농 원료로 인증받거나 이를 고시에서 허용하는 ㉡ 물리적 공정에 따라 가공한 것을 말한다.
> - ㉢ 식물성 원료는 식물 그 자체로서 가공하지 않거나, 이 식물을 가지고 「천연화장품 및 유기농화장품의 기준에 관한 규정」에서 허용하는 물리적 공정에 따라 가공한 화장품 원료를 말한다.
> - 동물성 원료는 동물 그 자체(세포, 조직, 장기)는 제외하고, 동물로부터 자연적으로 생산된 것으로서 가공하지 않거나 이 동물로부터 자연적으로 생산되는 것을 가지고 「천연화장품 및 유기농화장품의 기준에 관한 규정」에서 허용하는 물리적 공정에 따라 가공한 ㉣ 화장품 원료를 말한다.
> - ㉤ 미네랄 원료는 지질학적 작용에 의해 자연적으로 생성된 물질을 가지고 「천연화장품 및 유기농화장품의 기준에 관한 규정」에서 허용하는 물리적 공정에 따라 가공한 화장품 원료를 말한다.

① ㉠은 화학적 또는 생물학적 공정에 따라 가공한 원료를 말한다.
② ㉡의 물리적 공정에서는 물이나 자연에서 유래한 천연 용매로 추출해야 하며, 분쇄, 원심 분리, 건조, 동결건조, 초음파 등의 공정이 있다.
③ ㉢ 식물성 원료에는 해양식물, 버섯에 있는 균사체는 제외된다.
④ ㉣의 화장품 원료는 물리적 공정에 따라 가공한 계란, 우유 등이 포함된다.
⑤ ㉤에는 화석원료로부터 기원한 물질은 제외된다.

04. <보기>에서 「개인정보 보호법」에 따라 공공기관에 한하여 개인정보를 목적 외 용도로 이용하거나 제3자에게 제공할 수 있는 경우를 모두 고르시오.

> **보기**
> ㉠ 정보주체의 별도 동의를 받는 경우
> ㉡ 다른 법률에 특별한 규정이 있는 경우
> ㉢ 법원의 재판 업무 수행이 필요한 경우
> ㉣ 형 및 감호, 보호처분 집행에 필요한 경우
> ㉤ 범죄 수사 및 고소 제기·유지에 필요한 경우
> ㉥ 조약, 국제협정 이행을 위해 외국 정부, 국제기구에 제공이 필요한 경우
> ㉦ 정보주체, 법정대리인이 의사표시를 할 수 없는 상태이거나 사전 동의를 받을 수 없는 경우로서 명백히 정보주체, 제3자의 급박한 생명, 신체, 재산의 이익을 위해 필요한 경우
> ㉧ 개인정보를 목적 외로 이용하거나 제3자에게 제공하지 않으면 다른 법률에서 정하는 소관업무 수행이 불가한 경우로 개인정보 보호위원회의 심의·의결을 거친 경우

① ㉠, ㉡, ㉢ ② ㉠, ㉢, ㉤ ③ ㉠, ㉣, ㉥
④ ㉠, ㉡, ㉦ ⑤ ㉠, ㉡, ㉥, ㉧

맞춤형화장품 조제관리사

05. 맞춤형화장품판매업을 운영한 미영씨가 폐업을 하려고 한다. 폐업 시「개인정보 보호법」제21조 (개인정보의 파기)에 대한 내용 중 옳지 않은 내용을 고르시오.

① 영업이 힘들어 맞춤형화장품판매업을 폐업하게 된 미영은 PC에 저장된 고객의 정보를 복구 또는 재생이 불가능하도록 영구적으로 파기하였다.
② 미영은 평소 고객의 개인정보를 파기할 때 이름, 전화번호, 주소가 기재된 종이들은 따로 분리해서 파쇄하여 배출하였다.
③ 맞춤형화장품조제관리사인 미영은 폐업 시 개인정보의 파기 방법 및 절차 등에 필요한 사항을 대통령령으로 정하고 있는 방법에 따라 진행하였다.
④ 2022년 1월에 폐업을 하게 된 미영은 개인정보의 보유기간이 아직 남은 고객의 정보도 영구 파기하였다.
⑤ 미영은 폐업 후 같은 장소에 지인이 맞춤형화장품판매업을 오픈할 예정이다. 미영은 개인정보의 보유기간이 남은 고객의 정보만 지인에게 전달하고 보유기간이 지난 정보는 모두 파기하였다.

06. 다음 〈대화〉에서 화장품의 영업에 관해 올바르게 설명한 것을 고르시오.

> **대화**
>
> 나라 : 이번에 화장품책임판매업 등록을 하려고 하는데 결격사유에는 어떤게 있나요?
> 현정 : ① 화장품책임판매업 등록의 결격사유로는 정신질환자(전문가가 적합하다고 인정하는 사람은 제외), 마약류에 중독자가 해당 돼. 이들은 화장품책임판매업자를 할 수 없어요.
> 나라 : 그럼, 마약류 중독자는 화장품과 관련된 일은 할 수가 없나요?
> 현정 : ② 안전을 위해 화장품과 관련된 일은 아무것도 할 수가 없습니다.
> 동호 : ③ 현재 등록 취소가 된 지 6개월이 지나서 화장품책임판매업을 할 수가 있습니다.
> 가은 : ④ 화장품책임판매업자는 등록 취소와 상관없이 새롭게 등록 시 바로 가능합니다.
> 효림 : ⑤ 피성년후견인 또는 파산선고를 받고 복권되지 않은 자는 결격사유에 해당합니다.

맞춤형화장품 조제관리사

07. 다음은 「화장품법」 벌칙에 관한 내용이다. 〈보기〉와 같은 상황이 1차 위반에 해당할 경우 A 회사가 받게 될 벌칙으로 옳은 것을 고르시오.

> **보기**
> • A : 대구 소재의 맞춤형화장품판매업 회사 대표
> • B : 맞춤형화장품조제관리사 자격증을 취득한 신입 사원
>
> B씨는 회사에서 맞춤형화장품 조제 업무를 담당하였다. A대표의 회사는 조금 더 확장을 위해 부산으로 옮기기로 하였다. 하지만, B씨는 대구에서 부산으로 이사를 갈 수가 없어 퇴사를 결정하였다. A씨는 부산으로 이전 후 소재지 변경신고도 15일간 못하였으며, 맞춤형화장품조제관리사를 채용하지 못해서 대표A씨가 직접 조제한 후 고객에게 판매하였다.

① A 회사는 소재지 변경 미신고 및 부자격자에 의해 맞춤형화장품 판매로 1년 이하의 징역 또는 1천만원 이하의 벌금에 처한다
② A 회사는 소재지 변경 미신고 및 부자격자에 의해 맞춤형화장품 판매로 3년 이하의 징역 또는 3천만원 이하의 벌금에 처한다
③ A 회사는 소재지 변경 미신고 및 부자격자에 의해 맞춤형화장품 판매로 5년 이하의 징역 또는 5천만원 이하의 벌금에 처한다
④ A회사는 소재지 변경 미신고로 인해 업무정지 1개월에 처한다.
⑤ A회사는 소재지 변경 미신고로 인해 업무정지 3개월에 처한다.

제 2과목 | 화장품 제조 및 품질관리

08. 알부틴 2% 이상 함유한 제품을 사용하는 소비자를 위해 사용 시 주의사항에 기재될 표시문구로 옳은 것을 고르시오.

① 만 5세 이하 어린이에게 사용하지 말 것
② 인체적용시험자료에서 구진과 경미한 가려움이 보고된 예가 있음
③ 신장질환이 있는 사람은 사용 전에 의사, 약사, 한의사와 상의할 것
④ 사용 시 흡입되지 않도록 주의할 것
⑤ 눈의 접촉을 피하고 눈에 들어갔을 때는 즉시 씻어 낼 것

09. <보기>는 A회사의 화장품의 전성분 표시 내용이다. 해당 제품은 식품의약품안전처에 자료 제출이 생략되는 피부 미백 기능성화장품 고시 성분과 사용상의 제한이 필요한 원료를 최대 사용한도로 제조하였다. 이때, 유추 가능한 태반 추출물의 함유 범위(%)로 옳은 것을 고르시오.

보기

> 정제수, 부틸렌글라이콜, 글리세린, 나이아신아마이드, 다이메티콘, 호호바 오일, 세틸알코올, 카프릴릭/카프릭트라이글리세라이드, 태반 추출물, 스위트 아몬드 오일, 페녹시에탄올, 세라마이드, 병풀추출물, 아줄렌추출물, 소듐하이알루로네이트, 구아검, 카복시비닐폴리머, 다이소듐이디티에이, 토코페릴아세테이트, 이소프로필미리스테이트

① 0.5 ~ 2.0%   ② 1.0%   ③ 1.0% ~ 5.0%
④ 3.0% ~ 5.0% ⑤ 5.0% ~ 7.0%

맞춤형화장품 조제관리사

10. 계면활성제 중 비이온 계면활성제의 종류가 아닌 것을 고르시오.

① 세테아디모늄클로라이드
② 폴리글리세린 계열
③ 피오이 계열
④ 폴리소르베이트 계열
⑤ 글리세릴모노스테아레이트

11. 보습제는 수분을 유지시켜 주는 휴멕턴트와 폐색막을 형성하여 수분 증발을 막는 폐색제로 구분된다. 다음 중 바르게 짝지어 진 것으로 고르시오.

	휴멕턴트	폐색제
①	폴리올	아미노산
②	페트롤라툼	미네랄 오일
③	AHA	미네랄 오일
④	트레할로스	소듐락테이트
⑤	소듐피씨에이	소듐락테이트

12. 석탄의 콜타르에 함유된 방향족 물질을 원료로 하여 합성한 색소로 색상이 선명하여 색조제품에 널리 사용되는 것을 고르시오.

① 징크옥사이드
② 티타늄디옥사이드
③ 타르색소
④ 실리카
⑤ 베타카로틴

13. 천연향료 중 건조된 식물성 원료를 비수용매로 추출하여 얻은 특징적인 냄새를 지닌 추출물을 고르시오.

① 에센셜오일　　② 앱솔루트　　③ 콘크리트
④ 레지노이드　　⑤ 발삼

14. 다음은 자외선 차단효과를 가진 성분들이다. 성질이 다른 것을 고르시오.

① 산화아연
② 갈릭산유도체
③ 벤조페논유도체
④ 옥틸메톡시신나메이트
⑤ 다이벤조일메탄유도체

15. 탈모증상의 완화에 도움을 주는 성분이 아닌 것을 고르시오.

① 징크피리치온　　② 비오틴　　③ 엘-멘톨
④ 살리실릭애씨드　　⑤ 덱스판테놀

맞춤형화장품 조제관리사

16. 다음 기초화장품 제품류 중 유분의 함량이 가장 높은 것을 고르시오.

① 아이크림   ② 영양크림   ③ 마사지크림
④ 유액   ⑤ 영양액

17. 메이크업 화장품 중에서 안료가 균일하게 분산되어 있는 형태로 대부분 O/W형 유화타입이며, 투명감 있게 마무리되므로 피부에 결점이 별로 없는 경우에 사용하는 것을 고르시오.

① 스킨 커버   ② 크림 파운데이션   ③ 쿠션 파운데이션
④ 리퀴드 파운데이션   ⑤ 커버 파운데이션

18. 우수화장품 제조 및 품질관리기준(CGMP)상의 보관관리에 관한 설명으로 옳지 않은 것을 고르시오.

① 보관조건은 각각의 원료와 포장재에 적합하여야 하고, 원료와 포장재가 재포장될 때 새로운 용기에는 새로운 내용과 형태의 라벨링을 부착하여야 한다.
② 설정된 보관기한이 지나면 사용의 적절성을 결정하기 위해 재평가시스템을 확립하여야 하며, 동일한 시스템을 통해 보관기한이 경과한 경우 사용하지 않도록 규정하여야 한다.
③ 원자재, 반제품 및 벌크제품은 품질에 나쁜 영향을 미치지 아니하는 조건에서 보관하여야 하며, 보관기한을 설정하여야 한다.
④ 원자재, 반제품 및 벌크제품은 바닥과 벽에 닿지 아니하도록 보관하고, 선입선출에 의하여 출고할 수 있도록 보관하여야 한다.
⑤ 원자재, 시험 중인 제품 및 부적합품은 각각 구획된 장소에서 보관하여야 한다. 다만, 서로 혼동을 일으킬 우려가 없는 시스템에 의하여 보관되는 경우에는 그러하지 아니하다.

19. 인체적용제품의 위해성평가 등에 관한 규정에 대한 용어정의로 옳지 않은 것을 고르시오.

① 위해요소란 인체의 건강을 해치거나 해칠 우려가 있는 화학적·생물학적·물리적 요인을 말한다.
② 위해성이란 인체적용제품에 존재하는 위해요소가 인체의 건강을 해치거나 해칠 우려가 있는지 여부와 그 정도를 과학적으로 평가하는 것을 말한다.
③ 독성이란 인체적용제품에 존재하는 위해요소가 인체에 유해한 영향을 미치는 고유의 성질을 말한다.
④ 통합위해성평가란 인체적용제품에 존재하는 위해요소가 다양한 매체와 경로를 통하여 인체에 미치는 영향을 종합적으로 평가하는 것을 말한다.
⑤ 인체적용제품이란 사람이 섭취·투여·접촉·흡입 등을 함으로써 인체에 영향을 줄 수 있는 것을 말한다.

20. <보기>에서 식품의약품안전처에 자료 제출이 생략되는 기능성화장품 고시 성분 중 자외선 차단제에 해당하는 성분과 최대 함량에 대한 설명으로 옳은 것을 고르시오.

> **보기**
>
> 정제수, 글리세린, 부틸렌글라이콜, 나이아신아마이드, 포도씨유, 페녹시에탄올, 벤조익애씨드, 세틸알코올, 닥나무 추출물, 레티놀, 토코페롤, 벤조페논-3, 이소프로필미리스테이트, 카프릴릭/카프릭트리글리세라이드, 라놀린, 다이메티콘, 옥토크릴렌, 다이소듐이디티에이, 징크옥사이드, 로즈힙 오일

① 자외선 차단제 성분으로서 나이아신아마이드 2.0~5.0%는 자료 제출이 생략 된다.
② 자외선 차단제 성분으로서 징크옥사이드는 최대 15%의 함량까지 자료 제출이 생략된다.
③ 자외선 차단제 성분으로서 닥나무 추출물은 최대 2.0%의 함량까지 자료 제출이 가능하다.
④ 자외선 차단제 성분으로서 옥토크릴렌은 최대 5.0%의 함량까지 자료 제출이 가능하다.
⑤ 자외선 차단제 성분으로서 벤조페논-3은 최대 5.0%의 함량까지 자료 제출이 가능하다.

맞춤형화장품 조제관리사

21. 탈염·탈색제의 사용 시 개별 주의사항으로 옳지 않은 것을 고르시오.

① 탈염·탈색제의 사용 전후 1주일간은 퍼머넌트 웨이브 제품 및 헤어 스트레이트너 제품의 사용은 금지한다.
② 첨가제로 함유된 프로필렌글리콜에 의해 알레르기를 일으킬 수 있으므로 이 성분에 과민하거나 알레르기를 보였던 적이 있는 사람은 사용 전 의사 또는 약사와 상의하고 신중히 사용해야 한다.
③ 사용 중 목욕을 하거나 머리를 적시면 내용물이 눈에 들어갈 수 있으므로 주의 하여야 하며 눈에 들어갔을 경우 미지근한 물로 15분 이상 씻어내고 곧바로 안과 전문의의 진찰을 받는다.
④ 사용 후 피부 이상 및 구역, 구토 등의 신체 이상을 느끼는 자는 피부과 전문의 또는 의사에게 진찰을 받아야 한다.
⑤ 염색 1일 전(24시간 전)에는 패치테스트를 반드시 실시한 후 이상 반응이 있을 경우 사용을 금지한다.

22. 다음 〈보기〉에서 천연화장품 및 유기농화장품에 사용할 수 없는 포장재를 모두 고르시오.

> **보기**
> ㉠ 폴리스티렌폼(Polystyr foam)
> ㉡ 폴리락틱애씨드(PLA : Poly Lactic Acid)
> ㉢ 폴리염화비닐(PVC : Polyvinyl Chloride)
> ㉣ 저밀도 폴리에틸렌(LDPE : Lowdensity Polyethylene)
> ㉤ 고밀도 폴리에틸렌(HDPE : Highdensity Polyethylene)

① ㉠, ㉡   ② ㉠, ㉢   ③ ㉡, ㉢
④ ㉡, ㉣   ⑤ ㉢, ㉤

23. 화장품 원료의 종류와 특성에 대한 설명으로 옳지 않은 것을 고르시오.

① 글리세린은 탄소수가 3이고, OH기를 3개 가지고 있는 3가 알코올이며, 대기중의 수분을 흡수하는 성질을 가지고 있다.
② 실리콘 오일은 실록산 결합(Si-O-Si)을 가지는 유기규소화합물의 총칭으로 실크(silk)처럼 가볍고 매끄러운 감촉을 부여하며 퍼짐성이 우수하다.
③ 고급 지방산은 R-COOH로 표시되는 화합물로 지방을 가수분해하여 얻어지며, 탄소수가 12개 이상인 것을 말한다. 화장품에서 세정용 계면활성제, 유화제, 분산제, 경도·점도 조절용, 연화제 목적으로 사용되고 있다.
④ 왁스류는 고급 지방산과 고급 1, 2가 알코올이 결합된 에스텔로 제품의 안정성이나 기능성 향상에 도움을 주며, 종류로는 카나우바 왁스, 칸데릴라 왁스, 라놀린, 비즈 왁스, 호호바오일 등이 있다.
⑤ 에탄올(알코올)은 무색, 특이취, 휘발성을 가지고 있으며, 유기용매로 물에 녹지 않는 향료, 색소, 유기안료 등 극성물질을 녹이고, 화장품에서 주로 여드름용 제품, 수렴화장수(아스트린젠트), 헤어토닉, 향수 등에 사용된다.

맞춤형화장품 조제관리사

24. A는 고객, B는 화장품책임판매업자이다. 〈대화〉의 ㉠, ㉡에 들어갈 성분으로 옳은 것을 고르시오.

대화

A : 안녕하세요. 제가 "톡톡 에센스"를 사용하면서부터 피부에 트러블이 계속 생겨요. 이 제품의 성분을 한번 봐주세요.

B : 네. 제품 성분을 확인 도와드릴께요.
「화장품 안전 기준 등에 관한 규정」에 의하면 화장품 제조 시 인위적으로 첨가하지 않았거나, 제조 또는 보관 과정 중 비의도적으로 유래된 사실이 객관적인 자료로 확인되고 기술적으로 해당 물질을 완전히 제거할 수 없는 경우에 각 물질의 검출 허용한도가 있어요. 성분 분석도 함께 진행해 보겠습니다.

〈톡톡 에센스 전성분표〉

정제수, 부틸렌글라이콜, 글리세린, 호호바 오일, 포도씨 오일, 세틸알코올, 미네랄 오일, 아데노신, 1,2-헥산다이올, 나이아신아마이드, 카보머, 다이소듐이디티에이

〈성분 분석 결과표〉

시험항목	시험결과
아데노신	0.04%
나이아신아마이드	2.0%
메탄올	0.1(v/v)%
비소	5㎍/g
디옥산	200㎍/g
안티몬	10㎍/g
수은	0.3㎍/g
포름알데하이드	2,200㎍/g

B : 성분 분석 결과, (㉠), (㉡)은/는 검출 허용한도가 넘은 것으로 확인됩니다. '톡톡 에센스'는 바로 회수 처리 하겠습니다.

A : 알겠습니다. 감사합니다.

	㉠	㉡
①	메탄올	비소
②	메탄올	디옥산
③	디옥산	포름알데하이드
④	안티몬	수은
⑤	안티몬	포름알데하이드

25.
디옥산은 제조 또는 유통 과정 중에 의도하지 않게 자연적으로 생성되는 유해물질이다. 다음 중 디옥산이 검출될 수 있는 원료로 옳은 것을 고르시오.

① 소듐라우레스설페이트
② 글리세릴카프릴레이트
③ 카프릴릴글라이콜
④ 글리세린
⑤ 솔비톨

26.
「화장품 안전 기준 등에 관한 규정」 중 퍼머넌트 웨이브용 및 헤어 스트레이트너 제품에 대한 내용이다. <보기>에서 ㉠, ㉡에 들어갈 성분으로 옳은 것을 고르시오.

보기

치오글라이콜릭애씨드 또는 그 염류를 주성분으로 하는 제1제 및 산화제를 함유하는 제2제로 구성된다.

• 제2제
1. (㉠) 함유제제 : (㉠)에 그 품질을 유지하거나 유용성을 높이기 위하여 적당한 용해제, 침투제, 습윤제, 착색제, 유화제, 향료 등을 첨가한 것이다.
2. (㉡) 함유제제 : (㉡) 또는 (㉡)에 그 품질을 유지하거나 유용성을 높이기 위하여 적당한 침투제, 안정제, 습윤제, 착색제, 유화제, 향료 등을 첨가한 것이다.

	㉠	㉡
①	프로필렌글리콜	과산화수소수
②	과산화수소수	프로필렌글리콜
③	치오글라이콜릭애씨드	브롬산나트륨
④	브롬산나트륨	과산화수소수
⑤	과산화수소수	브롬산나트륨

맞춤형화장품 조제관리사

27. 예민한 피부를 가진 고객 A씨가 기존에 사용하던 미백과 자외선 차단 효과를 가진 기능성화장품을 대체할 만한 제품을 찾고자 한다. 사용하던 화장품의 전성분표는 다음 〈보기〉와 같다. ㉠, ㉡, ㉢을 대체할 수 있는 원료로 옳은 것을 고르시오.

> **보기**
>
> 〈전성분표〉
> 정제수, 부틸렌글라이콜, ㉠다이메티콘, 아이소프로필알코올, 징크옥사이드, 로즈힙 오일, 라놀린, 아스코빅애씨드, 스테아릴애씨드, 스위트 아몬드오일, 솔비톨, 알파-비사보롤, 병풀추출물, 세라마이드, 미네랄 오일, 다이소듐이디티에이

	㉠	㉡	㉢
①	사이클로메티콘	티타늄디옥사이드	레티놀
②	사이클로메티콘	티타늄디옥사이드	유용성감초 추출물
③	글리세린	레티놀	유용성감초 추출물
④	글리세린	레티놀	토코페롤
⑤	토코페롤	티타늄디옥사이드	나이아신아마이드

제 3과목 | 유통화장품 안전관리

28. <보기>에서 「우수화장품 제조 및 품질관리 기준(CGMP)」 제9조(작업소의 위생) 중 설비세척의 원칙에 관한 내용으로 적절하지 않은 것을 모두 고르시오.

보기

㉠ 세척의 유효기간을 정한다.
㉡ 세척 후에 반드시 판정한다.
㉢ 판정 후의 설비는 건조하지 않고 밀폐해서 보존한다.
㉣ 가능한 세제를 사용해서 깨끗이 세척한다.
㉤ 증기 세척은 좋은 세척 방법이다.
㉥ 위험성이 없는 물로 세척한다.
㉦ 기계는 되도록 분해하지 않고 세척한다.
㉧ 브러시 등을 이용해서 문질러 세척한다.

① ㉠, ㉢, ㉣
② ㉡, ㉢, ㉤
③ ㉢, ㉣, ㉦
④ ㉡, ㉢, ㉣, ㉤, ㉦
⑤ ㉠, ㉡, ㉣, ㉥, ㉦, ㉧

맞춤형화장품 조제관리사

29. 화장품제조소에서 근무하는 A와 B의 〈대화〉이다. 「우수화장품 제조 및 품질관리 기준 (CGMP)」제22조(폐기처리 등)에 따라 설명한 내용으로 옳지 않은 것을 고르시오.

대화

A : 이번에 내용물 및 원료에 대한 폐기작업을 진행하려고 하는데, ① 품질에 문제가 있거나 회수·반품된 제품의 폐기 또는 재작업 여부는 품질보증 책임자에 의해 승인되기 때문에 대표님께 승인을 받아야 겠어요.
B : 혹시 재작업의 기준에 대해 알고 계신가요?
A : 네. ② 변질·변패 또는 병원미생물에 오염되지 아니한 경우, 책임자에 의해 승인되면 재작업이 가능합니다.
B : 그렇군요. 그런데 ○○ 제품은 제조일로부터 3년이 경과되었는데 재작업이 가능할까요?
A : ③ 제조일로부터 3년이 경과 된 제품도 오염이 되지 않았다면 재작업이 가능합니다. 혹은 ④ 제조일로부터 1년이 경과하지 않았거나 사용기한이 1년 이상 남아 있는 경우 재작업이 가능합니다.
B : 감사합니다.
A : 이번에 □□ 벌크제품이 기준일탈 처리되었다고 하는데, 바로 폐기해야 되나요?
B : 모두 폐기하면 손해가 클꺼같아요. ⑤ 벌크제품과 완제품이 적합 판정 기준을 만족시키지 못해서 기준일탈 제품이 되더라도 재작업 후 기준에 부합하면 사용·출하될 수 있습니다.
A : 그렇군요. 알겠습니다.

30. 유통화장품은 「화장품법」 제8조(화장품 안전 기준 등)와 관련하여 고시된 「화장품 안전 기준 등에 관한 규정」 제4장제6조(유통화장품의 안전관리 기준)에 적합하여야 한다. 〈보기〉를 보고 검출 허용한도 안에 드는 조합을 고르시오.

> **보기**
> ㉠ 디부틸프탈레이트 30㎍/g
> ㉡ 부틸벤질프탈레이트 20㎍/g
> ㉢ 디에칠헥실프탈레이트 10㎍/g
> ㉣ 모노에틸프탈레이트 15㎍/g
> ㉤ 모노에틸프탈레이트 30㎍/g
> ㉥ 모노이소부틸프탈레이트 100㎍/g
> ㉦ 폴리에틸렌테레프탈레이트 50㎍/g

① ㉠ + ㉡ + ㉢   ② ㉠ + ㉢ + ㉤   ③ ㉡ + ㉣ + ㉥
④ ㉢ + ㉤ + ㉦   ⑤ ㉣ + ㉥ + ㉤ + ㉦

맞춤형화장품 조제관리사

31. <보기>는 「화장품법」 제8조(화장품 안전 기준 등)와 관련하여 고시된 「화장품 안전 기준 등에 관한 규정」별표4 유통화장품 안전관리 시험 방법 중 총호기성생균수 시험법의 '조작'에 대한 설명이다. ㉠, ㉡에 들어갈 용어를 고르시오.

보기

세균수 시험	가. 한천평판도말법 : 직경 9~10cm 페트리 접시 내에 미리 굳힌 세균시험용 배지 표면에 전처리 검액 0.1mL 이상 도말한다. 나. 한천평판희석법 : 검액 1mL를 같은 크기의 페트리접시에 넣고 그 위에 멸균 후 45°C로 식힌 15mL의 세균시험용 배지를 넣어 잘 혼합한다. 검체당 최소 (㉠)개의 평판을 준비하고 30~35°C에서 적어도 48시간 배양하는데 이때 최대 균집락수를 갖는 평판을 사용하되 평판당 300개 이하의 균집락을 최대치로 하여 총세균수를 측정한다.
진균수 시험	'세균수 시험'에 따라 시험을 실시하되 배지는 진균수 시험용 배지를 사용하여 배양온도 20~25°C에서 적어도 (㉡)일간 배양한 후 100개 이하의 균집락이 나타나는 평판을 세어 총진균수를 측정한다.

  ㉠ ㉡
① 1 3
② 1 5
③ 2 3
④ 2 5
⑤ 3 7

모의고사 4회

32. <보기>의 내용은 「화장품법」 제8조(화장품 안전 기준 등)와 관련하여 고시된 「화장품안전기준 등에 관한 규정」 별표4 유통화장품 안전관리 시험 방법 중 하나이다. <보기>에서 설명하는 세균시험법으로 옳은 것을 고르시오.

> **보기**
>
> 검체 1g 또는 1mL를 유당액체배지를 사용하여 10mL로 하여 30~35℃에서 24~72시간 배양한다. 배양액을 가볍게 흔든 다음 백금이 등으로 취하여 맥콘키한천배지 위에 도말하고 30~35℃에서 18~24시간 배양한다. 위의 특정을 나타내는 집락이 검출되는 경우에는 에오신메칠렌블루한천배지에서 각각의 집락을 도말하고 30~35℃에서 18~24시간 배양한다. 에오신메칠렌블루한천배지에서 금속 광택을 나타내는 집락 또는 투과광선 하에서 흑청색을 나타내는 집락이 검출되면 백금이 등으로 취하여 발효시험관이 든 유당액체배지에 넣어 44.3~44.7℃의 항온수조 중에서 22~26시간 배양한다.

① 녹농균 시험
② 대장균 시험
③ 황색포도상구균 시험
④ 살모넬라균 시험
⑤ 폐렴균 시험

33. 「우수화장품 제조 및 품질관리 기준」에서는 「화장품법」 제5조제2항 및 「화장품법 시행 규칙」 제12조제2항에 따라 우수화장품 제조 및 품질관리 기준에 관한 세부사항을 정하고 있다. 용어의 정의로 옳은 것을 고르시오.

① 유지관리 : 제품이 적합 판정 기준에 충족될 것이라는 신뢰를 제공하는 데 필수적인 모든 계획되고 체계적인 활동이다.
② 공정관리 : 원료 물질의 칭량부터 혼합, 충전(1차포장), 2차포장 및 표시 등의 일련의 작업이다.
③ 완제품 : 하나의 공정이나 일련의 공정으로 제조되어 균질성을 갖는 화장품의 일정한 분량이다.
④ 기준일탈 : 규정된 합격 판정 기준에 일치하지 않는 검사, 측정 또는 시험결과이다.
⑤ 재작업 : 제조 및 품질과 관련한 결과가 계획된 사항과 일치하는지의 여부와 제조 및 품질관리가 효과적으로 실행되고, 목적 달성에 적합한지 여부를 결정하기 위한 체계적이고 독립적인 조사이다.

맞춤형화장품 조제관리사

34. 다음은 「화장품법 시행규칙」 제19조제6항 관련 별표4 화장품 포장의 표시 기준 및 방법에 대한 내용이다. <대화>에서 옳은 설명을 고르시오.

> **대화**
>
> A : 화장품 표시 기준 및 표시 방법에 따르면 화장품은 ① 어떤 제품이든 예외 없이 화장품 제조에 사용된 함량이 많은 것부터 순서대로 기재·표기 해야 해요.
> B : 화장품 전성분을 보면, 가장 많은 원료부터 가장 적은 원료까지 확인할 수 있겠네요. 그럼, ② 화장품 포장의 글자 크기는 잘 보일 수 있도록 11포인트 이상으로 하면 될까요?
> A : 네. 그리고 작성할 때 화장품제조업자와 화장품판매업자는 따로 구분하여 기재·표기해야 되는거 아시죠?
> B : ③ 저희는 화장품제조업자와 화장품판매업자가 동일한데, 제조와 판매의 업무는 다른 곳에서 하니 따로 구분해야 겠어요.
> A : 혹시 요즘에는 어떤 제품을 가장 많이 다루시나요?
> B : 저희 회사는 화장비누 제조 및 판매를 하고 있어요. ④ 화장비누는 수분을 포함한 중량과 건조 중량을 함께 기재·표기하고 있어요.
> A : 그렇군요, 혹시 비누화 반응에 따른 생성물은 어떻게 기재·표기 해야하나요?
> B : ⑤ 비누화 반응을 거치는 성분은 기재·표기할 수 없으므로 기재하시면 안됩니다.
> A : 많은 것을 알았네요. 감사합니다.

35. 「화장품 안전 기준 등에 관한 규정」의 별표 4 유통화장품 안전관리 시험 방법 중 "납"에 대한 시험 방법을 〈보기〉에서 모두 고르시오.

> **보기**
> ㉠ 디티존법
> ㉡ 비색법
> ㉢ 원자흡광광도법을 이용하는 방법
> ㉣ 액체크로마토그래프 - 절대검량선법
> ㉤ 기체크로마토그래프 - 질량분석기법
> ㉥ 기체크로마토그래프 - 수소염이온화검출기를 이용하는 방법
> ㉦ 유도결합플라즈마분광기(ICP)를 이용하는 방법
> ㉧ 유도결합플라즈마 - 질량분석기(ICP-MS)를 이용하는 방법

① ㉠, ㉡, ㉥, ㉧
② ㉠, ㉢, ㉤, ㉥
③ ㉠, ㉢, ㉦, ㉧
④ ㉡, ㉣, ㉤, ㉦
⑤ ㉡, ㉣, ㉥, ㉧

36. 화장품 제조 시 인위적으로 첨가하지 않았으나, 제조 또는 보관 과정 중 비의도적으로 유래된 사실이 객관적인 자료로 확인되고 기술적으로 해당 물질을 완전히 제거할 수 없는 물질은 일정 한도 내에서 검출을 허용하고 있다. 〈보기〉에 주어진 상황에 대해 옳은 설명을 고르시오.

보기

*상황 : 보관하고 있는 크림의 성분검사를 의뢰하였다.

〈성분검사표〉

시험항목	시험결과
비소	1㎍/g
수은	10㎍/g
디옥산	30㎍/g
포름알데하이드	200㎍/g
메탄올	0.2%(v/v)

① 비소의 검출 허용한도가 넘어 즉시 회수 조취를 취해야 한다.
② 수은은 검출 허용한도 범위 이하이기 때문에 문제가 되지 않는다.
③ 디옥산의 검출 허용한도는 200㎍/g이하로 검출이 허용된다.
④ 포름알데하이드는 화장품에서 검출되면 안되는 성분이므로 회수 조치를 취해야 한다.
⑤ 메탄올은 검출 허용한도 범위 내에 있기 때문에 문제가 되지 않는다.

37. 화장품 포장재의 폐기 절차에 대한 설명으로 옳지 않은 것을 고르시오.

① 기준일탈인 포장재는 재작업할 수 있으며, 기준일탈 제품은 폐기하는 것이 가장 좋다.
② 품질보증 책임자가 재작업의 결과에 책임을 지며, 재작업 처리의 실시는 품질보증 책임자가 결정한다.
③ 재작업 실시 시에는 발생한 모든 일들을 재작업 제조기록서에 보관하고, 재작업을 해도 품질에 영향을 미치지 않는 것을 예측해야 한다.
④ 일단 부적합 제품의 재작업을 쉽게 허락할 수는 없으나 폐기하면 큰 손해가 되므로 재작업을 고려할 수 있다.
⑤ 권한 소유자는 부적합 제품의 제조 책임자라고 할 수 있으며, 재작업 실시를 제안하는 것은 품질보증 책임자이다.

38. <보기>는 「우수화장품 제조 및 품질관리 기준」에 따른 기준일탈 제품의 처리 과정을 나열한 것이다. ㉠, ㉡, ㉢에 들어갈 내용을 순서대로 고르시오.

보기

- 시험, 검사, 측정에서 기준일탈 결과 나옴
  ↓
- (㉠)
  ↓
- '시험, 검사, 측정이 틀림 없음' 확인
  ↓
- (㉡)
  ↓
- 기준일탈 제품에 불합격라벨 부착
  ↓
- (㉢)
  ↓
- 폐기처분 또는 재작업 또는 반품

	㉠	㉡	㉢
①	기준일탈 처리	기준일탈 조사	격리보관
②	기준일탈 조사	기준일탈 처리	격리보관
③	기준일탈 조사	격리보관	기준일탈 처리
④	격리보관	기준일탈 조사	기준일탈 처리
⑤	격리보관	시험규격 설정	기준일탈 조사

39. □□대학교 학생들이 안전성시험 방법에 대해 조사한 것을 공유하고 있는 〈대화〉 내용이 다. 설명이 옳은 것을 고르시오.

> **대화**
>
> ① 나비 : 식품의약품안전처에서는 화장품을 제조한 날부터 적절한 보관 조건에서 성상·품질의 변화 없이 최적의 품질로 사용할 수 있는 최소한의 기한과 저장법을 설정하기 위하여 화장품 안전성시험 가이드라인을 제시하고 있어.
> ② 소희 : 개별 화장품의 취약성, 운반, 보관, 진열, 사용 과정에서 의도치 않게 일어날 수 있는 조건에서의 품질 변화를 검토하기 위해 수행하는 것을 가혹시험이라고 해.
> ③ 솔이 : 가혹시험의 온도 편차 및 극한의 조건은 −10℃ ~ −40℃야.
> ④ 민우 : 화장품 사용 시 일어날 수 있는 오염 등을 고려한 사용기한을 설정하기 위하여 장기간에 걸쳐 물리적, 화학적, 미생물학적 안정성 및 용기 적합성을 확인하는 시험을 장기보존시험이라고 해.
> ⑤ 현우 : 가속시험은 2로트 이상 선정하고, 장기보존시험 온도보다 15℃ 이상 높은 온도에서 시험해야 해.

40. 「영유아 또는 어린이 사용 화장품 안전성 자료의 작성·보관에 관한 규정」에 관한 내용으로 옳지 않은 것을 고르시오.

① 식품의약품안전처장은 「훈령·예규 등의 발령 및 관리에 관한 규정」에 따라 2020년 7월 1일 기준으로 매 3년이 되는 시점(매 3년째의 6월 30일까지를 말한다)마다 그 타당성을 검토하여 개선 등의 조치를 하여야 한다.
② 영유아 또는 어린이 사용 화장품책임판매업자는 인쇄본 또는 전자매체를 이용하여 제품별 안전성 자료를 안전하게 보관하여야 한다.
③ 영유아 또는 어린이 사용 화장품책임판매업자는 원본 외 사본 및 백업자료 등을 유지해서는 안된다.
④ 영유아 또는 어린이가 사용하는 화장품임을 특정하여 표시·광고하는 화장품을 대상으로 한다.
⑤ 보관된 안전성 자료 문서는 「화장품법 시행규칙」 제10조의3 제2항에 따른 기간 동안 보관한 이후 「화장품법」 제3조제3항에 따른 책임판매관리자의 책임하에 폐기할 수 있다.

41. 다음은 「우수화장품 제조 및 품질관리 기준」 제2조(용어의 정의) 내용의 일부이다. 〈보기〉의 ㉠, ㉡에 들어갈 내용을 순서대로 고르시오.

> **보기**
> - (㉠)이란 적절한 작업 환경에서 건물과 설비가 유지되도록 정기적·비정기적인 지원 및 검증을 말한다.
> - (㉡)이란 하나의 공정이나 일련의 공정으로 제조되어 균질성을 갖는 화장품의 일정한 분량을 말한다.

	㉠	㉡
①	유지관리	제조단위 또는 뱃치
②	유지관리	제조단위 또는 뱃치번호
③	유지관리	제조번호 또는 뱃치번호
④	위생관리	적합판정기준
⑤	위생관리	기준일탈

맞춤형화장품 조제관리사

42. 다음 중 「우수화장품 제조 및 품질관리 기준」에 대한 내용으로 옳지 않은 것을 고르시오.

① 작업소 전체에 적절한 조명을 설치하고, 조명이 파손될 경우를 대비하여 제품을 보호할 수 있는 처리 절차를 마련해야 한다.
② 천정 주위의 대들보, 파이프, 덕트 등은 가급적 노출되지 않도록 설계해야 한다.
③ 파이프는 받침대 등으로 고정하여 벽에 닿지 않게 하여 청소가 용이하도록 설계해야 한다.
④ 각 제조구역별 청소 및 위생관리 절차에 따라 효능이 입증된 세척제 및 소독제를 사용해야 한다.
⑤ 작업소 내의 벽과 천장은 청소하기 쉽도록 가능한 표면을 매끄럽게 설계하고 바닥은 미끄럼 방지를 위해 가능한 한 거칠게 설계해야 한다. 소독제의 부식성에 저항력이 있어야 한다.

43. 화장품 중 미생물 발육저지 물질과 항균성을 중화시킬 수 있는 중화제를 연결한 것으로 옳지 않은 것을 고르시오.

화장품 중 미생물 발육저지 물질	항균성을 중화시킬 수 있는 중화제
① 파라벤, 페녹시에탄올 등	레시틴, 폴리솔베이트80 등
② 이소치아졸리논, 이미다졸	아민, 황산염, 이황산수소나트륨
③ 4급 암모늄 화합물, 양이온성 계면활성제	레시틴, 도데실 황산나트륨
④ 알데하이드, 포름알데하이드- 유리 제제	글리신, 히스티딘
⑤ 금속염(Cu, Zn, Hg), 유기- 수은화합물	레시틴, 사포닌, 폴리솔베이트80

44. 포장 및 용기에 관한 시험 방법과 설명이 옳은 것을 고르시오.

① 낙하시험 : 유리병 용기의 내압 강도를 측정
② 유리병 표면 알칼리 용출량시험 : 유리병 용기의 온도 변화에 따른 내구력을 측정
③ 내용물 감량시험 : 용기나 용기를 구성하는 각종 소재의 내열성 및 내한성을 측정
④ 내용물에 의한 용기 마찰시험 : 포장이나 용기에 인쇄된 문자, 코팅막 등의 밀착성을 측정
⑤ 내용물에 의한 용기 변형시험 : 용기와 내용물의 장기 접촉에 따른 용기의 수축, 팽창, 탈색 등을 측정

45. 다음 〈보기〉는 표면 균 측정법 중 (㉠)을 사용하는 측정법에 대한 설명이다. ㉠에 공통으로 들어갈 용어를 적으시오.

보기

가. (㉠)에 직접 또는 부착된 라벨에 표면 균, 채취 날짜, 검체 채취 위치, 검체 채취자에 대한 정보 기록
나. 한 손으로 (㉠) 뚜껑을 열고 다른 한 손으로 표면 균을 채취하고자 하는 위치에 배지가 고르게 접촉하도록 가볍게 눌렀다가 떼어 낸 후 뚜껑 덮음
다. 검체 채취가 완료된 (㉠)을/를 테이프로 봉하여 열리지 않도록 하여 오염 방지
라. 검체 채취가 완료된 표면을 70% 에탄올로 소독과 함께 배지의 잔류물이 남지 않도록 함
마. 미생물 배양 조건에 맞추어 배양
바. 배양 후 CFU 수 측정

① 비커　　　　　② 시험관　　　　　③ 콘택트 플레이트
④ 면봉　　　　　⑤ 현미경

46. 〈보기〉의 유통화장품 안전관리 시험 방법 중 유리알칼리 시험법으로 옳은 것을 모두 고르시오.

보기

㉠ 디티존법
㉡ 염화바륨법
㉢ 에탄올법(나트륨비누)
㉣ 액체크로마토그래프- 절대검량선법
㉤ 유도결합플라즈마- 질량분석기를 이용하는 방법

① ㉠, ㉡　　　　② ㉠, ㉢　　　　③ ㉠, ㉤
④ ㉡, ㉢　　　　⑤ ㉡, ㉣

47. 세포·조직에 대한 품질 및 안전성 확보에 필요한 정보를 확인하기 위해서는 <보기>의 내용을 포함한 세포·조직 채취 및 검사기록서를 작성·보존해야 한다. ㉠, ㉡, ㉢에 들어갈 용어를 순서대로 고르시오.

> **보기**
>
> • 채취한 의료기관 명칭　　• 채취 (㉠)
> • 공여자 식별번호　　　　• 공여자 (㉡)
> • 동의서
> • 세포 또는 조직의 종류, (㉢), 채취량, 사용한 재료 등의 정보

	㉠	㉡	㉢
①	연월일	적격성 평가 결과	채취부위
②	연월일	적격성 평가 결과	채취방법
③	연월일	감염증 및 질병 결과	채취부위
④	시간	감염증 및 질병 결과	채취방법
⑤	시간	적격성 평가 결과	채취방법

48. <보기>는 「기능성화장품 기준 및 시험 방법」 별표 1 통칙의 내용 중 용액의 농도 기재에 대한 설명이다. ㉠ ~ ㉢에 들어갈 말로 옳은 것을 고르시오.

> **보기**
>
> 용액의 농도를 (1→ 5), (1→ 10), (1→ 100) 등으로 기재한 것은 고체물질 (㉠)g 또는 액상물질 (㉡)mL를 용제에 녹여 전체량을 각각 5mL, 10mL, (㉢)mL 등으로 하는 비율을 나타낸 것이다. 또 혼합액을 (1 : 10) 또는 (5 : 3 :1) 등으로 나타낸 것은 액상물질의 1용량과 10용량과의 혼합액, 5용량과 3용량과 1용량과의 혼합액을 나타낸다.

	㉠	㉡	㉢
①	1	1	100
②	1	1	200
③	1	5	100
④	0.1	5	100
⑤	0.1	5	200

49. 다음 <보기>를 읽고 위해성 등급과 회수 기간에 대한 설명으로 옳은 것을 모두 고르시오.

> **보기**
> ㉠ 맞춤형화장품판매업자가 조제한 맞춤형화장품 - 다등급, 회수 시작일부터 30일 이내
> ㉡ 페닐파라벤을 0.001% 함유한 화장품 - 가등급, 회수 시작일부터 15일 이내
> ㉢ 카드뮴 10㎍/g이 검출된 맞춤형화장품 - 다등급, 회수 시작일부터 30일 이내
> ㉣ 화장품의 전부 또는 일부가 변패되거나 병원미생물에 오염된 경우 - 가등급, 회수 시작일부터 15일 이내
> ㉤ 씻어내는 제품에 메칠렌글라이콜을 0.001% 함유하였으나 기재·표시를 하지 않은 화장품 - 나등급, 회수 시작일부터 30일 이내
> ㉥ 에탄올을 함유하는 네일 에나멜 리무버 및 네일 폴리시 리무버 안전 용기·포장을 위반한 화장품 - 다등급, 회수 시작일부터 15일 이내

① ㉠, ㉡ ② ㉠, ㉢ ③ ㉡, ㉢
④ ㉣, ㉥ ⑤ ㉤, ㉥

50. 「우수화장품 제조 및 품질관리 기준」에서 수탁자는 제조 및 품질관리와 관련하여 공정 또는 시험의 일부를 위탁할 수 있으며, 시험기관은 「화장품법 시행규칙」 제6조제2항제2호에 해당되어야 한다. 다음 중 해당 시험기관으로 옳지 않은 것을 고르시오.

① 「보건환경연구원법」 제2조에 따른 보건환경연구원
② 식품의약품안전처장이 정하여 고시하고 있는 대한화장품협회
③ 「약사법」 제67조에 따라 조직된 사단법인인 한국의약품수출입협회
④ 원료·자재 및 제품의 품질검사를 위하여 필요한 시험실을 갖춘 제조업자
⑤ 「식품·의약품분야 시험·검사 등에 관한 법률」 제6조에 따른 화장품 시험·검사기관

51. 다음 <보기>에서 「우수화장품 제조 및 품질관리 기준」 제3조(조직의 구성)에 대한 내용으로 옳지 않은 것을 고르시오.

> **보기**
>
> ㉠ 제조소별 독립된 제조부서와 품질보증부서를 두어야 한다. 제조부서와 품질보증부서 책임자는 겸직이 가능하며, 책임자는 화장품의 제조나 품질관리에 관한 제반 문제에 과학적인 근거를 바탕으로 결정을 내리고 그에 대한 책임을 질 수 있는 경험이 풍부하고 전문지식을 갖추어야 한다.
> ㉡ CGMP 운영 조직을 구성할 때 조직도에 기재된 직원의 역량은 각각의 명시된 직능에 적합해야 하며, 품질 단위의 독립성을 나타내어야 한다.
> ㉢ 화장품이 설정된 기준에 적합함을 보증하기 위해 제품의 제조, 포장, 시험, 보관, 출하, 관리에 관계된 모든 직원들은 그들에게 할당된 의무와 책임을 수행해야 하며 교육, 훈련 등을 통해 자격을 갖춰야 한다.
> ㉣ 회사의 규모가 작더라도 품질부문의 권한과 독립성이 보장될 수 있도록 보관 관리와 시험 책임자 밑의 담당자는 겸직할 수 없다.
> ㉤ 제조소의 직원의 수는 작업이 원활하게 이루어질 수 있을 만큼 필요하며, 업무에 따라 적절한 인원수와 자격을 규정하여 운영하는 것이 바람직하다.

① ㉠, ㉡ ② ㉡, ㉢ ③ ㉠, ㉣
④ ㉡, ㉤ ⑤ ㉢, ㉣

52. 다음 중 맞춤형화장품판매업소의 시설 기준 및 맞춤형화장품판매업자의 준수사항에 대한 설명으로 옳지 않은 것을 고르시오.

① 맞춤형화장품조제관리사가 맞춤형화장품을 혼합·소분하는 공간은 다른 공간과 구분 또는 구획해야 하고 맞춤형화장품조제관리사가 아닌 기계를 사용하여 맞춤형화장품을 혼합하거나 소분하는 경우에는 구분·구획해야 한다.
② 맞춤형화장품 조제에 사용하고 남은 내용물 및 원료는 밀폐를 위한 마개를 사용하는 등 비의도적인 오염을 방지해야 한다.
③ 혼합·소분 전에 내용물 및 원료의 사용기한 또는 개봉 후 사용기간을 확인하고, 사용기한 또는 개봉 후 사용기간이 지난 것은 사용하면 안된다.
④ 혼합·소분 전 사용되는 내용물 또는 원료의 품질관리가 선행되어야 하며, 책임판매업자에게 내용물과 원료를 모두 제공받은 경우 책임판매업자의 품질검사성적서로 대체가 가능하다.
⑤ 최종 혼합된 맞춤형화장품이 유통화장품 안전관리 기준에 적합한지를 사전에 확인한다.

제 4과목 | 맞춤형화장품의 이해

53. 맞춤형화장품에 관한 내용으로 옳지 않은 것을 고르시오.

① 맞춤형화장품판매업자는 내용물과 원료에 대한 품질관리를 직접 실시할 수 있으며, 직접 품질관리를 실시하기 어려운 경우에는 내용물과 원료를 제공하는 화장품책임판매업자 등의 품질성적서를 통해 품질 확인을 해야 한다.
② 맞춤형화장품 사용과 관련된 부작용 발생 시 지체 없이 식품의약품안전처장에게 보고해야 한다.
③ 맞춤형화장품판매업자가 혼합·소분 전에 혼합·수분에 사용되는 내용물과 원료에 대한 품질성적서를 확인해야 한다.
④ 한명의 화장품책임판매업자로부터 내용물 또는 원료를 공급받아 하나의 맞춤형화장품을 조제할 수 있다.
⑤ 맞춤형화장품판매업자는 맞춤형화장품에 대하여 「화장품 안전기준 등에 관한 규정(고시)」 제6조에 따른 유통화장품의 안전관리 기준에 적합 하도록 관리하여야 할 책임이 있으므로, 부적합 제품에 대한 책임은 맞춤형화장품 판매업자에게 있다.

54. <보기>는 염모제 사용 전 패치테스트에 대한 설명이다. ㉠ ~ ㉤에 들어갈 숫자의 합으로 옳은 것을 고르시오.

> **보기**
>
> • 팔의 안쪽 또는 귀 뒤쪽 머리카락이 난 주변의 피부를 비눗물로 잘 씻고 탈지면으로 가볍게 닦는다.
> • 실험액을 준비하고 세척한 부위에 동전 크기로 바르고 자연건조시킨 후 그대로 (㉠)시간 방치한다.
> • 테스트 부위의 관찰은 테스트액을 바른 후 (㉡)분 그리고 (㉢)시간 후 총 (㉣)회를 반드시 행하고, 이상이 있을 경우 염모를 중지한다.
> • (㉤)시간 이내 이상이 발생하지 않으면 바로 염모를 진행한다.

① 176 ② 152 ③ 104
④ 70   ⑤ 65

맞춤형화장품 조제관리사

55. 다음 중 맞춤형화장품의 표시·광고에 관한 내용 중 옳지 않은 것을 고르시오.

① 화장품책임판매업자 지영이는 소비자로 하여금 해당 제품이 '맞춤형화장품'이라는 오인을 하게 할 우려가 없다고 판단하여 '맞춤형' 이라는 표현으로 마케팅 판매하였다.
② 화장품제조업자 현주는 천연화장품 또는 유기농화장품의 인증기관으로부터 인증을 받은 맞춤형화장품에 천연 또는 유기농 표시·광고를 하였다.
③ 맞춤형화장품판매업자 도균은 천연화장품 또는 유기농화장품 인증을 받아 맞춤형화장품에 천연 또는 유기농 표시·광고를 하였다.
④ 화장품책임판매업자 재균이는 사전에 효능·효과 등에 대한 실사를 받은 기능성화장품에 '기능성화장품'이라는 글자로 표시·광고를 하였다.
⑤ 화장품책임판매업자 장미는 사전에 맞춤형화장품을 기능성화장품으로 심사받거나 보고하고 맞춤형화장품판매장에서 소비자에게 판매하였는데, 제품명이 심사받거나 보고한 내용과 달라져서 해당 제품명으로 변경심사를 받았다.

56. 맞춤형화장품 혼합 시 제형의 안정성에 대한 설명으로 옳지 않은 것을 고르시오.

① 유화입자가 커지면서 외관 성상 또는 점도가 달라지거나 안정성에 영향을 미칠 수 있다.
② 제조 온도가 설정된 온도보다 지나치게 높을 경우 HLB가 바뀌면 가용화에 문제가 된다.
③ 유화 제품의 제조 시 발생한 기포를 인위적으로 제거하면 점도, 비중에 영향을 줄 수 있다.
④ 에탄올과 같은 휘발성 원료는 혼합 직전에 투입한다.
⑤ 원료 투입 순서는 제품의 물성에 영향을 미치므로 순서를 지켜야 한다.

57. 다음 중 「화장품 안전기준 등에 관한 규정」에 따라 사용할 수 있는 원료를 고르시오.

① 산화염모제에 사용된 m-페닐렌디아민 1%
② 각질제거 기능을 갖춘 클렌징 크림에 들어간 미세플라스틱
③ 미스트의 향료로 사용된 무화과나무잎엡솔루트 0.1%
④ 립밤에 사용된 글루타랄 0.02%
⑤ 에어로졸 스프레이 제품에 사용된 에칠라우로일알지네이트 하이드로클로라이드 0.5%

58. 다음 중 「기능성화장품 기준 및 시험 방법」에 따른 계량 단위에 대한 내용으로 옳지 않은 것을 고르시오.

① cs - 센티스톡스
② % - 질량백분율
③ vol% - 용량백분율
④ v/w% - 용량대질량백분율
⑤ ppm - 질량대질량백분율

59. 맞춤형화장품의 혼합과 소분에 적합한 도구 및 기기에 대한 설명으로 옳은 것을 고르시오.

① 호모게나이저 : 내용물을 자동으로 소분하고자 할 때 사용한다.
② 경도계 : 액체 및 반고형 제품의 유동성을 측정할 때 사용한다.
③ 오버헤드스테러 : 물과 기름을 유화시켜 안정한 상태로 유지하기 위해 사용된다.
④ 디스펜서 : 표준품 보관시 사용한다.
⑤ 데시케이터 : 유화된 내용물의 유화입자의 크기를 관찰할 때 사용한다.

60. 봄 시즌에 맞춰 ○○회사는 쉐딩크림을 개발하였다. ○○회사는 〈보기〉와 같은 관능평가를 실시하였다. 실시한 관능평가를 고르시오.

> **보기**
> A직원 : 봄 시즌에 맞춰 쉐딩크림을 개발하였습니다. 타겟은 10~30대 여성들입니다. 우리가 개발한 제품이 경쟁력이 있는지 조사가 필요할 것 같습니다.
> B직원 : 그럼 작년 봄 시즌에 출시해 가장 인기가 있었던 제품 3개, 현재 가장 판매율이 높은 제품 3개, 그리고 이번에 개발한 쉐딩크림을 똑같은 케이스에 담아 10~30대 여성 100명을 대상으로 선호도 조사를 실시 하는 건 어떨까요?

① 비맹검 사용시험   ② 맹검 사용시험   ③ 인체적용시험
④ 효능평가시험   ⑤ 소비자 패널 평가

맞춤형화장품 조제관리사

61. 다음은 맞춤형화장품조제관리사 A와 고객B의 〈대화〉이다. ㉠~㉣에 들어갈 용어로 옳은 것을 순서대로 고르시오.

> **대화**
>
> 〈피부 측정 후〉
> A : 고객님, 피부 측정 결과 (㉠) 수치가 정상인에 비해 높습니다.
> (㉠)은 피부 표면에서 증발되는 수분량을 나타내는 것으로 건조한 피부나 손상된 피부는 높은 값이 나옵니다.
> B : 제 피부가 증발되는 수분량이 많은 이유가 무엇일까요?
> A : 각질층은 수분 손실을 막고 외부 물질의 침입을 막는 (㉡)의 역할을 하는데, 이 부분의 기능이 저하되어 있어요. 각질세포 사에 존재하는 지질층과 피지선으로부터 분비되는 피지를 통해 수분을 유지해요. 세포간지질의 구성성분 중 (㉢)은 50% 정도이며, 지질은 각질층의 박어 기능을 회복시키고 유지시키는 데 중요한 역할을 하고 있어요.
> B : 그럼, 어떤 제형을 추천하시나요?
> A : (㉣)은 피부에 오일막을 형성하여 수분 증발을 억제하는 물질이기 때문에 고객님 피부에 사용하시면 도움이 될거에요.
> B : 감사합니다. 바로 구매할게요.

	㉠	㉡	㉢	㉣
①	피부수분량	피지막	아미노산	분산제
②	피부수분량	피부장벽	세라마이드	밀폐제
③	경피수분손실량(TEWL)	피지막	세라마이드	분산제
④	경피수분손실량(TEWL)	피부장벽	아미노산	밀폐제
⑤	경피수분손실량(TEWL)	피부장벽	세라마이드	밀폐제

62. <보기>는 맞춤형화장품조제관리사 A와 고객 B의 대화이다. 고객의 이야기를 듣고 나서 맞춤형화장품조제관리사가 제시한 성분으로 옳은 것을 고르시오.

보기

고　　객 : 최근 광고에서 효능이 좋다고 하는 프리미엄급 화장품을 백화점에서 구매했어요.
그런데 아쉽게도 끈적임도 있고, 퍼짐성이나 가볍게 발라지질 않아서 불편함을 겪고 있고, 심지어 광택도 너무 없습니다.
다만, 동물성 원료는 피했으면 좋겠네요. 제게 추천할 만한 성분이 들어갈 맞춤형화장품을 조제해주실 수 있을까요?
조제관리사 : 고객님의 요구를 반영해서 동물성 원료가 아닌 성분으로 맞춤형화장품을 조제해드리겠습니다.

① 라놀린(lanolin)
② 비즈왁스(beeswax)
③ 라다넘오일(cistus ladaniferus oil)
④ 에뮤오일(emu oil)
⑤ 밍크오일(mink oil)

63. <보기>는 어떤 미백 기능성화장품의 전성분표시를 「화장품법」제10조에 따른 기준에 맞게 표시한 것이다. 해당 제품은 식품의약품안전처에 자료 제출이 생략되는 기능성화장품 미백 고시 성분과 사용상의 제한이 필요한 원료를 최대 사용 한도로 제조하였다. 이때, 유추 가능한 녹차 추출물 함유 범위(%)는?

보기

정제수, 사이클로펜타실록세인, 글리세린, 닥나무추출물, 소듐하이알루로네이트, 녹차추출물, 다이메티콘, 다이메티콘/비닐다이메티콘크로스폴리머, 세틸피이지/피피지-10/1다이메티콘, 올리브오일, 호호바오일, 토코페릴아세테이트, 페녹시에탄올, 스쿠알란, 솔비탄세스퀴올리에이트, 알란토인

① 7~10
② 5~7
③ 3~5
④ 1~2
⑤ 0.5~1

64. 피부결이 매끄럽지 못해 고민하는 고객에게 글라이콜릭애씨드(Glycolic Acid)를 0.5% 첨가한 필링에센스를 맞춤형화장품으로 추천하였다. 〈보기 1〉은 맞춤형화장품의 전성분이며, 이를 참고하여 고객에게 설명해야 할 주의사항을 〈보기 2〉에서 모두 고른 것을 고르시오.

보기1

정제수, 에탄올, 글라이콜릭애씨드, 피이지-60하이드로제네이티드캐스터오일, 버지니아풍년화수, 세테아레스-30, 1,2-헥산다이올, 부틸렌글라이콜, 파파야열매추출물, 로즈마리잎추출물, 살리실릭애씨드, 카보머, 트리에탄올아민, 알란토인, 판테놀, 향료

보기2

㉠ 화장품을 사용 시 또는 사용 후 직사광선에 의하여 사용부위가 붉은 반점, 부어오름 또는 가려움증 등의 이상 증상이나 부작용이 있는 경우 전문의 등과 상담할 것
㉡ 알갱이가 눈에 들어갔을 때에는 물로 씻어내고 이상이 있는 경우에는 전문의와 상담할 것
㉢ 햇빛에 대한 피부의 감수성을 증가시킬 수 있으므로 자외선차단제를 함께 사용할 것
㉣ 만 3세 이하 어린이에게는 사용하지 말 것
㉤ 사용 시 흡입하지 않도록 주의할 것
㉥ 신장 질환이 있는 사람은 사용 전에 의사, 약사, 한의사와 상의할 것

① ㉠, ㉡, ㉥   ② ㉠, ㉢, ㉣   ③ ㉡, ㉢, ㉥
④ ㉢, ㉣, ㉤   ⑤ ㉣, ㉤, ㉥

65. <보기>는 「인체적용제품의 위해성 평가 등에 관한 규정」 제13조 내용의 일부이다. (㉠)안에 공통으로 들어갈 용어를 적으시오.

보기

- 식품의약품안전처장은 위해성 평가에 필요한 자료를 확보하기 위하여 (㉠)의 정도를 동물실험 등을 통하여 과학적으로 평가하는 (㉠)시험을 실시할 수 있다.
- (㉠)시험은 「의약품 (㉠)시험기준」 또는 경제협력개발지구(OECD)에서 정하고 있는 (㉠) 시험 방법에 따라 각 호와 같이 실시한다. 다만 필요한 경우 위원회의 자문을 거쳐 (㉠)시험의 절차·방법을 다르게 정할 수 있다.
  1. (㉠)시험 대상물질의 특성, 노출경로 등을 고려하여 (㉠)시험항목 및 방법 등을 선정한다.
  2. (㉠)시험 절차는 「비임상시험관리기준」에 따라 수행한다.
  3. (㉠)시험 결과에 대한 (㉠)병리 전문가 등의 검증을 수행한다.

① 독성 ② 세포 ③ 인체적용
④ 유해성 ⑤ 안정성

66. 피부 미백 기능 제품에 관한 유효성 평가시험 및 근거 자료의 종류로 옳은 것을 <보기>에서 모두 고르시오.

보기

㉠ 멜라닌 생성 저해시험
㉡ 세포 내 콜라겐 생성시험
㉢ 세포 내 콜라게나제 활성 억제시험
㉣ 엘라스타제 활성 억제시험
㉤ In Vitro Tyrosinase 활성 저해시험
㉥ In Vitro DOPA 산화 반응 저해시험

① ㉠, ㉡, ㉢ ② ㉠, ㉢, ㉤ ③ ㉠, ㉣, ㉥
④ ㉠, ㉤, ㉥ ⑤ ㉡, ㉢, ㉤, ㉥

맞춤형화장품 조제관리사

67. 모발의 단백질을 구성하는 아미노산 중 구성 비율이 가장 높은 것을 고르시오.

① 글루타민산　　② 아르기닌　　③ 알라닌
④ 글리신　　　　⑤ 시스틴

68. <보기>는 피부노화에 영향을 주는 진피층의 변화이다. ( ) 안에 들어갈 용어를 적으시오.

> **보기**
> • 콜라겐 감소
> • (　　)의 감소
> • 탄력섬유의 변성
> • 피부혈관의 면적 감소

① 섬유아세포　　② 히알루론산　　③ 뮤코다당류
④ 멜라닌형성세포　⑤ 기질 탄수화물

69. 〈대화〉에서 원료품질성적서 인정 기준에 해당하지 않는 것을 고르시오.

> **대화**
>
> 예지 : 이번에 호호바 오일에 대한 품질성적서를 받으려고 아는데 인정 기준이 어떻게 되나요?
> 명한 : 현재 원료품질성적서 인정 기준을 알려드리겠습니다.
> ① 제조업체의 원료에 대한 자가품질검사 또는 공인검사기관 성적서
> ② 원료업체의 원료에 대한 자가품질검사 시험성적서 중 대한화장품협회의 원료공급자의 검사결과 신뢰기준 자율규약 기준에 적합한 것
> ③ 제조판매업체의 원료에 대한 자가품질검사 또는 공인검사기간 성적서
> ④ 식품의약품안전처의 원료에 대한 자가품질검사 시험성적서 중 한국의약품수출입협회의 원료공급자의 검사결과 기준에 적합한 것
> ⑤ 원료업체의 원료에 대한 공인검사기관 성적서입니다.
> 예지 : 감사합니다.

맞춤형화장품 조제관리사

70. 맞춤형화장품 조제관리사 A 와 고객B의 〈대화〉에서 옳지 않은 설명을 고르시오.

> **대화**
>
> A : 안녕하세요 반갑습니다. 무엇을 도와드릴까요?
> B : 피부측정 후 피부에 맞는 맞춤형 제품을 사용해보고 싶어서 왔어요.
> A : 피부측정 후 상담 도와 드리겠습니다.
>
> (피부 측정 후)
>
> A : ① 고객님의 피부측정 결과 피부의 수분이 부족하고 피부톤이 어두운 편에 속하세요. 보습 성분이 함유된 제품과 미백 기능성 성분이 함유된 제품을 사용하시면 좋을 것 같아요
> B : 저한테 맞는 성분이 어떤게 있을까요?
> A : ② 피부의 수분 증발을 억제하고 보습에 도움을 줄 수 있는 글리세린과 피부 미백에 도움을 줄 수 있는 나이아신아마이드 성분이 함유된 제품을 드리겠습니다.
> 이 제품은 ③ 나이아신아마이드가 5% 함유되어 있는 미백 기능성 화장품입니다.
> ④ 나이아신아마이드 2%이상 함유된 제품은 인체적용시험 자료에서 구진과 경미한 가려움이 보고된 예가 있기 때문에 주의해서 사용해주셔야 합니다.
> B : 네 감사합니다. 매일 사용해도 괜찮을까요?
> A : 네. ⑤ 매일 사용하셔도 됩니다.

모의고사 4회

71. <대화>의 (㉠)안에 공통으로 들어갈 용어를 적으시오.

대화

A : 피부에 주근깨랑 기미 같은 것이 생긴거 같아.
B : 주근깨와 기미는 피부의 색소침착 현상이야. 멜라닌과 관련이 있어.
A : 멜라닌? 멜라닌에 대해 설명을 해 줄 수 있을까?
B : 멜라닌은 기저층에 위치한 멜라닌형성세포에 의해 생성되는 것이야. 멜라닌의 합성은 멜라닌형성세포 내에서 티로신이라는 아미노산으로부터 시작돼. 이때 (㉠)는 멜라닌 생성에 필수적인 역할을 해.
A : (㉠)의 활성을 억제해도 색소침착을 좀 줄일 수 있겠네?
B : 맞아. 그리고 (㉠)은 구리 이온을 포함하는 산화 효소의 일종이기도 해.

① 티로시나아제(타이로시나아제)
② 테스토스테론
③ 여성호르몬
④ 락타아제
⑤ 디펩티다아제

맞춤형화장품 조제관리사

72. 고객 A와 맞춤형화장품조제관리사 B의 〈대화〉이다. 〈대화〉 내용에 대한 설명으로 옳은 것을 〈보기〉에서 모두 고르시오.

대화

A : 주름 개선에 효과적이라고 알려진 화장품을 인터넷으로 구매하여 3개월 정도 사용하고 있는데, 피부에 주름이 더 늘어나는 것 같고 효과가 없는 것 같아요.
사용하면 할수록 피부도 더 건조해지고, 트러블로 생기고, 피부도 붉어지는 현상이 있어요.

B : 그렇군요. 사용하고 계신 화장품의 전성분표를 확인해 드릴게요.

〈전성분표〉
정제수, 글리세린, 소듐하이드록사이드, 유제놀, 징크옥사이드, 세틸에칠헥사노에이트, 글리코산, 디메치콘, 벤질알코올, 마카다미아 오일, 잔탐검, 소듐하이알루로닉애씨드, 1,2- 섹산다이올, 스테아릭애씨드, 감초 추출물, 제라니올, 카보머, 올리브 오일, 디부틸프탈레이트

보기

㉠ 알레르기 유발하는 성분이 함유되어 있습니다.
㉡ 천연화장품이므로 안전하게 사용할 수 있습니다.
㉢ 주름개선 기능성 성분이 함유되어 있지 않습니다.
㉣ 소듐하이드록사이드, 소듐하이알루로닉애씨드는 보습 효과를 가지고 있습니다.
㉤ 올리브 오일 성분이 들어 있어 피부 수분 증발을 차단하고, 피부를 부드럽게 만들어 줍니다.

① ㉠, ㉡, ㉢ ② ㉠, ㉢, ㉤ ③ ㉡, ㉢, ㉣
④ ㉡, ㉣, ㉤ ⑤ ㉢, ㉣, ㉤

73. <보기>는 pH값을 정리한 표이다. ㉠, ㉡에 공통으로 들어 갈 숫자를 순서대로 고르시오.

보기

미약산성	5.0 ~ 6.0	미약칼리성	약 7.5 ~ 9.0
약산성	약 (㉠) ~ 5.0	약알칼리성	약 9.0 ~ (㉡)
강산성	약 (㉠)	강알칼리성	약 (㉡)

	㉠	㉡		㉠	㉡		㉠	㉡
①	2.0	10.0	②	2.0	11.0	③	3.0	11.0
④	3.0	15.0	⑤	3.5	15.0			

74. 화장품 사용 시의 개별 주의사항 문구에 대한 설명으로 옳지 않은 것을 고르시오.

① 퍼머넌트 웨이브 제품 및 헤어 스트레이트너 제품은 섭씨 15℃ 이하의 어두운 장소에 보관하고, 개봉한 제품은 7일 이내 사용해야 한다.
② 제1단계 퍼머액 중 주성분이 과산화수소인 제품은 모발색이 검정에서 갈색으로 변할 수 있으므로 주의해야 한다.
③ 고압가스를 사용하는 에어로졸 제품은 같은 부위 연속 3회 이상 분사하지 말고 인체에서 20cm 이상 떨어져서 사용해야 한다.
④ 에어로졸 제품 중 무스의 경우는 같은 부위 연속 3초 이상 분사하지 말고, 인체에서 20cm 이상 떨어져서 사용하는 것에서 제외된다.
⑤ 고압가스를 사용하지 않고 분무형 자외선 차단제는 얼굴에 직접 분사하지 말고 손에 덜어 얼굴에 사용해야 한다.

75. <보기>의 ㉠, ㉡에 들어갈 용어를 순서대로 고르시오.

> **보기**
> • (㉠) : 2~5층의 편평형 또는 방추형 세포층으로 이루어져 있으며, 케라틴 단백질이 뭉쳐 만들어진 (㉡)이/가 존재한다.

	㉠	㉡
①	각질층	엘라이딘
②	투명층	케라토하이알린 과립
③	과립층	엘라이딘
④	과립층	케라토하이알린 과립
⑤	유극층	엘라이딘

76. 고객의 피부에 맞는 맞춤형화장품을 조제하기 위해 맞춤형화장품조제관리사가 수분측정을 진행하고자 한다. 피부 수분 측정 방법에 대해 올바르게 설명한 것을 고르시오.

① 전기전도도 측정 방법을 통해 피부 각질층의 수분량을 측정한다.
② 카트리지 필름을 피부에 밀착시켜 피부 각질층의 수분량을 측정한다.
③ 경피수분손실량 측정 방법을 통해 피부 각질층의 수분량을 측정한다.
④ 피부에 음압을 가한 후 상태복원 측정 방법을 통해 피부 각질층의 수분량을 측정한다.
⑤ 근적외선 분광광도계를 이용한 측정 방법을 통하여 피부 각질층의 수분량을 측정한다.

77. 맞춤형화장품조제관리사 A와 고객B의 〈대화〉에서 올바르게 설명한 것을 고르시오.

> **대화**
>
> A : 안녕하세요. 환영합니다.
> B : 피부에 맞는 맞춤형화장품을 구매하고 싶어요.
> A : 네. 피부측정을 도와드리겠습니다.
> B : 상담 먼저 가능할까요? 계속해서 피부상태가 바뀌는 것 같아요. 특히 여름이 되면 색소침착이 심해지는 것 같아요.
> A : 맞아요. ㉠ 피부색을 결정하는데 중요한 역할을 하는 멜라닌세포가 진피층에 존재하고 있는데, 자외선을 받으면 멜라닌색소를 만들어 내서 색소침착이 생겨요.
> B : 아, 그럼 우리의 피부는 멜라닌색소로 덮여져 있나요?
> A : 아니요, 피부는 ㉡ 각질형성세포가 기저층에서부터 지속적으로 새로운 세포를 생성하고 있어요. 이렇게 올라온 각질세포는 ㉢ 각질층에서 죽은 세포로 구성되며, 피부에서 중요한 장벽 역할을 합니다. ㉣ 피부에는 모세혈관도 존재하고 있는데, 이게 표피와 진피까지 분포하고 있어요. 그래서 피부가 다치면 피가 나는 거에요.
> B : 그렇군요. 그럼 피부는 표피와 진피 2개의 층으로만 이루어져 있나요?
> A : 피부는 표피, 진피, 피하조직으로 구성되어 있어요.
> 피하조직은 ㉤ 비만세포가 만들어 낸 지방세포로 이루어져 있답니다.

① ㉠, ㉢   ② ㉠, ㉣   ③ ㉡, ㉢
④ ㉡, ㉤   ⑤ ㉢, ㉤

맞춤형화장품 조제관리사

78. 다음 <대화>는 맞춤형화장품 안전 기준의 주요 사항에 대한 맞춤형화장품조제관리사 A와 B의 대화이다. 대화 내용에서 옳지 않은 것을 고르시오.

> **대화**
>
> A : ① 맞춤형화장품 판매장 시설·기구를 정기적으로 점검하여 보건위생상 위해가 없도록 관리해야 해요.
> B : 네. 알겠습니다.
> ② 이번에 고객에게 맞춤형화장품 혼합해 드릴 때 일회용 장갑을 착용했습니다.
> A : 혹시 맞춤형화장품 조제하고 남은 원료는 어떻게 하셨나요?
> B : ③ 조제하고 남은 내용물 및 원료는 마개를 사용하여 밀폐한 후 보관실에 두었어요.
> A : ④ 고객에게 판매 후 맞춤형화장품 판매내역서를 작성하고 보관하셔야 됩니다.
> B : 네. 알겠습니다. ⑤ 맞춤형화장품 식별번호와 사용기한 또는 개봉 후 사용기간, 고객 성함 및 연락처를 작성하여 전자문서로 판매내역서를 보관해 두었습니다.
> A : 수고하셨습니다.

79. <대화>의 ㉠, ㉡에 들어갈 용어를 순서대로 고르시오.

> **대화**
>
> A : 최근 새로 입사한 회사에서 화학물질을 많이 다루고 있는데, 갑자기 피부에 (㉠), (㉡)이 많이 나타나는 것 같아요.
> B : 그래요? 화학물질에 의한 피부자극은 화학물질이 각질층을 투과하여 시작되는 연쇄반응의 결과로 각질세포와 다른 피부세포의 기초가 되는 부분을 손상시킬 수 있어요. 손상을 입은 세포는 염증을 일으키는 매개물질들을 분비하거나 염증의 연쇄반응을 일으키는데, 이 반응은 진피층의 세포, 특히 혈관의 기질세포와 내피세포에 작용해요. 내피세포의 확장과 투과성의 증가는 (㉠)과 (㉡)을 일으킬 수 있습니다.
> A : 그렇군요. 좋은 설명 감사합니다.

	㉠	㉡		㉠	㉡		㉠	㉡
①	통증	부종	②	통증	발열	③	홍반	부종
④	홍반	발열	⑤	홍반	염증			

맞춤형화장품 조제관리사

80. 〈대화〉에서 피부 구조에 대한 설명을 올바르게 한 사람을 모두 고르시오.

> **대화**
>
> 채린 : 피부는 표피, 진피, 피하조직으로 이루어져 있어. 표피는 바깥쪽부터 각질층, 유극층, 과립층, 투명층, 기저층 순으로 구성되어 있어.
> 선구 : 피부색을 결정하는 멜라닌형성세포는 표피층에 위치하고 있어. 멜라닌을 합성하여 각질형성세포에 멜라닌이 축적된 멜라노솜을 공급하기도 해.
> 채운 : 진피층은 유두층과 망상층으로 된 진피야. 피부노화에 영향을 주는 진피의 변화로는 콜라겐 감소와 탄력섬유의 변성, 기질 탄수화물의 감소, 피부혈관의 면적 감소 등이 있어.
> 은정 : 진피층은 피부 형성에 중요한 단백질인 필라그린이 위치하고 있어. 필라그린은 진피층에서 단백질 분해 효소에 의해 분해되어 천연보습인자 (NMF)를 구성하는 아미노산을 만들어.
> 수정 : 피하지방에는 지방세포와 대식세포, 비만세포, 섬유아세포들이 존재해.

① 채린, 선구　　② 채린, 은정　　③ 선구, 채운
④ 선구, 수정　　⑤ 은정, 수정

[단답형] 제시된 지문과 문항을 읽고 알맞은 답안을 작성하시오.

단답형

81. 다음 광고는 ○○사의 홈페이지에 게재된 화장품에 대한 설명이다. 화장품 설명을 보고 〈보기〉의 ㉠ ~ ㉢에 들어갈 용어를 적으시오.

〈○○사 홈페이지〉

- 균일하게 발리는 롤온타입
- 운동 후에도 보송하고 상쾌한 느낌 그대로~~~!!!
- 잦은 제모로 인해 무너지는 언더암 피부 밸런스를 지켜주세요!!!
- 땀과 땀냄새에서 피부보호

〈전성분〉
정제수, 알루미늄클로로하이드레이트, 피피지-15스테아릴에터, 스테아레스-21, 향료, 아보카도 오일, 숯가루, 트리클로산

보기

- 제품의 종류 : (㉠)
- 보존제 성분 및 사용한도 : (㉡), (㉢)%

정답 ㉠ _____

㉡ _____

㉢ _____

맞춤형화장품 조제관리사

82. <보기>는 2022년 출시 예정인 립스틱의 전성분이다. 립스틱에서 사용할 수 없는 성분을 찾아 적으시오.

> **보기**
>
> <전성분>
> 옥틸도데칸올, 하이드로제네이티드폴리, 피토스테릴/이소스테아릴/세틸/스테아릴/베헤닐다이머디리놀리에이트, 폴리에틸렌, 합성왁스, 티타늄디옥사이드, 폴리하이드록시스테아릭애씨드, 적색 202호, 황색4호, 비즈왁스, 적색 103호의(1), 적색 206호, 향료, 흑색산화철, 레시틴, 아이소스테아릭애씨드, 토코페릴아세테이트, 정제수, 부틸렌글라이콜, 꿀 추출물, 오렌지 오일, 라벤더 오일, 트라이에톡시카프릴릴실레인

정답 _____

83. <보기>에서 계면활성제 성분 중 세정력이 강한 순서대로 적으시오.

> **보기**
>
> 가. 소듐라우릴설페이트
> 나. 코카미도프로필베타인
> 다. 폴리쿼터늄 - 10
> 라. 솔비탄팔미테이트

• 세정력이 강한 순서 : (㉠) ⇨ (㉡) ⇨ (㉢) ⇨ (㉣)

정답 ㉠ _____

㉡ _____

㉢ _____

㉣ _____

84. <보기>의 ㉠, ㉡에 들어갈 적절한 용어를 적으시오.

> **보기**
>
> UVB를 차단하는 자외선 차단지수는 제품 유무에 따른 피부의 (㉠)을/를 계산하여 나타내는 것으로 SPF 1은 약 10~15분 정도의 UVB 차단 효과를 의미하고, UVA는 제품 유무에 따른 피부의 (㉡)을/를 계산하여 +, ++, +++, ++++로 나타낸다.

정답 ㉠ _____

㉡ _____

85. 기능성화장품 심사에 관한 규정에 따라 자외선 차단 기능성화장품의 효능·효과는 <보기>의 기준에 따라 표시해야 한다. ㉠, ㉡에 들어갈 적절한 용어를 적으시오.

> **보기**
>
> • 자외선 차단지수(SPF)는 측정 결과에 근거하여 평균값(소수점 이하 절사)으로부터 -20% 이하 범위 내 정수로 표시하되, SPF(㉠) 이상은 SPF (㉠)+로 표시한다.
> • 자외선 A 차단등급(PA)은 측정 결과에 근거하여 (㉡)가지로 표시한다.

정답 ㉠ _____

㉡ _____

86. <보기>의 화장품 중 유형별 특성이 다른 하나를 찾아 적으시오.

> **보기**
>
> 마스크 팩, 마사지 크림, 클렌징 크림, 클렌징 워터, 클렌징 오일, 클렌징 로션, 클렌징 폼

정답 _____

맞춤형화장품 조제관리사

87. <보기>는 화장품 표시·광고 실증에 관한 규정이다. ㉠, ㉡에 들어갈 용어를 적으시오.

> **보기**
>
> - 화장품법 제14조 및 같은 법 시행규칙 제23조에 따라 소비자를 허위·과장 광고로부터 보호하기 위함을 목적으로 하며, (㉠)은/는 표시·광고에서 주장한 내용 중에서 관련한 사항이 진실임을 증명하기 위해 작성된 자료를 말한다.
> - (㉠)의 내용은 광고에서 주장하는 내용과 직접적인 관계가 있어야 하며, 표시·광고 실증을 위한 시험은 과학적이고 객관적인 방법에 의한 자료로서 (㉡)과 재현성이 확보되어야 한다.

정답 ㉠_____

㉡_____

88. 다음 <보기>에서 ㉠, ㉡, ㉢에 들어갈 용어를 순서대로 적으시오.

> **보기**
>
> 「화장품법」 제5조(영업자의 의무 등)에 따라 (㉠)은/는 판매장 시설·기구의 관리방법, 혼합·소분 안전관리 기준의 준수의무, 혼합·소분되는 내용물 및 원료에 대한 설명 의무, 안전성 관련 사항 보고 의무 등에 관하여 총리령으로 정하는 사항을 준수하여야 한다.
> 화장품책임판매업자는 지난해의 생산실적 또는 수입실적을 매년 2월 말까지 (㉡)이 정하여 고시하는 바에 따라 대한화장품협회 등을 통하여 식품의약품안전처장에게 보고하여야 한다. 또한, 영업자의 의무에 따라 화장품책임판매업자는 화장품의 제조과정에 사용된 (㉢)을/를 화장품의 유통·판매 전까지 보고해야 한다.

정답 ㉠_____

㉡_____

㉢_____

89. 다음은 제품별 포장에 대한 내용이다. <보기>의 ㉠, ㉡, ㉢안에 들어갈 알맞은 숫자를 작성하시오.

> **보기**
> - 1회 이상 포장한 최소 판매단위의 제품으로 액체 비누, 샴푸, 린스, 보디워시의 포장 공간 비율은 (㉠)% 이하, 포장 횟수는 (㉡)차 이내이다.
> - 1회 이상 포장한 최소 판매단위의 제품으로 화장수, 에센스, 오일의 포장공간 비율은 (㉢)% 이하이다.

정답 ㉠_____

㉡_____

㉢_____

90. 다음은 모간부에 대한 설명이다. 괄호 안에 들어갈 알맞은 단어를 <보기>에서 골라 적으시오.
( )은 가장 바깥층이며, 아미노산 중 시스틴의 함유량이 가장 많고, 각질 용해성 또는 단백질 용해성의 약품(친유성, 알칼리 용액)에 대한 저항성이 가장 강한 성질을 나타낸다.

> **보기**
> 모표피, 모피질, 모수질, 모낭, 엔도큐티클, 에피큐티클, 내근모초, 모유두, 모모세포

정답_____

맞춤형화장품 조제관리사

91. 다음 <보기>를 읽고, ㉠, ㉡ 안에 들어갈 알맞은 용어를 적으시오.

> **보기**
> 가용화제는 물에 대한 용해도가 아주 낮은 물질을 물에 용해시키기 위한 목적으로 사용되며, (㉠)의 일종이다. 수용액 내에 (㉠)의 농도가 증가하면, 분자 간 집합체인 (㉡)이 형성된다.

정답 ㉠ _____

㉡ _____

92. 다음 <보기>에서 ㉠, ㉡ 안에 들어갈 알맞은 용어를 적으시오.

> **보기**
> - (㉠)이란 적합 판정 기준을 벗어난 완제품, 벌크제품 또는 반제품을 재처리하여 품질이 적합한 범위에 들어오도록 하는 작업을 말한다.
> - (㉡)이란 규정된 조건하에서 측정기기나 측정 시스템에 의해 표시되는 값과 표준기기의 참값을 비교하여 이들의 오차가 허용범위 내에 있음을 확인하고, 허용범위를 벗어나는 경우 허용범위 내에 들도록 조정하는 것을 말한다.

정답 ㉠ _____

㉡ _____

93. <보기>는 「화장품법」 제2조(정의)의 내용 중 일부이다. ㉠, ㉡, ㉢에 알맞은 용어를 적으시오.

> **보기**
> - "화장품"이란 인체를 (㉠)·미화하여 매력을 더하고 용모를 밝게 변화시키거나 피부·(㉡)의 건강을 유지 또는 증진하기 위하여 인체를 바르고 문지르거나 뿌리는 등 이와 유사한 방법으로 사용되는 물품으로서 인체에 대한 작용이 경미한 것을 말한다. 다만, 「약사법」 제2조제4호의 의약품에 해당하는 물품은 제외한다.
> - (㉢)(이)란 화장품 용기·포장에 기재하는 문자·숫자·도형 또는 그림 등을 말한다.

정답 ㉠ _____

㉡ _____

㉢ _____

94. <보기>는 「화장품 안전 기준 등에 관한 규정」 제4조 별표2의 사용상 제한이 필요한 원료 중 기타 원료에 대한 설명이다. ㉠, ㉡, ㉢에 들어갈 숫자를 순서대로 적으시오.

> **보기**
> - 베헨트라이모늄클로라이드는 단일성분 또는 세트리모늄클로라이드, 스테아트리모늄클로라이드와 혼합 사용의 합으로서 사용 후 씻어내는 두발용 제품류 및 두발염색용 제품류에 (㉠)%, 사용 후 씻어내지 않는 두발용 제품류 및 두발 염색용 제품류에 3.0%이다.
> - 포타슘하이드록사이드 또는 소듐하이드록사이드는 손톱표피 용해 목적일 경우 (㉡)%, pH 조정 목적으로 사용되고, 제모제에서 pH조정 목적으로 사용되는 경우 최종 제품의 pH는 12.7 이하이다.
> - 세트리모늄클로라이드 또는 스테아트리모늄클로라이드와 혼합 사용하는 경우 세트리모늄클로라이드 및 스테아트리모늄클로라이드의 합은 '사용 후 씻어내지 않는 두발용 제품류'에 1.0% 이하, '사용 후 씻어내는 두발용 제품류 및 두발염색용 제품류'에 (㉢)% 이하여야 한다.

정답 ㉠ _____

㉡ _____

㉢ _____

95. 다음 〈보기〉에서 ㉠, ㉡에 들어갈 용어를 적으시오.

> **보기**
> - (㉠)은/는 일상의 보존상태에서 액상 또는 고형의 이물 또는 수분이 침입하지 않고 내용물을 보호할 수 있는 용기를 말하며, '밀봉용기'는 일상의 보존상태에서 기체 또는 (㉡)이/가 침입할 염려가 없는 용기를 말한다.

정답 ㉠_____

㉡_____

96. 다음 〈보기〉에서 ( ) 안에 공통으로 들어갈 용어를 적으시오.

> **보기**
> - 화장품은 사용 목적에 적합한 기능을 가져야 하며, 유효성 또는 기능에 관한 효력시험 자료와 ( ) 자료를 제출하여야 한다.
> - ( )은 사람을 대상으로 실시하는 효능·효과시험으로서 관련 분야 전문의 또는 병원, 국내외 대학, 화장품 관련 전문 연구기관에서 5년 이상 화장품 ( ) 분야의 시험 경력을 가진 자의 지도 및 감독하에 수행·평가되어야 한다.

정답_____

97. 서로 섞이지 않는 두 액체의 한쪽이 작은 방울로 되어 미세한 입자의 상태로 균일하게 분산시켜 불투명한 상태로 나타나는 것을 (㉠)라고/한다. ㉠에 들어갈 용어를 적으시오.

정답_____

모의고사 4회

98. 다음 〈보기〉는 염모제의 전성분이다. 〈보기〉에서 염모제 기능을 가진 원료명과 사용한도를 작성하시오.

> **보기**
>
> 정제수, 에탄올아민, 에탄올, 세테아릴알코올, 올레익애씨드, 황산톨루엔-2, 동백오일, 스테아레스-2, 동백나무씨 오일, 레조시놀, 소듐아스코베이트, 향료, 시스테인에이치씨엘, 아모다이메티콘, 다이세틸포스페이트, 페녹시에탄올, 시트로넬올, 다이소듐이디티에이, 제라니올, 리날룰, 세트리모늄클로라이드, 리모넨, 헥실신남알

정답 _____

99. 다음 〈보기〉의 ㉠에 들어갈 공통된 용어를 적으시오.

> **보기**
>
> 산성도(pH) 조절 목적으로 사용되는 성분은 그 성분을 표시하는 대신 중화반응에 따른 생성물로 기재·표시할 수 있고, (㉠)을/를 거치는 성분은 (㉠)에 따른 생성물로 기재·표시할 수 있다.

정답 _____

맞춤형화장품 조제관리사

100. 다음 <보기>는 자외선 차단제의 전성분을 나열한 것이다. <보기> 제품에서 사용 된 자외선 차단 성분은 모두 몇 개인지 숫자로 적으시오.

> **보기**
>
> 정제수, 부틸렌글라이콜, 호모살레이트, 디에칠아미노하이드록시벤조일헥실벤조에이트, 에칠헥실살리실레이트, 글리세린, 다이아이소프로필세바케이트, 다이부틸아디페이트, 비스-에칠헥실옥시페놀메톡시페닐트리아진, C12-15알킬벤조에이트, 테레프탈릴리덴디캠퍼설포닉애씨드, 실리카, 포타슘세틸포스페이트, 티타늄디옥사이드, 세테아릴알코올, 1,2-헥산다이올, 트로메타민, 글리세릴스테아레이트, 프로판다이올, 폴리아크릴레이트크로스폴리머-6, 향료, 아크릴레이트/C10-30알킬아크릴레이트크로스폴리머, 베헤닐알코올, 하이드로제네이티드레시틴, 글리세릴 카프릴레이트, 다이소듐이디티에이, 에틸헥실글리세린, 쌀배아 추출물, 알루미늄하이드록사이드, 트라이에톡시카프릴릴실레인, 돌콩싹추출물, 참깨싹추출물, 병풀추출물

정답 _____

맞춤형화장품 조제관리사 모의고사

5회

맞춤형화장품 조제관리사

【선다형】제시된 지문과 문항을 읽고 알맞은 답을 고르시오.

제1과목 | 화장품법의 이해

01. <보기>에서 「개인정보 보호법」에 따라 공공기관에 한하여 개인정보를 목적 외 용도로 이용하거나 제3자에게 제공할 수 있는 경우로 옳은 것을 모두 고르시오.

> **보기**
> ㉠ 다른 법률에 특별한 규정이 있는 경우
> ㉡ 정보주체에게 별도의 동의를 받은 경우
> ㉢ 범죄 수사 및 고소 제기·유지에 필요한 경우
> ㉣ 형 및 감호, 보호처분 집행을 위하여 필요한 경우
> ㉤ 개인정보를 목적 외로 이용하거나 제3자에게 제공하지 않으면 다른 법률에서 정하는 소관 업무를 수행할 수 없는 경우로서 보호위원회의 심의·의결을 거친 경우
> ㉥ 정보주체 또는 법정대리인이 의사표시를 할 수 없는 상태이거나 사전 동의를 받을 수 없는 경우로서 명백히 정보주체 또는 제3자의 급박한 생명, 신체, 재산의 이익을 위해 필요하다고 인정되는 경우

① ㉠, ㉡
② ㉠, ㉡, ㉣
③ ㉡, ㉣, ㉤
④ ㉢, ㉣, ㉤
⑤ ㉣, ㉤, ㉥

02. 개인정보의 수집·이용이 가능한 요건에 해당하는 경우를 고르시오.

① 법률에 특별한 규정이 있거나 법령상 의무를 준수하기 위하여 불가피한 경우 사용할 수 있다.
② 제휴 마케팅을 위해 정보주체의 동의 없이 정보주체의 개인정보를 제3자에게 제공한 경우 사용할 수 있다.
③ 공공기관의 경우 정보주체의 동의를 받지 않고 임의로 사용할 수 있다.
④ 개인정보처리자의 정당한 이익을 위해서는 임의로 사용할 수 있다.
⑤ 정보주체 또는 그 법정대리인이 의사를 표시하는 경우에도 공공기관의 경우에는 동의 없이 사용할 수 있다.

03. 「개인정보 보호법」과 관련하여, 위반하였을 경우 과태료가 다른 하나를 고르시오.

① 보유기간 경과, 처리 목적 달성, 기간 말료 등 개인정보가 불필요하게 되었을 때 개인정보를 파기하지 않은 자
② 민감정보, 고유식별정보, 개인정보, 가명정보 등을 처리할 때 안전성 확보에 필요한 조치를 하지 않은 자
③ 개인정보의 이용내역을 주기적으로 이용자에게 통지하지 않은 자
④ 가명정보의 처리 내용을 관리하기 위한 기록을 작성하여 보관하지 않은 자
⑤ 최소한의 개인정보 이외에 개인정보를 제공하지 않는다는 이유로 서비스의 제공을 거부한 자

04. 「화장품법 시행규칙」 별표7 행정처분의 기준에 대한 내용으로 올바르지 않은 것을 〈보기〉에서 모두 고르시오.

> **보기**
> ㉠ 화장품제조업의 소재지 변경을 3차까지 위반하여 등록이 취소되었다.
> ㉡ 식품의약품안전처에 심사를 받지 않고 미백 및 주름 개선 기능성화장품이라고 판매하다 3차까지 위반하여 등록이 취소되었다.
> ㉢ 화장품에 들어가면 안 되는 성분이 혼입이 되었다는 이유로 회수 명령을 받았으나 회수계획을 보고하지 않다가 4차까지 위반하여 등록이 취소되었다.
> ㉣ 판매 업무정지 기간 중에 소비자의 요구에 의해 판매를 진행하다 1차만에 등록이 취소되었다.
> ㉤ 품질관리 업무 절차서를 작성하지 않고 있다가 3차 위반하여 등록이 취소되었다.

① ㉠, ㉡   ② ㉠, ㉢   ③ ㉠, ㉣
④ ㉠, ㉤   ⑤ ㉠, ㉢, ㉤

맞춤형화장품 조제관리사

05. 다음 <보기>는 「화장품법」 제2조에서 규정하는 기능성화장품의 정의이다. 다음 설명 중 옳은 것을 고르시오.

> **보기**
>
> 기능성화장품이란, 화장품 중에서 다음 각 목의 어느 하나에 해당되는 것으로서 총리령으로 정하는 화장품을 말한다.
> 가. 피부의 ㉠미백에 도움을 주는 제품
> 나. 피부의 ㉡주름개선에 도움을 주는 제품
> 다. 피부를 곱게 태워주거나 ㉢자외선으로부터 피부를 보호하는데 도움을 주는 제품
> 라. ㉣모발의 색상 변화·제거 또는 영양공급에 도움을 주는 제품
> 마. 피부나 모발의 기능 약화로 인한 건조함, 갈라짐, 빠짐, 각질화 등을 방지하거나 개선하는 데에 도움을 주는 제품

① ㉠에 해당하는 기능성화장품 고시 원료에는 아스코빅애씨드가 있다.
② ㉡에 해당하는 기능성화장품 고시 원료에는 레티노익산이 있다.
③ ㉢의 파장은 200nm ~ 400nm이며 적외선 파장보다 길고 가시광선보다 짧다.
④ ㉣에 일시적으로 모발의 색상을 변화시키는 물품은 화장품에 포함되지 않는다.
⑤ 위 5가지 목을 조금 더 자세한 부분은 「화장품법 시행규칙」 제2조를 통해 알 수 있다.

06. 「화장품법 시행령」에 명시된 과징금에 대한 설명이다. 다음 중 옳지 않은 것을 고르시오.

① 식품의약품안전처장은 과징금을 내야 할 자가 납부기한까지 내지 아니하면 납부기한이 지난 후 15일 이내에 독촉장을 발부하여야 한다. 이 경우 납부기한은 독촉장을 발부한 날로 부터 10일 이내로 한다.
② 식품의약품안전처장은 과징금을 내지 아니한 자가 독촉장을 받고도 납부기한까지 과징금을 내지 않으면 독촉장을 발부한 날로부터 10일 이후 2차 독촉장을 발부해야 한다.
③ 식품의약품안전처장이 과징금을 부과하려면 그 위반 행위의 종류와 과징금의 금액을 적은 서면으로 통지하여야 한다.
④ 과징금 부과처분을 취소하고 업무정지처분을 하려면 처분대상자에게 서면으로 그 내용을 통지하되, 서면에는 처분이 변경된 사유와 업무정지처분의 기간 등 업무정지처분에 필요한 사항을 적어야 한다.
⑤ 과징금의 금액은 위반행위의 종류·정도 등을 고려하여 총리령으로 정하는 업무정지처분기준에 따른 기준을 적용하여 산정하되, 과징금의 총액은 10억원을 초과할 수 없다.

07. 「화장품법」에 따른 영업의 종류에 대해 두나와 송연이가 나누는 대화의 일부분에서 적절하지 않은 대화의 내용을 고르시오.

> **대화**
>
> 두나 : 평소에 화장품과 관련된 직업에 관심이 많아서 화장품법을 찾아보았는데, 이해가 되지 않는 부분이 많은거 같아서 몇가지만 물어봐도 될까?
>
> 송연 : 응. 궁금함 부분이 있다면 언제든지 물어봐. 이번에 '맞춤형화장품조제관리사' 시험공부 하면서 화장품법에 대해서 많이 공부했어.
>
> 두나 : 졸업 후에 화장품을 일부분만 만들어서 판매하고 싶은데 화장품 제조업자로 등록하면 될까?
>
> 송연 : ① 화장품 제조업자는 화장품을 직접 제조하는 영업, 화장품 제조를 위탁받아 제조하는 영업, 화장품의 포장을 하는 영업을 말하는 거야
>
> 두나 : 그럼 포장만 해서 판매하는 것도 가능해?
>
> 송연 : ② 화장품 포장은 1차포장과 2차포장으로 나누어져 있어. 화장품 제조업자로 등록하는 것은 1차포장만 해당하는 영업으로서 2차 포장만 하거나 표시만 하는 영업은 화장품제조업으로 등록 할 수가 없어.
>
> 두나 : 그럼 시설은 어떻게 하면 돼?
>
> 송연 : ③ 제조시설을 갖추고 있어야 돼. 화장품의 일부 공정만을 제조하는 경우에도 화장품제조 시 필요한 시설을 갖추고 있어야지만 영업을 등록할 수 있어.
>
> 두나 : 그럼 직접 만들지 않고 수입을 해서 화장품을 판매하는 것은 가능해?
>
> 송연 : ④ 수입된 화장품을 유통·판매하는 영업은 화장품책임판매업이야.
> ⑤ 화장품책임판매업자는 화장품제조업자에게 위탁하여 제조된 화장품을 유통·판매하거나 화장품제조업자가 화장품을 직접 제조하여 유통·판매하는 영업으로 등록해야.
>
> 두나 : 그렇구나. 덕분에 자세하게 알게됐어. 나도 이번기회에 맞춤형화장품조제관리사 공부를 해서 더 많은 것을 알고 싶어졌어.

맞춤형화장품 조제관리사

제 2과목 | 화장품 제조 및 품질관리

08. 다음 〈보기〉는 맞춤형화장품조제관리사가 보습토너 100g을 만들었다. 여기에 향료를 0.2% 배합하였다. 향료의 조성목록을 보고 향료로 표기하지 않고 따로 알레르기 유발물질로서 기재하지 않아도 되는 것을 고르시오.

① 리모넨 - 10%
② 리날룰 - 5%
③ 시트랄 - 1%
④ 벤질알코올 - 1%
⑤ 제라니올 - 0.5

09. 다음 중 퍼머넌트 웨이브 제품 및 헤어스트레이트너 제품의 개별 주의사항에 대한 설명으로 옳지 않은 것을 고르시오.

① 사용 2일전(48시간 전) 매회 반드시 패취테스트(patch test)를 실시해야 한다.
② 섭씨 15도 이하의 어두운 장소에 보존하고, 색이 변하거나 침전된 경우에는 사용하면 안된다.
③ 개봉한 제품은 7일 이내에 사용할 것(에어로졸 제품이나 사용 중 공기유입이 차단되는 용기는 표시하지 아니한다.)
④ 제2단계 퍼머액 중 그 주성분이 과산화수소인 제품은 검은 머리카락이 갈색으로 변할 수 있으므로 유의하여 사용해야 한다.
⑤ 특이체질, 생리 또는 출산 전후이거나 질환이 있는 사람 등은 사용을 피해야 한다.

10. 다음 〈보기〉는 용기에 대한 설명이다. ㉠, ㉡에 들어갈 용어를 순서대로 고르시오.

보기

- (㉠) : 일상의 취급 또는 보통 보존상태에서 액상 또는 고형의 이물 또는 수분이 침입하지 않고 내용물을 손실, 풍화, 조해 또는 증발로부터 보호할 수 있는 용기.

- (㉡) : 일상의 취급 또는 보통 보존상태에서 외부로부터 고형의 이물이 들어가는 것을 방지하고 고형의 내용물이 손실되지 않도록 보호할 수 있는 용기.

	㉠	㉡
①	밀폐용기	기밀용기
②	기밀용기	밀폐용기
③	기밀용기	밀봉용기
④	밀봉용기	기밀용기
⑤	밀봉용기	밀폐용기

11. 다음 〈보기〉는 눈화장용 제품의 품질성적서이다. 품질성적서에 대한 설명으로 옳은 것을 고르시오.

보기

품질성적서	
시험항목	시험결과
디옥산	90㎍/g
카드뮴	10㎍/g
니켈	30㎍/g
안티몬	5㎍/g
포름알데하이드	500㎍/g

① 디옥산 함량은 비의도적으로 유래된 물질의 검출허용한도를 초과하였다.
② 카드뮴 함량은 비의도적으로 유래된 물질의 검출허용한도를 초과하지 않았다.
③ 니켈 함량은 비의도적으로 유래된 물질의 검출허용한도를 초과하였다.
④ 안티몬 함량은 비의도적으로 유래된 물질의 검출허용한도를 초과하지 않았다.
⑤ 포름알데하이드는 비의도적으로 유래된 물질의 검출허용한도를 초과하지 않았다.

맞춤형화장품 조제관리사

12. 다음 중 기능성화장품의 사용 목적과 처방으로 옳은 것을 고르시오.

① 미백 - 레티닐팔미테이트 5000IU/g
② 홍반감소 - 아스코빌글루코사이드 1.0%
③ 주름 개선 - 알부틴 3%
④ 자외선 차단 - 에칠헥실살리실레이트 5%
⑤ 여드름성 피부 개선 - 치오글리콜산 80%

13. 다음은 맞춤형화장품조제관리사A와 손님B씨의 〈대화〉이다. 〈대화〉를 보고 맞춤형화장품 조제관리사A씨가 혼합·소분할 수 있는 화장품 유형이 아닌 것을 고르시오.

> **대화**
> B : 저번에 추천해주신 제품이 너무 좋았습니다.
> A : 그럼 저번 제품과 동일 된 제품으로 드릴까요?
> B : 아니요. 이번에는 동일 성분으로 (　　)를 조제해 주세요. 그리고 주변
> 　　친구들과 함께 나눌 수 있도록 10mL씩 10개로 나눠서 담아주세요.

① 손소독제　　　　② 흑채　　　　③ 외음부세정제
④ 제모왁스　　　　⑤ 클렌징 폼

14. 다음 중 <보기>에서 지용성 성질이 강한 성분을 모두 고르시오.

> **보기**
> ㉠ 토코페롤　　　㉡ 글리세린　　　㉢ 아스코빅애씨드
> ㉣ 시트릭애씨드　㉤ 스테아릭애씨드　㉥ 세틸알코올

① ㉠, ㉢, ㉤　　② ㉠, ㉣, ㉥　　③ ㉠, ㉤, ㉥
④ ㉡, ㉤, ㉥　　⑤ ㉡, ㉢, ㉣, ㉥

15. 다음 중 <보기>에서 염모제로 사용되지 않는 성분을 모두 고르시오.

> **보기**
> ㉠ 과산화수소수　　㉡ 브롬산나트륨　　㉢ 퀴닌
> ㉣ 니트로-p-페닐렌디아민　㉤ 2-메칠레조시놀

① ㉠, ㉢　　② ㉠, ㉤　　③ ㉡, ㉢
④ ㉡, ㉣　　⑤ ㉡, ㉤

맞춤형화장품 조제관리사

16. 다음 중 〈보기〉는 A화장품의 주의사항에 대한 설명이다. 〈보기〉의 주의사항이 기재되어야 하는 A화장품으로 옳은 것을 고르시오.

> **보기**
> 1. 일부 시험 사용하여 피부 이상반응을 확인할 것.
> 2. 햇빛에 대한 피부의 감수성을 증가시킬 수 있으므로 자외선 차단제를 함께 사용 할 것.
> 3. 고농도가 AHA 성분이 들어 있어 부작용이 발생할 우려가 있으므로 전문의 등에게 상담할 것

① 말릭애씨드 15% 함유된 바디클렌저(산도 3.2)
② 락틱애씨드 10% 함유된 에센스(산도 3.5)
③ 시트릭애씨드 0.1% 함유된 영양크림(산도 3.0)
④ 글라이콜릭애씨드 7% 함유된 바디미스트(산도 4.5)
⑤ 살리실릭애씨드 10% 함유된 클렌징로션(산도 3.0)

17. 다음 중 해당 물질을 제조 시 부산물로 디옥산이 검출될 수 있는 것으로 옳은 것을 고르시오.

① 폴리소르베이트
② 폴리비닐알코올
③ 폴리아크릴아마이드
④ 폴리아크릴릭애씨드
⑤ 폴리에틸렌글리콜

18. 다음 중 화장품에 '함량'을 기재·표시해야 하는 경우가 아닌 것을 고르시오.

① 성분명을 제품 명칭의 일부로 사용한 경우 그 성분명과 함량
② 기능성화장품의 경우 심사받거나 보고한 효능·효과를 나타나게 하려는 원료의 함량
③ 인체 세포·조직 배양액이 들어있는 경우 그 함량
④ 화장품에 천연 또는 유기농으로 표시·광고하려는 경우에는 원료의 함량
⑤ 어린이가 사용할 수 있는 제품류에 사용기준이 지정·고시된 원료 중 보존제의 함량

19. 다음 화장품 기재 주의사항에 대할 설명으로 옳지 않은 것을 고르시오.

① 고압가스를 사용하는 에어로졸 제품은 20cm이상 떨어져서 사용해야 한다.
② 털을 제거한 직후에는 체취방지용 제품을 사용하면 안된다.
③ 고압가스를 사용하는 에어로졸 제품은 같은 부위에 3초 이상 연속하여 사용하면 안된다.
④ 외음부 세정제는 임신 중에 사용하면 않되며, 분만 직후의 외음부 주의에도 사용하면 안된다.
⑤ 요소제제의 핸드크림 및 풋크림은 눈, 코 또는 입 등에 닿지 않도록 주의하여 사용해야 한다.

20. 다음 중 「화장품 안정성시험 가이드라인」에 따라 <보기>에서 설명하는 가혹시험의 종류로 옳은 것을 고르시오.

> **보기**
> 본 시험에서 진동 시험(vibration testing)은 분말 또는 과립 제품의 혼합상태가 깨지거나 분리 발생 여부를 판단하기 위해 수행한다. 충격시험, 진동시험을 통한 분말 제품 특성상 필요한 시험을 말한다. 운반 과정에서 화장품 또는 포장이 손상될 가능성을 조사하는 데 사용되기도 한다.

① 낙하시험 ② 용기 적합성 시험 ③ 광안정성 시험
④ 기계·물리적 시험 ⑤ 동결-해동 시험

21. 맞춤형화장품의 내용물 및 원료에 대한 품질검사결과를 확인해 볼 수 있는 서류로 옳은 것을 고르시오.

① 제조공정도 ② 품질성적서 ③ 품질규격서
④ 포장지시서 ⑤ 칭량지시서

맞춤형화장품 조제관리사

22. 맞춤형화장품 매장에 근무하는 조제관리사에게 향료 알레르기가 있는 고객이 제품에 대해 문의를 해왔다. 조제관리사가 제품에 부착된 〈보기〉의 설명서를 참조하여 고객에게 안내 해야 할 말로 가장 적절한 것을 고르시오.

> **보기**
>
> 가. 제품명 : 유기농 모이스춰로션
> 나. 제품의 유형 : 액상 에멀전류
> 다. 내용량 : 50g
> 라. 전성분 : 정제수, 1,3부틸렌글리콜, 글리세린, 스쿠알렌, 호호바유, 모노스테아린산글리세린, 피이지 소르비탄지방산에스터, 1,2헥산디올, 녹차추출물, 황금추출물, 참나무이끼추출물, 토코페롤, 잔탄검, 구연산나트륨, 수산화칼륨, 벤질알코올, 유제놀, 리모넨

① 이 제품은 유기농 화장품으로 알레르기 반응을 일으키지 않습니다.
② 이 제품은 알레르기는 면역성이 있어 반복해서 사용하면 완화될 수 있습니다.
③ 이 제품은 조제관리사가 조제한 제품이어서 알레르기 반응을 일으키지 않습니다.
④ 이 제품은 알레르기 완화 물질이 첨가되어 있어 알레르기 체질 개선에 효과가 있습니다.
⑤ 이 제품은 알레르기를 유발할 수 있는 성분이 포함되어 있어 사용 시 주의를 요합니다.

23. 원료 품질 검사성적서 인정기준으로 옳지 않은 것을 고르시오.

① 원료업체의 원료에 대한 공인검사기관 성적서
② 식품의약품안전처의 심사평가서
③ 제조업체의 원료에 대한 자가품질검사 또는 공인검사기관 성적서
④ 제조판매업체의 원료에 대한 자가품질검사 또는 공인검사기관 성적서
⑤ 원료업체의 원료에 대한 자가품질검사 시험성적서 중 대한화장품협회 원료공급자의 검사결과 신고기준 자율규약 기준에 적합한 것

24. 화장품법 제16조에서 규정하는 판매하거나 판매할 목적으로 보관 또는 진열하면 안되는 화장품에 대한 설명으로 옳지 않은 것을 고르시오.

① 맞춤형화장품 조제관리사를 두지 아니하고 판매한 맞춤형화장품
② 화장품의 포장 및 기재·표시 사항을 훼손 또는 위조·변조한 것
③ 화장품 기재사항 등을 위반하는 화장품 또는 의약품으로 잘못 인식할 우려가 있게 기재·표시된 화장품
④ 등록을 하지 아니한 자가 제조한 화장품 또는 제조, 수입하여 유통 판매한 화장품
⑤ 맞춤형화장품 조제관리사가 화장품의 용기에 담은 내용물을 나누어서 판매하는 경우

25. 다음 〈보기〉는 맞춤형화장품판매업소 방문 고객 A와 맞춤형화장품조제관리사 B의 대화이다. 대화 속 괄호안에 들어갈 용어로 적절한 것을 고르시오.

보기

A : 요즘 겨울철이라 얼굴이 너무 건조하네요. 제 피부를 보시고 맞춤형화장품을 조제하고 싶어요.
B : 네. 고객님. 피부 측정을 도와드리겠습니다.

(피부 측정 후)

B : 피부 측정결과 고객님의 피부는 평균 성인 남성에 비해 경피수분손실량이 30%정도 더 많습니다. 피부 유분도 평균에 비해 80% 이상 부족합니다. 장벽대체재 첨가가 시급해 보입니다.
A : 장벽대체재가 무엇인가요?
B : 각질층 내의 각질세포 간 지질 성분입니다. 우리 피부의 지질성분이므로 피부에 발랐을 때 보습도 잘 되면 피부에도 흡수가 잘 됩니다.
A : 저에게 맞는 성분을 추천해주세요. 제조를 부탁드립니다.
B : 알겠습니다. 보습 성분이 듬뿍 들어간 내용물에 (   )을/를 혼합하여 드릴게요. (   )은/는 장벽대체제이면서 비타민 D를 생성하는 전구물질로 작용하므로 고객님의 피부 건강에도 도움이 될 것입니다.
A : 감사합니다.

① 알부틴
② 콜레스테롤
③ 지방산
④ 부틸렌글라이콜
⑤ 스쿠알렌

26. 다음 중 화장품에 사용되는 성분의 종류 및 사용 목적에 대한 설명으로 옳지 않은 것을 고르시오.

① 보습제 중 습윤제는 죽은 각질세포 내 케라틴 및 NMF와 유사한 수분과 결합하는 능력을 갖춘 성분을 보습제 성분으로 처방하여 피부에 수분을 증가시키는 역할을 한다.
② pH 조절제는 감도 조절제의 중화 과정 및 최종 제품의 pH를 조절하는 데 사용되며 대표적인 중화제로는 트라이에탄올아민, 시트릭애씨드, 알지닌, 소듐하이드록사이드 등이 있다.
③ 무기안료 중 체질안료는 색상에는 영향을 주지 않으며 착색안료의 희석제로서 색조를 조정하고 제품의 전연성, 부착성 등 사용 감촉을 개선하며 제품의 제형화 역할을 한다.
④ 지용성 비타민 중 하나인 비타민 A는 레티노이드로 알려진 지용성 물질 군으로 상호 전환되는 레티놀, 레틴알데하이드, 레티노익애씨드의 세가지 형태가 있으며 가역적인 레티노익애씨드 전환 과정을 거친다.
⑤ 계면활성제란 한 분자 내에 극성과 비극성을 동시에 갖는 양친매성 물질로서, 친수성기의 이온 해리 성질에 따라 음이온 계면활성제, 양이온 계면활성제, 비이온 계면활성제, 양쪽성 계면활성제로 분류된다.

27. 다음 중 「화장품 위해평가 가이드라인」에 따라 위해평가가 필요한 경우로 옳지 않은 것을 고르시오.

① 위험에 대한 충분한 정보가 부족하여 안전을 근거로 위해판별을 하려는 경우
② 해당 성분이 인체의 위해에 대한 유의한 증거가 없음을 검증하려는 경우
③ 새로운 살균보존성분의 사용으로 인하여 해당 성분에 대한 사용한도를 설정하는 경우
④ 연구원이 새롭게 만든 성분에 대한 위해성에 근거하여 사용금지를 설정하는 경우
⑤ 현재 사용되는 보존제의 사용한도의 기준이 적절한지 평가하는 경우

제 3과목 | 유통화장품 안전관리

28. 다음 중 <보기>는 「우수화장품 제조 및 품질관리기준(CGMP)」 제15조에 따라 A화장품제조업체에서 작성한 제조관리기준서 중 일부 내용이다. <보기>에서 설명하는 제조관리기준서의 항목으로 가장 적절한 것을 고르시오.

> **보기**
>
> 품명, 규격, 수량 및 포장의 훼손 여부에 대한 확인은 당사 제조부서의 총책임자가 시행하며 훼손 시 3일 이내에 반품 처리하는 것을 원칙으로 한다.
> 재고는 다음과 같이 관리한다. 그리고 칭량 된 용기에는 다음과 같이 표시한다.
>
> (이하 생략)

① 제조과정관리에 관한 사항 ② 완제품 관리에 관한 사항
③ 원자재 관리에 관한 사항 ④ 위탁 제조에 관한 사항
⑤ 시설 및 기구관리에 관한 사항

29. 다음 중 「우수화장품 제조 및 품질관리기준(CGMP)」 제2조에 따라 <보기>의 빈칸에 들어 갈 공통된 용어로 옳은 것을 고르시오.

> **보기**
>
> ■ 품질보증이란 제품이 (　　)에 충족될 것이라는 신뢰를 제공하는데 필수적인 모든 계획과 체계적인 활동을 말한다.
>
> ■ 불만이란 제품이 규정된 (　　)을/를 충족시키지 못한다고 주장하는 외부 정보를 말한다.
>
> ■ 공정관리란 제조공정 중 (　　)의 충족을 보증하기 위하여 공정을 모니터링하거나 조정하는 모든 작업을 말한다.

① 적합판정기준 ② 청소 ③ 교정
④ 재작업 ⑤ 감사

맞춤형화장품 조제관리사

30. 다음 중 「우수화장품 제조 및 품질관리기준(CGMP)해설서」에 따른 작업장의 방충 대책의 예로 옳지 않은 것을 고르시오.

① 벌레가 외부에서 들어오는 것을 원천 차단하기 위하여 창문을 열수 없게 설계한다.
② 공기순환을 위해 실내압을 외부보다 낮게 한다.
③ 창문은 차광하고 야간에도 빛이 밖으로 나가지 않도록 완전 차단한다.
④ 파이프에 틈이나 구멍이 없어야 한다.
⑤ 문 하부에 스커트를 설치하고 골판지, 나무 부스러기를 방치하면 안된다.

31. <보기>는 「우수화장품 제조 및 품질관리기준(CGMP)해설서」에 명시된 공기조절의 방식에 관한 설명이다. (   )안에 들어갈 말로 옳은 것을 순서대로 고르시오.

> **보기**
>
> 여름과 겨울의 온도차가 크고, 외부 환경이 제품과 작업자에게 영향을 미친다면 온·습도를 일정하게 유지하는 에어컨 기능을 갖춘 공기 조절기를 설치한다.
> 공기의 온·습도, 공중미립자, 풍량, 풍향, 기류를 일련의 덕트를 사용해서 제어하는 (㉠)이 가장 화장품에 적합한 공기 조절이다. 흡기구와 배기구를 천장이나 벽에 설치하고 굵은 덕트로 온·습도를 관리한 공기를 순환 또는 외기를 흐르게 한다. 이 방법은 많은 설비 투자와 유지비용을 수반한다. 한편 환기만 하는 방식과 (㉠)을 겹친 (㉡)은 비용적으로 바람직한 방식이다. 그러나 기류를 제어하는 것은 어려우므로 (㉠)보다 공기류의 관리 성능은 떨어지지만, 화장품 제조에는 적합한 공기 조절 방식이라고 할 수 있다.

	㉠	㉡
①	에어컨 방식	송풍기
②	송풍기	냉매방식
③	공기냉각기	센트럴 방식
④	센트럴 방식	팬 코일+에어컨 방식
⑤	팬 코일+에어컨 방식	송풍기

32. 다음 중 「우수화장품 제조 및 품질관리기준(CGMP) 해설서」에 명시된 작업장의 청정도 등급 및 관리기준에 따라 적절하게 관리되고 있는 시설을 〈보기〉에서 모두 고르시오.

> **보기**
> ㉠ 1시간에 40회 정도로 공기 순환을 하며 에어 필터로서 Med-filter만 갖추고 있는 Clean Bench
> ㉡ 차압관리를 하며 에어 필터 없이 온도조절 만으로 관리되는 2차 포장실
> ㉢ 1시간 15회 정도로 공기 순환을 하고 Pre-Filter, Med-Filter, HEPA-Filter를 갖춘 제조실
> ㉣ 낙하균이 1시간에 20마리이며 작업복, 작업모, 작업화를 입고 작업하는 내용물 보관소
> ㉤ 1시간에 21회 공기 순환을 하며 부유균이 75마리가 떠다니는 3.3㎡의 Clean Bench
> ㉥ 부유균이 8800마리가 떠다니고 Pre-Filter, Med-Filter만을 갖춘 55㎡의 제조실

① ㉠, ㉡, ㉢
② ㉠, ㉢, ㉣
③ ㉡, ㉢, ㉥
④ ㉡, ㉣, ㉤
⑤ ㉢, ㉣, ㉥

맞춤형화장품 조제관리사

33. 다음 〈보기〉는 식품의약품안전처고시 「화장품 안전기준 등에 관한 규정」 유통화장품 안전관리 시험방법(제8조 관련)에 따른 치오글라이콜릭애씨드 또는 그 염류를 주성분으로 하는 냉2욕식 퍼머넌트웨이브용 제품 제1제 시험방법에 관한 설명이다. ㉠, ㉡에 들어갈 지시약을 순서대로 고르시오.

> **보기**
>
> 가. 제1제 시험방법
> ① pH : 검체를 가지고 기능성화장품 기준 및 시험방법(식품의약품안전처 고시) Ⅵ. 일반시험법 Ⅵ-1. 원료의 "47. pH측정법"에 따라 시험한다.
> ② 알칼리 : 검체 10mL를 정확하게 취하여 100mL 용량플라스크에 넣고 물을 넣어 100mL로 하여 검액으로 한다. 이 액 20mL를 정확하게 취하여 250mL 삼각플라스크에 넣고 0.1N염산으로 적정한다 (지시약 : (㉠) 2방울).
> ③ 산성에서 끓인 후의 환원성 물질(치오글라이콜릭애씨드) : ② 항의 검액 20mL를 취하여 삼각플라스크에 물 50mL 및 30% 황산 5mL를 넣어 5분간 가열하여 끓인다. 식힌 다음 0.1N 요오드액으로 적정한다.
> (지시약 :(㉡) 3mL) 이때의 소비량을 AmL로 한다.
>
> (이하 생략)

	㉠	㉡
①	메칠레드시액	과산화수소시액
②	과산화수소시액	전분시액
③	메칠레드시액	전분시액
④	요오드화칼륨시액	과산화수소시액
⑤	요오드화칼륨시액	전분시액

34.

다음 〈보기〉는 식품의약품안전처고시 「화장품 안전기준 등에 관한 규정」 유통화장품 안전관리 시험방법에 따른 세균 및 진균수 시험방법에 대한 내용이다. 〈보기〉의 ㉠ ~ ㉣에 들어갈 용어를 순서대로 고르시오.

보기

(1) 세균수 시험
   가. 한천평판도말법 : 직경 9~10cm페트리 접시내에 미리 굳힌 세균시험용 배지 표면에 전처리 검액 0.1mL이상 도말한다.
   나. 한천평판희석법 : 검액 1mL를 같은 크기의 페트리접시 내에 넣고 그 위에 멸균 후 45℃로 식힌 15mL의 세균시험용 배지를 넣어 잘 혼합한다.
   검체당 최소 2개의 평판을 준비하고 (㉠)℃에서 적어도 (㉡)시간 배양하는데 이때 최대 균집락수를 갖는 평판을 사용하되 평판당 300개 이하의 균집락을 최대치로 하여 총 세균수를 측정한다.

(2) 진균수 시험
   (1)세균수 시험에 따라 시험을 실시하되 배지는 진균수시험용 배지를 사용하여 배양온도 (㉢)℃에서 적어도 (㉣)일간 배양한 후 100개 이하의 균집락이 나타나는 평판을 세어 총 진균수를 측정한다.

	㉠	㉡	㉢	㉣
①	20~25	36	20~25	5
②	20~25	36	30~35	5
③	30~35	48	20~25	5
④	30~35	48	30~35	7
⑤	25~35	48	20~25	7

맞춤형화장품 조제관리사

35. 다음 <보기>는 「우수화장품 제조 및 품질관리기준(CGMP) 해설서」에 따라 세제를 이용한 설비의 세척을 권장하지 않는 이유를 설명한 내용이다. <보기>에서 옳은 것을 모두 고르시오.

> **보기**
> ㉠ 세제가 잔존하지 않는 것을 설명하기 위해 고도의 화학 분석이 필요하다.
> ㉡ 세제는 설비 내벽에 남기 쉬우므로 철저하게 닦아내야 한다.
> ㉢ 잔존한 세척제는 제품에 악영향을 미칠 수 있으므로 확인 후 제거해야 한다.
> ㉣ 세제는 물로 설비를 세척하는 것 보다 경제성이 떨어지므로 권장하지 않는다.
> ㉤ 세제를 사용하여 부품 분해 후 세척 시 미생물의 번식을 야기할 수 있다.

① ㉠, ㉡, ㉢ ② ㉠, ㉡, ㉣ ③ ㉠, ㉢, ㉤
④ ㉠, ㉣, ㉤ ⑤ ㉡, ㉢, ㉣

36. 다음 중 「맞춤형화장품조제관리사 교수 학습가이드」에 명시된 작업자 위생관리를 위한 복장 청결 상태 판단에 대한 설명으로 옳지 않은 것을 고르시오.

① 작업복은 작업 시 섬유질의 발생이 적고 먼지의 부착성이 적어야 하며, 세탁이 편리해야 한다.
② 작업복 착용 시 내의가 노출되지 않아야 하고 단추가 있는 내의나 모털이 서있는 내의는 착용하지 않아야 하며 작업복의 청결상태는 매일 작업 전 생산부서 관리자가 확인한다.
③ 제조실 근무자는 등산화 형식의 안전화 및 신발 바닥이 우레탄 코팅이 되어 있는 것을 사용하며 작업실 상주자의 경우 제조소 이외의 구역으로 외출, 이동 시 탈의실에서 작업복을 탈의 후 외출한다.
④ 청정도 2급 작업실의 작업자는 위생 모자를 쓴 후 반드시 방진복을 착용하고 작업장에 입실하여야 하며 임시 작업자 및 외부 방문객이 작업실로 입실하려는 경우에는 탈의실에서 해당 작업복을 착용 후 입실하여야 한다.
⑤ 품질관리를 위해 시험실에 출입하는 자의 경우 에어샤워실에 들어가 양팔을 들고 천천히 몸을 1~2회 회전시켜 청정한 공기로 에어샤워를 하여야 하며 흰색가운을 착용하여 작업한다.

37. 다음 〈보기〉는 작업장 내 직원의 위생 유지를 위한 손 세제의 종류에 대한 설명이다. 〈보기〉에서 손 세제에 대한 설명으로 옳지 않은 것을 모두 고르시오.

> **보기**
> ㉠ 핸드워시(Hand wash)는 손에 묻은 오염을 제거하는 세정 효과가 강하며 '화장품'으로 분류된다. 고체비누, 액체 비누는 인체 세정용 제품류에 속한다.
> ㉡ 손바닥에는 피지선이 있어 일상생활에서 미생물의 온상이 될 수 있으므로 손에 대한 청결을 유지하는 것은 작업자의 위생 유지를 위한 중요한 일이다.
> ㉢ 핸드새니타이저(Hand sanitizer)는 주로 에탄올이 함유되어 있으며 손에 묻은 오염 제거와 세균, 바이러스 제거에 큰 효과가 있다.
> ㉣ 손을 대상으로 하는 세정제품에는 고형 및 액상 타입의 비누와 같은 핸드워시(Hand wash), 물을 사용하지 않고 세정감을 주는 핸드새니타이저(Hand sanitizer)로 구성된다.
> ㉤ 핸드새니타이저(Hand sanitizer)의 에탄올 농도는 높을수록 바이러스 등에 대한 소독력이 높아지나 피부에 대한 자극도도 높아지기 때문에 30 ~ 40%의 농도가 적정하다.

① ㉠, ㉡, ㉢
② ㉠, ㉢, ㉣
③ ㉠, ㉣, ㉤
④ ㉡, ㉢, ㉤
⑤ ㉢, ㉣, ㉤

38. 다음 중 식품의약품안전처고시 「화장품 안전기준 등에 관한 규정」에 따라 비의도적 유래된 물질의 검출 허용 한도를 위반한 것을 고르시오.

① 니켈 32㎍/g 함유한 아이섀도와 메탄올 0.1㎍/g 함유한 크림제를 섞는 제품
② 비소 5㎍/g 함유한 크림제A와 비소 30㎍/g 함유한 크림제B를 반반씩 섞은 제품
③ 납 35㎍/g 함유한 점토를 원료로 사용한 파우더 제품
④ 카드뮴 2㎍/g 함유한 메이크업 베이스 제품
⑤ 포름알데하이드 1900㎍/g 함유한 액제와 포름알데하이드 18㎍/g을 함유한 물휴지를 섞은 제품

39. 다음 중「우수화장품 제조 및 품질관리기준(CGMP)」제2조 용어에 대한 정의이다. 용어에 대한 정의로 옳지 않은 것을 고르시오.

① 일탈 : 규정된 합격 판정 기준에 일치하지 않는 검사, 측정 또는 시험결과를 말한다.
② 출하 : 주문 준비와 관련된 일련의 작업과 운송 수단에 적재하는 활동으로 제조소 외로 제품을 운반하는 것을 말한다.
③ 공정관리 : 제조공정 중 적합판정기준의 충족을 보증하기 위하여 공정을 모니터링하거나 조정하는 모든 작업을 말한다.
④ 제조 : 원료 물질의 칭량부터, 혼합, 충전(1차포장), 2차포장 및 표시 등의 일련의 작업을 말한다.
⑤ 회수 : 판매한 제품 가운데 품질 결함이나 안전성 문제 등으로 나타난 제조번호의 제품(필요 시 여타 제조번호 포함)을 제조소로 거두어들이는 활동을 말한다.

40. 다음은 시스테인, 스세테인염류 또는 아세틸시스테인을 주성분으로 하는 가온2욕식 1제 퍼머넌트 웨이브용 제품에 대한 설명이다. 옳지 않은 내용을 고르시오.

① pH : 4.0 ~ 9.5
② 알칼리 : 0.1N염산의 소비량은 검체 1mL에 대하여 9mL이하
③ 시스테인 : 3.5 ~ 6.5%
④ 환원후의 환원성물질(시스틴) : 0.65%
⑤ 중금속 20㎍/g 이하

41. 다음 〈보기〉는 식품의약품안전처고시 「기능성화장품 심사에 관한 규정」에 따른 인체첩포시험에 대한 설명이다. 〈보기〉에서 인체첩포시험에 대한 설명으로 옳은 것을 모두 고르시오.

> **보기**
> ㉠ 시험대상은 20명 이상으로 한다.
> ㉡ 피부과 전문의 또는 연구소 및 병원, 기타 관련기관에서 5년 이상 해당시험 경력을 가진자의 지도하에 수행되어야 한다.
> ㉢ 사람의 상등부 또는 수완부 등에 인체첩포시험을 실시한다.
> ㉣ 인체사용시험을 평가하기에 적정한 부위를 폐쇄첩포한다.
> ㉤ 원칙적으로 첩포 48시간후에 패치를 제거하고 제거에 의한 일과성의 홍반의 소실을 기다려 관찰한다.

① ㉠, ㉢ ② ㉠, ㉣ ③ ㉡, ㉢
④ ㉡, ㉣ ⑤ ㉡, ㉤

맞춤형화장품 조제관리사

42. 다음 중 「맞춤형화장품조제관리사 교수 학습가이드」에 명시된 제조 설비·기구 세척 및 소독 관리 표준서에 따라 적절한 설명으로 옳은 것을 〈보기〉에서 모두 고르시오.

보기

㉠ 세척 및 소독 점검 시 점검 책임자는 육안으로 세척 상태를 점검하고, 그 결과를 점검표에 기록하며 품질 관리 담당자는 매 분기별로 세척 및 소독 후 마지막 헹굼수를 채취하여 미생물 유무 시험을 실시한다.

㉡ 카트리지 필터 소독 시 70% 에탄올에 10분간 침적 후 꺼내어 필터를 통과한 깨끗한 공기로 건조하거나 UV로 처리한 수건 혹은 부직포를 이용하여 닦아 낸다. 그 후 설비는 다시 조립하고 2차 오염이 발생하지 않도록 커버를 씌워 보관한다. 이때 커버는 통풍을 위해 비닐 대신 부직포를 사용한다.

㉢ 호모게나이저, 믹서, 펌프, 필터, 카트리지 필터 세척 시 세척제가 잔류하지 않을 때까지 20℃의 상수로 세척 후 스펀지와 세척제를 이용하여 닦아 낸 다음 정제수를 이용하여 헹구고 건조시켜 보관한다.

㉣ 믹서와 제조 탱크 및 저장탱크는 장비 매뉴얼에 따라 분해하여 세척하며 반응할 수 있는 제품의 경우 표면을 활성으로 만들기 위해 표면 부동태(passivation)를 추천한다.

㉤ 일반적인 제조탱크는 소독 시 세척되지 않은 상태로 탱크 내부 표면 전체에 70% 에탄올이 접촉되도록 고르게 스프레이한 후 뚜껑을 열고 30분간 정체해두며 소독작업이 끝나면 세척 작업을 진행한다.

㉥ 일반적인 저장탱크는 세척 시 세제로 일반 주방 세제(0.5%)를 사용하며, 소독 시 소독액으로 70% 에탄올을 사용한다.

① ㉠, ㉡ ② ㉠, ㉢ ③ ㉠, ㉣
④ ㉠, ㉤ ⑤ ㉠, ㉥

43. 다음은 「맞춤형화장품조제관리사 교수 학습가이드」에 따른 세척 후 판정 방법 중 표면균 측정법을 ① ~ ⑤ 순서대로 설명한 내용이다. 다음 중 설명한 내용으로 옳지 않은 것을 고르시오.

<u>면봉 시험법의 진행 순서</u>
① 포일로 싼 면봉과 멸균액을 121℃의 고압 멸균기에 20분간 멸균시킨 후 검증하고자 하는 설비를 선택한다.
② 면봉을 보통 24~30㎠ 정도의 면적 표면을 문지른다.
③ 검체 채취 후 검체가 묻어 있는 면봉을 적절한 희석액(멸균된 생리 식염수 또는 완충 용액)에 담가 채취된 미생물을 희석시킨다.
④ 미생물이 메틸렌 블루 용액으로 희석된 희석액 1mL를 취해 한천 평판 배지에 도말하거나 배지를 부어 미생물 배양 조건에 맞춰 배양한다.
⑤ 배양 후 검출된 집락 수를 세어 희석 배율을 곱게 면봉 1개당 검출되는 미생물 수를 계산한다.

44. 화장품 작업장 내 직원의 위생에 대한 설명으로 옳지 않은 것을 고르시오.

① 작업소 및 보관소 내의 모든 직원을 화장품의 오염을 방지하기 위해 규정된 작업복을 착용해야 하고 음식물 등을 반입해서는 아니 된다.
② 적절한 위생관리기준 및 절차를 마련하고 제조소 내의 모든 직원이 위생관리 기준 및 절차를 준수할 수 있도록 신규직원에 대해 교육 훈련을 해야 하며, 기존직원의 경우 예외로 한다.
③ 적절한 위생관리 기준 및 절차를 마련하고 제조소 내의 모든 직원은 이를 준수해야 한다.
④ 방문객 또는 안전위생의 교육훈련을 받지 않은 직원이 화장품 제조, 관리, 보관을 실시하고 있는 구역으로 출입하는 일은 피해야 한다.
⑤ 피부에 외상이 있거나 질병에 걸린 직원은 건강이 양호해지거나 화장품의 품질에 영향을 주지 않는다는 의사의 소견이 있기 전까지는 화장품과 직접적으로 접촉되지 않도록 격리되어야 한다.

맞춤형화장품 조제관리사

45. 다음 <보기>에서 설명하는 분쇄기로 옳은 것을 고르시오.

> **보기**
> 단열팽창효과를 이용하여 수 기압 이상의 압축공기 또는 고압증기 및 고압가스를 생성시켜 입자끼리 충돌시켜 분쇄하는 방식의 분쇄기 이다.

① 헨셀믹서　　② 아지믹서　　③ 비드밀
④ 아토마이저　⑤ 제트밀

46. 제조설비와 기구 등의 관리 및 폐기에 대한 설명으로 옳지 않은 것을 고르시오.

① 제조설비는 주기적으로 점검하고 그 기록을 보관하여야 하며, 수리내역 및 부품 등의 교체이력을 설비이력대장에 기록한다.
② 설비점검 시 누유·누수·밸브 미작동 등이 발견되면 설비사용을 금지시키고 '점검 중' 표시를 한다.
③ 정밀점검 후 수리가 불가능한 경우에는 폐기하고, 폐기 전까지 '폐기예정' 표시를 하여 설비가 사용되는 것을 방지한다.
④ 오염된 기구나 일부가 파손된 기구는 폐기한다.
⑤ 플라스틱 재질의 기구는 주기적으로 교체하는 것을 권장한다.

47. 화학적 소독제 중 효소계 저해에 의한 세포 기능 장해를 발생하는 소독제로만 구성된 것을 고르시오.

① 양성비누, 붕산, 머큐로크로뮴
② 알코올, 페놀, 알데하이드, 아이소프로판올, 포르말린
③ 할로겐화합물, 과산화수소, 과망간산칼륨, 아이오딘, 오존
④ 옥시사이안화수소
⑤ 계면활성제, 클로르헥사이딘

48. 내용물 및 원료의 입고기준에 대한 설명으로 옳지 않은 것을 고르시오.

① 제조업자는 원자재 공급자에 대한 관리감독을 적절히 수행하여 입고관리가 철저히 이루어 지도록 하여야 한다.
② 원자재의 입고 시 구매 요구서, 원자재 공급업체 성적서 및 현품이 서로 일치하지 않아도 된다.
③ 입고된 원자재는 "적합", "부적합", "검사 중" 등으로 상태를 표기하여야 한다. 다만, 동일 수준의 보증이 가능한 다른 시스템이 있다면 대체할 수 있다.
④ 원자재 용기에 제조번호가 없는 경우에는 관리번호를 부여하여 보관하여야 한다.
⑤ 원자재 입고절차 중 육안확인 시 물품에 결함이 있는 경우 입고를 보류하고 격리 보관 및 폐기하거나 원자재 공급업자에게 반송하여야 한다.

49. 다음 중 단백질 응고 또는 변경에 의한 세포기능 장해를 일으키는 세정제가 아닌 것을 고르시오.

① 클로르헥사이딘　　② 아이소프로판올　　③ 포르말린
④ 알데하이드　　⑤ 알코올

50. 화학제 세척제 중 중성 세척제에 대한 설명으로 옳은 것을 고르시오.

① 독성, 환경 및 취급문제가 있다.
② 금속 산화물 제거에 효과적이다.
③ 독성이 낮고 부식성이 있다.
④ 알칼리는 비누화, 가수분해를 촉진한다.
⑤ 오염물의 가수분해 시 효과가 좋다.

맞춤형화장품 조제관리사

51. 다음 〈보기〉는 「우수화장품 제조 및 품질관리기준(CGMP)」 제21조, 제22조에 관한 설명이다. 검체의 채취 및 보관, 폐기처리 또는 재작업에 대한 설명으로 옳은 것을 모두 고르시오.

> **보기**
>
> ㉠ 시험용 검체는 오염되거나 변질되지 아니하도록 채취하고, 채취한 후에는 원상태에 준하는 포장을 해야 하며, 검체가 채취되었음을 표시하여야 한다.
> ㉡ 시험용 검체의 용기에는 다음 사항을 기재 하여야 한다. ① 명칭 또는 확인코드, ② 제조번호, ③ 사용기한
> ㉢ 재작업은 그 대상이 다음 각 호를 모두 만족한 경우에 할 수 있다. ① 변질·변패 또는 병원미생물에 오염되지 아니한 경우. ② 제조일로부터 2년이 경과하지 않았거나 사용기한이 1년 이상 남아있는 경우
> ㉣ 원료와 포장재, 벌크제품과 완제품이 적합판정기준을 만족시키지 못 할 경우 "기준일탈 제품"으로 지칭한다. 기준일탈 제품이 발생했을 때는 미리 정한 절차를 따라 확실한 처리를 하고 실시한 내용을 모두 문서에 남긴다.
> ㉤ 품질에 문제가 있거나 회수·반품된 제품의 폐기 또는 재작업 여부는 화장품책임판매업자에 의해 승인되어야 한다.

① ㉠, ㉡
② ㉠, ㉣
③ ㉡, ㉢
④ ㉡, ㉢, ㉣
⑤ ㉢, ㉣, ㉤

52. 다음 <보기>는 화장품 안정성 시험의 경시변화시험에 관한 내용이다. 틀린 것을 모두 고르시오.

> **보기**
> ㉠ 경시변화시험은 시중에 유통할 제품과 동일한 처방, 제형 및 포장용기를 사용한다.
> ㉡ 가속시험은 일반적으로 장기보존시험의 지정저장온도보다 15℃ 이상 높은 온도에서 시험한 경시적 시험이다.
> ㉢ 경시변화시험 중 화학적 시험에는 비중, 융점, 경도, pH, 유화상태, 점도 등의 평가 항목이 있다.
> ㉣ 가혹시험은 시험개시 때와 첫 1년간은 3개월마다, 그 후 2년까지는 6개월마다, 2년 이후부터는 1년에 1회 시험결과를 측정한다.
> ㉤ 가속시험은 화장품의 운반, 보관, 진열 및 사용 과정에서 뜻하지 않게 일어나는 가능성 있는 가혹한 환경 조건에서 경시적인 품질변화를 검토하기 위해 시험을 수행한다.

① ㉠, ㉡, ㉢
② ㉠, ㉢, ㉣
③ ㉡, ㉢, ㉣
④ ㉡, ㉣, ㉤
⑤ ㉢, ㉣, ㉤

맞춤형화장품 조제관리사

제 4과목 | 맞춤형화장품의 이해

53. 다음은 맞춤형화장품조제관리사A와 손님B씨의 〈대화〉이다. 〈대화〉를 보고 맞춤형화장품조제관리사A씨가 혼합·소분할 수 있는 화장품 유형이 아닌 것을 고르시오.

대화

B : 저번에 추천해주신 제품이 너무 좋았습니다.
A : 그럼 저번 제품과 동일 된 제품으로 드릴까요?
B : 아니요. 이번에는 동일 성분으로 (   )를 조제해 주세요. 그리고 주변 친구들과 함께 나눌 수 있도록 10mL씩 10개로 나눠서 담아주세요

① 손소독제　　　　② 흑채　　　　③ 외음부세정제
④ 제모왁스　　　　⑤ 클렌징 폼

54. 식품의약품안전처고시 「인체적용제품의 위해성평가 등에 관한 규정」에 대한 설명이다. 옳지 않은 설명을 고르시오.

① 위해요소의 인체 내 독성 등 확인과 인체노출 안전기준 설정을 위하여 국제기구 및 신뢰성 있는 국내·외 위해성평가기관 등에서 평가한 결과를 준용하거나 인용할 수 있다.
② 인체노출 안전기준의 설정이 어려울 경우 위해요소의 인체 내 독성 등 확인과 인체의 위해요소 노출 정도만으로 위해성을 예측할 수 있다.
③ 어린이 및 임산부 등 민감집단 및 고위험집단을 대상으로 위해성평가를 실시할 수 없다.
④ 인체적용제품의 섭취, 사용 등에 따라 사망 등의 위해가 발생하였을 경우 위해요소의 인체 내 독성 등의 확인만으로 위해성을 예측할 수 있다.
⑤ 인체의 위해요소 노출 정도를 산출하기 위한 자료가 불충분하거나 없는 경우 활용 가능한 과학적 모델을 토대로 노출 정도를 산출할 수 있다.

55. 다음은 맞춤형화장품판매업으로 신고한 매장에서 일하는 맞춤형화장품조제관리사 A와 맞춤형화장품조제관리사 B가 대화하는 내용이다. 〈보기〉의 밑줄친 내용 중 옳은 것을 모두 고르시오.

> **보기**
>
> A : 셀아트 회사에서 새로운 에센스가 출시 되었는데 제품이 너무 좋았어요. 맞춤형화장품이랑 같이 팔면 매출에 더 도움일 될꺼 같은데... 같이 팔아요 될까요?
> B : 좋은 생각이에요. ㉠ 우리는 일반화장품을 판매하는 것도 가능해요.
> A : 어제 저희 매장에 오신 VIP고객님이 매장에서 판매하고 있는 코롱의 양이 너무 많아서 15ml로 소분해서 팔면 안되냐고 물으셨어요. 소분해서 판매해도 될까요?
> B : 안돼요. ㉡ 코롱은 우리가 소분해서 판매할 수가 없어요.
> A : 그럼 미생물에 오염을 방지하기 위해서 코롱에 벤질알코올을 추가해도 될까요?
> B : 안돼요. ㉢ 벤질알코올은 맞춤형화장품에는 사용할 수가 없어요.
> A : 그렇군요. 지난 달에 ㉣ 메틸살리실레이트를 5% 함유하는 액체 상태의 맞춤형화장품을 일반용기에 충전·포장하여 고객에게 판매했었어요. 그런데 오늘 재방문해서서 피부측정을 도와드렸더니 주름이 증가했어요. 그래서 ㉤ 화장품책임판매업자가 사전에 레티놀 원료를 포함하여 기능성화장품 심사를 받은 내용물을 기 심사 받은 조합·함량의 범위 내에서 혼합해서 조제했어요.

① ㉠, ㉡, ㉢
② ㉠, ㉢, ㉤
③ ㉡, ㉢, ㉣
④ ㉡, ㉣, ㉤
⑤ ㉠, ㉢, ㉣, ㉤

56. 다음 〈보기〉는 맞춤형화장품판매업소에서 고객A와 맞춤형화장품조제관리사 B의 대화이다. 다음 중 「맞춤형화장품조제관리사 교수·학습가이드」에 명시된 화장품의 효과에 따라 고객A의 질문에 대한 B의 대답으로 옳지 않은 것을 고르시오.

> **보기**
>
> A : 안녕하세요. 다양한 마스크팩을 구경하러 왔어요.
> B : 안녕하세요. 마스팩에는 다양한 종류가 있어요. 어떤 팩을 찾으세요?
> A : 마스크팩 종류에 대해서 알고 싶어요.
> B : 네. 마스크팩은 워시 타입, 필오프 타입, 석고팩 타입, 붙이는 마스트 타입 등 다양한 타입의 팩이 있습니다. 고객님의 피부 상태를 측정하여 고객님 피부타입에 맞춤형 팩을 조제해 드릴 수도 있어요.
> A : 와. 정말 좋네요. 팩은 피부에 어떤 효과가 있나요?
> B : (   )

① 팩의 흡착작용과 동시에 건조 박리 시 피부 표면의 오염을 제거하므로 우수한 청정 작용을 한다.
② 팩을 사용하면 피부에 보습을 촉진하고 오래된 각질 및 오염 물질을 제거할 수 있으며 피부에 긴장감을 부여할 수 있다.
③ 팩의 폐쇄효과에 의해 피하에서 올라오는 수분으로 보습이 유지됨에 따라 피부가 유연해진다.
④ 피막제나 분만의 건조과정에서 피부에 적당한 긴장감을 주고, 건조 후 일시적으로 피부 온도를 높여 혈행을 원활하게 한다.
⑤ 팩은 피부에 보습 및 유연효과를 부여함으로써 세정, 메이크업 리무버, 미백 화장품, 자외선 차단제의 기제로서 사용되고 있다.

57. 다음 중 「맞춤형화장품조제관리사 교수·학습가이드」에 따른 샴푸와 린스에 대한 설명으로 옳지 않은 것을 고르시오.

① 샴푸는 두발과 두피에 부착된 오염물을 씻어내고 비듬이나 가려움 등을 방지하여 두발과 두피를 청결하게 유지하기 위하여 사용된다.
② 린스는 음극으로 대전된 두발 표면에 린스이 주성분인 양이온성 계면활성제의 양극과 흡착되어 두발의 마찰계수를 낮춘다.
③ 샴푸에는 기능을 위해 계면활성제, 컨디셔닝제, 유분, 보습제, 향료, 색소, 약제 성분들이 사용되며 사용된 원료의 주된 기능에 따라 오일 샴푸, 비듬관리 샴푸, 컬러 샴푸, 컨디셔닝 샴푸, 드라이 샴푸로 구분된다.
④ 린스는 두발 세정 후에 사용하여 두발에 유연성을 주고 자연스러운 윤기를 주기 위하여 사용되는 세정용 화장품으로서 정전기 발생을 방지하며 정발을 용이하게 하여 두피 및 두발을 건강하게 유지 시켜주며 「화장품법 시행규칙」에 명시 된 화장품의 유형 중 두발 세정용 제품류에 속하는 제품이다.
⑤ 린스는 크림상으로 양이온성 계면활성제에 세틸알코올 등의 친유성 고급알코올, 유분등을 첨가하여 유화시켜 제조되며 기능상으로 린스, 컬러린스, 헤어팩 등으로 구별할 수 있다.

58. 다음 중 피부 각질층의 수분 상태를 측정하기 위한 방법으로 옳지 않은 것을 고르시오.

① 생체 전기저항 분석법(BIA)
② 경피수분손실량 측정(TEWL)
③ 피부 전기전도도 측정
④ 근적외 분광분석법
⑤ 피부 정전용량 측정

59. 다음 중 인체 내 활성을 띠기 위해 구리이온을 필요로 하는 효소로 옳은 것을 고르시오.

① 티로시나아제
② 도파(DOPA)
③ 도파퀴논(DOPA qui-non)
④ NADPH
⑤ 엘라스타아제

맞춤형화장품 조제관리사

60. 다음 중 맞춤형화장품에 배합 가능한 원료로 옳은 것을 고르시오.

① 살리실릭애씨드
② 벤질알코올
③ 소듐나이트라이트
④ 에칠헥실디메칠파바
⑤ 소듐바이카보네이트

61. 다음 중 판매 가능한 맞춤형화장품의 구성으로 옳지 않은 것을 고르시오.

① 발에 습진이 있는 고객을 위해 pH가 중성에 가까운 약산성 액상비누를 조제하여 소분한 맞춤형화장품
② 향긋한 향과 촉촉한 제형을 원해 내용물에 쿠마린과 1, 2-헥산다이올, 글리세린을 조합한 혼합원료를 넣어 조제한 맞춤형화장품
③ 고객이 집에서 사용하던 화장품을 오염 여부 확인 후 별도의 멸균 처리를 거쳐 수입된 수분크림과 혼합하여 새롭게 조제한 맞춤형화장품
④ 나이아신아마이드가 포함된 벌크제품에 벤질알코올이 포함된 병풀추출물을 혼합한 맞춤형 화장품
⑤ 식품의약품안전처를 통해 심사받은 알부틴이 10% 함유된 기능성화장품에 대해 화장품책임판매업자가 '알부틴을 제외한 내용물'과 '알부틴 원료'를 따로 납품하여 찾는 고객이 있을때 마다 맞춤형화장품판매업소에서 조제관리사가 내용물에 알부틴 10% 혼합하여 판매하는 맞춤형화장품

62. 식품의약품안전처고시 「화장품 안전기준 등에 관한 규정」에 인체 세포·조직 배양액 안전기준에 의거, 인체 세포·조직 배양액의 품질을 확보하기 위한 인체 세포·조직 배양액 품질관리 기준서에 항목으로 옳지 않은 것을 고르시오.

① 성상   ② 순도 시험   ③ 세포독성 시험
④ 마이코플라스마 부정시험   ⑤ 무균시험

모의고사 5회

63. 다음 〈보기 1〉은 맞춤형화장품조제관리사가 조제해준 수분크림의 전성분이다. 전성분을 보고 고객에게 설명해야 할 주의사항으로 옳은 것을 〈보기 2〉에서 모두 고르시오.

보기1

정제수, 프로판디올, 부틸렌글라이콜, 판테놀, 쉐어버터, 락틱애씨드, 글리세릴카프릴레이트, 하이드로제네이티드폴리데센, 1,2- 헥산다이올, 라벤더오일, 메도우폼씨오일, 토코페릴아세테이트, 부틸파라벤, 디소듐이디티에이, 에칠헥실글리세린

보기2

㉠ 상처가 있는 부위 등에는 사용을 피하세요.
㉡ 눈에 접촉을 피하고 눈에 들어갔을 때에는 즉시 씻어내세요.
㉢ 사용 시 흡입되지 않도록 주의하세요.
㉣ 털을 제거한 직후에는 사용하지 마세요.
㉤ 만 3세 이하 영유아는 사용하지 마세요.
㉥ 햇빛에 대한 피부의 감수성을 증가시킬 수 있으므로 자외선차단제를 함께 사용하세요.

① ㉠, ㉡
② ㉠, ㉡, ㉢
③ ㉠, ㉢, ㉤
④ ㉠, ㉣, ㉥
⑤ ㉠, ㉤, ㉥

64. 다음 인체 적용시험의 최종시험결과보고서에 반드시 포함되어야 하는 것을 〈보기〉에서 모두 고르시오.

보기

㉠ 시험의뢰자의 명칭과 주소
㉡ 시험책임자 및 시험자의 성명
㉢ 연구자의 이력
㉣ 시험 의뢰자의 성별
㉤ 시험 의뢰자의 혈액형

① ㉠, ㉡
② ㉠, ㉣
③ ㉡, ㉢
④ ㉡, ㉣
⑤ ㉡, ㉤

맞춤형화장품 조제관리사

65. 다음 <보기>는 「화장품법」 제14조, 「화장품법 시행규칙」 제10조의2에 따른 화장품 표시·광고 및 실증에 관한 설명으로 옳은 것을 <보기>에서 모두 고르시오.

> **보기**
> ㄱ. 식품의약품안전처장에 의해 실증자료의 제출을 요청받은 영업자 또는 판매자는 요청받은 날부터 30일 이내에 그 실증자료를 식품의약품안전처장에게 제출하여야 한다.
> ㄴ. 영업자 및 판매자는 자기가 행한 표시·광고중 사실과 관련한 사항에 대하여는 이를 실증할 수 있어야 한다.
> ㄷ. 어린이 사용 화장품의 경우 방문광고 또는 실연에 의한 광고를 하기 위해서는 실증에 관한 자료가 있으면 가능하다.
> ㄹ. 식품의약품안전처장으로부터 실증자료의 제출을 요청받아 제출한 경우에는 「표시·광고의 공정화에 관한 법률」등 다른 법률에 따라 다른 기관이 요구하는 자료제출을 거부할 수 있다.
> ㅁ. 식품의약품안전처장은 영업자 또는 판매자가 제2항에 따라 실증자료의 제출을 요청받고도 제3항에 따른 제출기간 내에 이를 제출하지 아니한 채 계속하여 표시·광고를 하는 때에는 실증자료를 제출할 때까지 그 표시·광고 행위의 중지를 명하여야 한다.

① ㄱ, ㄴ, ㄷ ② ㄱ, ㄴ, ㄹ ③ ㄴ, ㄷ, ㄹ
④ ㄴ, ㄹ, ㅁ ⑤ ㄷ, ㄹ, ㅁ

66. 다음 〈보기〉는 맞춤형화장품조제관리사 A와 고객B의 대화내용이다. 〈보기〉를 보고 맞춤형 화장품조제관리사 A가 고객B에게 설명해야 하는 내용으로 옳은 것을 고르시오.

보기

A : 안녕하세요 고객님.
B : 안녕하세요. 3개월만에 또 방문했어요. 요즘 피부가 너무 건조해서 상담 받고 맞춤형화장품을 조제 받고 싶어요.
A : 네. 그럼 피부 측정 후 상담 도와드리겠습니다.

〈피부측정결과〉

	1차 방문 (3개월 전)	2차 방문
수분량	60%	30%
색소침착	5%	10%
탄력	70%	68%

〈3개월 전 처방성분〉

종류	사용기한	사용된 보존제	비고
건성피부용 Base	2021.11.24. 생산 (제조일로부터 3년)	페녹시에탄올	-
지성피부용 Base	2021.11.24. 생산 (제조일로부터 3년)	벤잘코늄 클로라이드	-
아데노신	2021.12.24. 생산 (제조일로부터 2년)	-	책임판매업자가 기능성 성분으로 식약처에 심사, 등록을 마침.
나이아신아마이드	2021.12.24. 생산 (제조일로부터 2년)	-	
베이비파우더향	2022.01.20. 생산 (제조일로부터 2년)	-	-
라벤더 오일	2022.01.20. 생산 (제조일로부터 2년)	-	-

A : 3개월 전 측정했을 때와 비교해서 수분량은 30% 줄었으며, 색소침착은 5%가 더 증가 했어요. 지난번에 조제해 드린 제품이 괜찮으셨다면 한번 더 처방도와드려도 될까요?
B : 혹시 향을 베이비파우더 향으로 바꿔 넣을 수 있을까요?
A : 물론 가능합니다. 베이비파우더 향을 조금 더 첨가해 드릴께요. 다른 요구사항도 있으세요?
A : 제품에 보습이 조금더 있었으면 좋겠어요. 그리고 미백기능도 조금 더 신경써주세요
B : 네. 알겠습니다. 이번 제품의 처방성분은 나이아신아마이드, 아데노신, 라벤더오일, 베이비파우더향, 소듐하이알루로네이트로 처방해 드릴께요.

① 이 제품은 아데노신이 첨가되어 미백에 도움을 줄 것이다.
② 맞춤형화장품조제관리사 A는 기능성 원료를 화장품에 첨가하여 혼합·소분 할 수 없다.
③ 건성 Base를 사용할 시 눈에 접촉을 피하고 눈에 들어갔을 때는 즉시 씻어내야 한다.
④ 지성 Base를 사용할 때 사용 한도가 있는 원료가 있다.
⑤ 이 제품은 베이스의 사용기한에 맞게 유통기한을 정하면 된다.

67. 다음 <보기>는 비수용성 원료에 사용된 재료로 「천연화장품 및 유기농화장품의 기준에 관한 규정」에 따라 다음 중 해당 원료의 유기농 함량을 계산하시오. (단, 계산 후 소수 둘째 자리에서 반올림하시오.)

> **보기**
> - 신선한 유기농 녹차잎 : 20kg
> - 건조된 유기농 딸기열매 : 5kg
> - 라벤더 추출물 : 10kg
>   (유기농 라벤더 추출물 50% + 비유기농 라벤더 추출물 50%의 혼합물)
> - 용매 60kg
>
> | 용매의 구성 | |
> |---|---|
> | 비유기농 용매 | 20kg |
> | 유기농 용매 | 40kg |

① 68.4   ② 73.9%   ③ 74.1%
④ 80.9%   ⑤ 81%

68. 관능검사 시 착색제의 색조에 관한 표준으로 옳은 것을 고르시오.

① 라벨 부착 위치견본
② 향료 표준견본
③ 원료 표준견본
④ 제품 색조 표준견본
⑤ 원료색조 표준견본

69. 제품 개발에서 소비자가 기호성을 조사하거나 참고품 등과 비교, 검토하여 분석하는 것으로 옳은 것을 고르시오.

① 제품검사   ② 시제품 제작   ③ 설계
④ 생산   ⑤ 신제품 기획

70. 다음 중 화학구조가 하이드로퀴논과 비슷하지만 인체에 독성이 없는 식물에서 추출한 미백제로 옳은 것을 고르시오.

① 알부틴　　　　② 감초　　　　　　③ 비타민
④ 코직산　　　　⑤ 살리실산

71. 다음 〈보기〉에서 설명하는 제형으로 옳은 것을 고르시오.

> **보기**
>
> 물에 오일 성분이 계면활성제에 의해 우윳빛으로 백탁화된 상태로, 계면활성제는 오일방울의 표면에 흡착되어 오일들이 서로 뭉쳐지는 것을 방지하고 오일과 물이 계면활성제에 균일하게 섞이는 것을 것을 말한다.

① 가용화　　　　② 유화　　　　　　③ 산화
④ 분산　　　　　⑤ 반응

72. 원료와 내용물에 함유되어 있는 주성분을 특성에 따라 확인하는 확인 시험의 내용으로 옳지 않은 것을 고르시오.

① 침전반응
② 분해반응
③ 무기염
④ 가시부 · 자외부 흡수 스펙트럼
⑤ 정색반응

맞춤형화장품 조제관리사

73. 화장품에 사용된 성분의 평가방법에 대한 설명으로 옳은 것을 고르시오.

① 각질층에 형광물질을 염색시킨 후 형광물질이 소멸되는 시간을 측정하여 세포재생 효과를 평가한다(유효성분 : 아데노신).
② 인체의 피부로부터 얻은 섬유아세포를 일정 시간 배양한 후 세포의 수를 측정하여 세포 증식효과를 평가한다(유효성분 : 하이알루론산, 젖산).
③ 피부의 전기전도도를 측정하거나 표피에서 증발하는 경피수분손실량 평가한다(유효성분 : 세라마이드).
④ 혈액의 단백질이 응고되는 정도를 관찰하여 수렴효과를 평가한다(유효성분 : 레티닐팔미테이트).
⑤ 피부의 주름 부분을 본떠서 만든 복제물의 측면에서 빛을 비추었을 때 생기는 그림자의 길이와 면적을 측정하여 피부의 거칠기와 주름억제 효과를 평가한다(유효성분 : 산화아연).

74. 맞춤형화장품조제관리사 주희씨는 고객의 피부상태 확인을 위해 다음과 같은 방법으로 피부 측정을 진행하였다. 다음 중 피부 측정 방법으로 옳지 않은 것을 고르시오.

① 피부 유분은 카트리지 필름, 흡묵지를 피부에 밀착시킨 후 측정한다.
② 두피 상태 확인을 위해 비듬, 피지, 모근 상태를 현미경을 통해 측정한다.
③ 피부 건조도를 측정하기 위해 경피수분 손실량(TEWL)과 피부장벽 기능을 분석한다.
④ 피부색은 멜라닌 세포의 수를 측정하여 색소침락 정도를 분석한다.
⑤ 피부 탄력도는 음압을 가한 후 피부가 원래대로 돌아오는 정도를 측정한다.

75. 맞춤형화장품조제관리사 명한씨는 〈보기〉와 같은 조성목록을 지난 〈향료 1〉과 〈향료 2〉를 1:2로 혼합하여 바디퍼퓸을 조제하고자 한다. 「화장품 사용 시의 주의사항 및 알레르기 유발 성분 표시에 관한 규정」[별표2]에 따라 명한씨가 성분명을 기재·표시하여야 하는 알레르기 유발 개수는 몇 개인지 고르시오.

보기

〈향료 1〉 - 10g

성분	함량
글리세린	5g
에탄올	3g
신남알	255㎍
아이소유제놀	120㎍
헥실신남알	90㎍

〈향료 2〉 - 10g

성분	함량
글리세린	5g
에탄올	3g
파네솔	240㎍
벤질벤조에이트	150㎍
하이드록시시트로넬알	90㎍

① 0개　　　② 1개　　　③ 2개
④ 3개　　　⑤ 4개

맞춤형화장품 조제관리사

76. <보기>는 기능성 화장품의 전성분 표시이다. 「화장품법」 제10조에 따른 기준에 맞게 표시하였으며, 식품의약품안전처에 자료 제출이 생략되는 기능성화장품 고시 성분과 사용상의 제한이 필요한 원료를 최대 사용한도로 배합하여 제조하였다. 이때, (   )안에 들어갈 수 있는 성분으로 옳은 것을 고르시오. (단, 1% 이하의 성분들도 함량이 높은 순서대로 기재되어있으며 최대 사용 한도로 제조한다고 가정한다).

보기

전성분
정제수, 부틸렌글라이콜, 티타늄디옥사이드, 사이클로펜타실록세인, 글리세린, 이소아밀p-메톡시신나메이트, 나이아신아마이드, 글리세릴카프릴레이트, 유용성 감초추출물, (   ), 비피다발효용해물, 다이소듐이디티에이, 폴리솔베이트20, 코튼추출물, 녹차추출물, 아데노신, 락틱애씨드, 향료

① 아세틸헥사메틸테트라린
② 세틸피리디늄클로라이드
③ 클로로펜(2- 벤질- 4- 클로로페놀)
④ 3, 4- 디클로로벤질알코올
⑤ 테트라브로모- o- 크레졸

77. 다음 <보기>는 맞춤형화장품조제관리사가 조제한 맞춤형 크림 50g의 전성분이다. 이 제품에 사용된 성분 중 「화장품 안전기준 등에 관한 규정」 사용상의 제한이 필요한 원료에 해당하는 성분들의 사용 한도를 모두 더한 값으로 옳은 것을 고르시오.

보기

정제수, 글리세린, 부틸렌글라이콜, 다이메티콘, 토코페롤, 사이클로펜타실록세인, 글리세릴카프릴레이트, 에틸헥실살리실레이트, 비피다발효용해물, 아데노신, 다이소듐이디티에이, 스테아린산아연, 아이오도프로피닐부틸카바메이트, 등색 206호, 자색 201호, 적색 40호, 벤질신나메이트(0.1mg), 메틸벤질알코올(18mg), 부틸페닐메틸프로피오날(0.45mg), 클로로신남알(0.9mg)

① 25.01%
② 27%
③ 20.1%
④ 22.01%
⑤ 25%

78. 관능평가 용어에 따른 물리화학적 평가법으로 연결이 잘못 된 것을 고르시오.

① 투명감이 있음 - 변색분광측정계
② 부드러움, 매끄러움 - 점탄성 측정
③ 균일하게 도포할 수 있음 - 확대 비디오 관찰
④ 피부 탄력이 있음 - 유연성 측정
⑤ 화장 지속력이 좋음 - 광택계

79. 피부의 자연노화에 따른 피부변화에 대한 설명으로 옳지 않은 것을 고르시오.

① 콜라겐 손상으로 탄력이 감소된다.
② 진피 두께가 두꺼워지고 조직이 조밀해진다.
③ 멜라닌 세포수가 감소하며, 색소침착이 증가한다.
④ 표피와 진피가 접한 기저막의 굴곡이 편평해진다.
⑤ 각질층 세포의 크기가 커지고 얇아진다.

80. 다음 <보기>는 피부의 표피에서 일어나는 면역반응에 대한 설명이다. ㉠, ㉡에 들어갈 용어로 옳은 것을 순서대로 고르시오.

> **보기**
> 피부 염증의 국소 증상은 염증 부위의 혈관이 이완(확장)되고, 모세혈관들의 투과성이 증가하며, 혈류가 증가하는 과정에서 생기게 된다. 혈액의 흐름이 염증 부위 쪽으로 증가되어 (㉠)과 (㉡)을 일으킨다.

	㉠	㉡		㉠	㉡		㉠	㉡
①	염증	홍반	②	염증	발열	③	부종	염증
④	발열	부종	⑤	발열	홍반			

맞춤형화장품 조제관리사

[단답형] 제시된 지문과 문항을 읽고 알맞은 답안을 작성하시오.

단답형

81. 다음 <보기>에서 ( )에 들어갈 공통된 용어를 작성하시오.

> 보기
> - 최종제품의 안전성 평가는 성분 평가가 원칙이지만, 제품의 제조, 유통 및 사용 시 발생할 수 있는 ( )의 오염에 대해 고려할 필요가 있다.
> - 화장품제조업자 및 책임판매업자는 화장품의 품질, 안전성, 유효성을 확보하기 위하여 화장품원료, 화장품과 직접 접촉하는 용기나 포장 및 최종 제품의 ( ) 오염을 방지하여야 한다.
> - 맞춤형화장품판매업자는 주기적으로 ( )오염 샘플링 검사를 실시해야 한다.

정답 _____

82. 다음 <보기>는 식품의약품안전처고시「기능성화장품 심사에 관한 규정」에 따라 괄호에 들어갈 용어를 작성하시오.

> 보기
> 광독성 및 광감작성 시험자료는 자외선에서 흡수가 없음을 입증하는 ( ) 시험자료를 제출하는 경우에는 자료제출을 면제한다.

정답 _____

83. <보기>는 맞춤형화장품판매업소에서 근무하는 A씨와 B씨의 대화이다. 대화 내용을 보고 「기능성화장품의 기준 및 시험방법」 통칙에 따라 ㉠, ㉡에 들어갈 알맞은 용기명을 작성하시오.

보기

A : 맞춤형화장품 포장을 위해 용기를 준비해야겠어요.
B : 어떤 용기를 드릴까요?
A : 이번에 조제한 맞춤형화장품은 수분에 취약하기 때문에 수분 침입을 막고 화장품 내용물의 증발을 막아주는 (㉠)이 좋을꺼 같아요.
B : 여기있습니다. 만약에 (㉠)으로 규정되어 있는 경우에 (㉡)도 사용할 수 있나요?
A : (㉠)으로 규정되어 있는 경우에는 (㉡)도 쓸 수가 있어요. 즉 (㉠)으로 포장하려고 했다면 (㉡)으로도 사용할 수 있답니다.
B : 그렇군요. 새롭게 하나 더 배웠어요.

정답 ㉠_____

㉡_____

84. 「화장품법 시행규칙」 제11조 및 제12조에 따라 <보기>의 ㉠, ㉡에 들어갈 용어를 작성하시오. (기입 순서는 상관없음)

보기

- 화장품제조업자의 준수사항 중 일부
  제품관리기준서, (㉠), 제품관리기록서, (㉡)을/를 작성·보관하여야 한다.

- 화장품책임판매업자의 준수사항 중 일부
  제조업자로부터 받은 (㉠), (㉡)을/를 보관하여야 한다.

정답 ㉠_____

㉡_____

맞춤형화장품 조제관리사

85. 화장품책임판매업자의 준수사항으로 「화장품법 시행규칙」 12조에 따라 0.5% 이상 함유하는 제품의 경우 해당 품목의 안정성시험자료를 최종 제조된 제품의 사용기한이 만료되는 날부터 1년간 보존해야 하는 성분 5가지를 모두 작성하시오.

정답 _____
　　　_____
　　　_____
　　　_____
　　　_____

86. 개인정보보호법상 개인정보의 처리 제한 항목 3가지를 작성하시오.

정답 _____
　　　_____
　　　_____

87. 우수화장품 제조 및 품질관리기준 적합판정을 받은 업소에 대해 우수화장품 제조 및 품질관리기준 실시상황평가표에 따라 몇 년에 1회 이상 실태조사를 받아야 하는지 작성하시오.

정답 _____

모의고사 5회

88. 알레르기 유발성분의 표시의무화가 시행됨에 따라 〈보기〉의 제품에 포함된 알레르기 유발성분의 함량(%)와 알레르기 유발성분 표시 유/무를 작성하시오.

> **보기**
> 사용 후 씻어내지 않는 보디로션(800g) 제품에 리모넨을 0.03g 포함되어 있다.

정답 _____ (%)

　　　 _____

89. 사용제한 원료 중 자외선 차단제품 또는 자외선을 이용한 태닝(천연 또는 인공)을 목적으로 하는 제품에는 사용금지인 추출물 또는 오일의 원료를 작성하시오.

정답 _____

90. 맞춤형화장품 조제관리사가 혼합할 수 있는 원료를 〈보기〉에서 모두 고르시오.

> **보기**
> - 징크피리티온 1.2%
> - 트라이클로산 0.5%
> - 비타민 E 0.3%
> - 알파-비사보롤 0.7%
> - 클로페네신 0.1%
> - 알란토인클로로하이드록시알루미늄 1%

정답 _____

맞춤형화장품 조제관리사

91. 화장품에 사용상의 제한이 필요한 기타 성분 중 비듬 및 가려움을 덜어주고 씻어내는 제품 및 탈모증상의 완화에 도움을 주는 원료를 작성하시오.

정답 _____

92. <보기 1>의 설명을 보고 (　　)안에 들어갈 적절한 용어를 <보기 2>에서 찾아서 작성하시오.

보기1

주로 꽃과 허브에서 생성되는 휘발성 물질로서, 대표적인 예시로서 꿀껍질의 향기 성분과 소나무의 송진에 다량 함유되어 있으며, 살균 및 살충 효과와 함께 수분매개자 유도(pollinator attractants) 및 초식동물 기피 작용(antiherbivory agents) 등의 기능을 수행하는 것으로 알려져 있다. 이렇나 오일 성분은 주로 (　　)계열 혼합물로써 고유의 향기를 가진다. 아로마테라피 등에서도 자주 사용되는 천연 오일을 통칭하여 정유라고 한다.

보기2

글리세라이드	사포닌	알칼로이드
스테로이드	펩타이드	폴리페놀
카테킨	아미노산	세라마이드
모노테르펜	사카라이드	지방산
스테롤	탄닌	플라보노이드

정답 _____

93. 다음 <보기>를 보고 (   ) 안에 들어갈 용어를 작성하시오.

> **보기**
>
> 피부의 pH란 피부 (   )의 산도를 말한다. 피부의 pH 측정 시 외부 환경이나 영양 상태, 건강, 스트레스 강도에 따라 영향이 있을 수 있다. 용액은 0~14까지의 pH 지수로 표기하고 있으며, 물질의 산성, 중성, 알칼리성의 정도를 나타낸다.

정답 _____

94. 다음 <보기>를 보고 ㉠, ㉡에 들어갈 적합한 용어를 작성하시오.

> **보기**
>
> 표피 중 가장 깊은 곳에 위치하고 단일층으로 구성된 타원형의 핵을 가진 살아 있는 세포로서 활발한 세포분열을 표피세포를 생성하는 층은 (㉠)이다. 진피에 있는 망상층에서는 교원섬유(collagen)가 형성되는데 기질금속단백질분해효소(MMP)는 금속 이온인 (㉡)과/와 결합하여 교원섬유를 파괴한다.

정답 ㉠_____

　　　㉡_____

맞춤형화장품 조제관리사

95. 다음 <보기>를 보고 ㉠, ㉡에 들어갈 적합한 용어를 작성하시오.

> **보기**
>
> 우수화장품 제조 및 품질관리기준(CGMP)은 (㉠)은/는 주문 준비와 관련된 일련의 작업과 운송 수단에 적재하는 활동으로 제조소 외로 제품을 운반하는 것이라 정의하고 있으며, 화장품법 시행규칙 별표 1(품질관리기준)에서는 화장품 책임판매업자가 그 제조 등(다인에게 위탁제조 또는 검시히는 경우를 포함하고 타인으로부터 수탁 제조 또는 검사하는 경우는 포함하지 않는다)을 하거나 수입한 화장품의 판매를 위해 출하하는 것을 (㉡)이라 정의하고 있다.

정답 ㉠ _____

㉡ _____

96. 다음 <보기>를 보고 ( )에 들어갈 공통된 용어를 작성하시오.

> **보기**
>
> 액체가 일정방향으로 운동할 때 그 흐름에 평행한 평면의 양측에 내부마찰력이 일어난다. 이 성질을 ( )이라고 한다. ( )은 면의 넓이 및 그 면에 대하여 수직방향의 속도구배에 비례한다. 그 비례정수를 절대점도라 하고 일정 온도에 대하여 그 액체의 고유한 정수이다. 그 단위로서는 포아스 또는 센티포아스를 사용한다.

정답 _____

97. <보기>와 같은 사용 시의 주의사항을 표시해야 하는 화장품을 작성하시오.

> **보기**
> - 화장품 사용 시 또는 사용 후 직사광선에 의하여 사용부위가 붉은 반점, 부어오름 또는 가려움증 등의 이상 증상이나 부작용이 있는 경우 전문의 등과 상담할 것
> - 상처가 있는 부위 등에는 사용을 자제할 것
> - 보관 및 취급 시의 주의사항
>   • 어린이의 손이 닿지 않는 곳에 보관할 것
>   • 직사광선을 피해서 보관할 것
> - 눈에 들어갔을 때에는 즉시 씻어낼 것
> - 사용 후 물로 씻어내지 않으면 탈모 또는 탈색의 원인이 될 수 있으므로 주의할 것

정답 _____

98. <보기>의 내용을 읽고 (   )에 들어갈 적합한 용어를 작성하시오.

> **보기**
> (   )은/는 지속적으로 햇빛에 노출되었을 때 30대 출산기의 여자에게 주로 발생된다. 태양 광선의 영향을 받으므로 여름에는 악화되며 겨울에는 호전되는 양상을 보입니다. 대부분의 경우 원인을 잘 알수 없으며 유전적 혹은 체질적인 요인에 의해 발생하거나 많은 경우 임신 혹은 경구 피임약의 복용 후 발생하며 그 외에는 태양 광선에 대한 노출, 내분비 이상, 유전인자, 약제(항경련제), 영양 부족, 간 기능 이상 등이 악화인자로 작용한다.

정답 _____

99. 다음 <보기>를 보고 ㉠, ㉡에 들어갈 적합한 용어를 작성하시오.

> **보기**
>
> 모발은 모근과 모간으로 분리되며 모근에 있는 (㉠)은/는 모유두를 덮고 있으며 모유두로부터 영양을 공급받아 세포분열하여 모발을 만든다. 모발은 (㉡)에서 만들어진 케라틴이라는 경단백질로 구성되어 있다.

정답 ㉠ _____

㉡ _____

100. <보기>는 화장품 시험법에 대한 설명으로 ㉠, ㉡에 들어갈 적합한 용어를 작성하시오.

> **보기**
>
> 100mL 비이커에 검체 약 (㉠)g 또는 (㉠)mL를 취하여 넣고 물 (㉡)mL를 넣어 수욕상에서 가온하여 지방분을 녹이고 흔들어 섞은 다음 냉장고에서 지방분을 응결시켜 여과한다. 이때 지방층과 물층이 분리되지 않을 때는 그대로 사용한다.
> 이 여과액에 대하여 시험한다.

정답 ㉠ _____

㉡ _____

맞춤형화장품 조제관리사 모의고사

정답 및 해설

1회

모의고사 1회 정답 및 해설

맞춤형화장품조제관리사 모의고사 1회 정답 및 해설

객관식																			
1	③	2	②	3	③	4	⑤	5	⑤	6	②	7	①	8	⑤	9	④	10	①
11	④	12	②	13	④	14	⑤	15	①	16	④	17	②	18	③	19	②	20	⑤
21	②	22	③	23	①	24	④	25	②	26	②	27	⑤	28	④	29	⑤	30	②
31	②	32	②	33	④	34	③	35	④	36	④	37	①	38	①	39	④	40	⑤
41	②	42	⑤	43	①	44	②	45	④	46	①	47	④	48	①	49	③	50	⑤
51	①	52	⑤	53	②	54	⑤	55	⑤	56	②	57	④	58	①	59	③	60	①
61	②	62	⑤	63	④	64	②	65	②	66	②	67	①	68	②	69	⑤	70	④
71	④	72	③	73	③	74	①	75	⑤	76	⑤	77	②	78	⑤	79	③	80	②

주관식			
81	개인정보처리자	82	㉠ 중대한 유해사례, ㉡ 15
83	인체 세정용	84	에탄올
85	㉠ 0.01, ㉡ 0.001	86	고압가스를 사용하는 에어로졸 제품
87	㉠ 3, ㉡ 4, ㉢ 보존제	88	징크피리치온
89	건성피부	90	㉠ 아세톤, ㉡ 탄화수소류, ㉢ 5
91	㉠ 사용기한, ㉡ 판매량	92	㉠ 맹검
93	㉠ 성장기, ㉡ 휴지기	94	모표피, 모피질, 모수질
95	진피	96	멜라닌, 헤모글로빈, 카로틴
97	㉠ 판매 또는 해당품목 판매업무정지 6개월	98	파라벤
99	㉠ 위험성 확인, ㉡ 위험성 결정, ㉢ 위험성 결정, ㉣ 위해도 결정	100	호모살레이트, 10%

【모의고사 1회 - 1과목 화장품법의 이해 해설】

1번 문항
화장품책임판매업이란 취급하는 화장품의 품질 및 안전 등을 관리하면서 이를 유통·판매하거나 수입 대행형 거래를 목적으로 알선·수여하는 영업 (ex 브랜드 회사, 화장품 수입사)을 말한다.

2번 문항
〈화장품법 시행규칙 제14조의2 제1항 제2호〉
영업자 스스로 국민보건에 위해를 끼칠 우려가 있어서 회수가 필요하다고 판단한 화장품은 회수할 수 있다.

1회
정답 및 해설

3번 문항
〈맞춤형화장품조제관리사 교수ㆍ학습 가이드 수록 예시문항〉
① 스크럽제
② 손, 발 연화제품
④ 고압가스를 사용하는 에어로졸 제품
⑤ 외음부 세정제 주의사항

4번 문항
등록이 취소되거나 영업소가 폐쇄된 날부터 1년이 지나지 아니한 자

5번 문항
① - 화장비누는 인체 세정용 제품류
② - 핸드크림은 기초화장용 제품류
③ - 마스카라는 눈화장용 제품류
④ - 흑채는 두발용 제품류

6번 문항
개인정보처리자는 목적에 필요한 최소한의 개인정보를 수집해야 한다.

7번 문항
① - 3년 이하의 징역 또는 3천만원 이하의 벌금에 관한 내용이다.

【모의고사 1회 - 2과목 화장품 제조 및 품질관리 해설】

8번 문항
비이온 계면활성제는 피부자극이 적어 피부 안전성이 높다. 세정제를 제외한 대부분의 화장품에서 사용

비이온 계면활성제	폴리소르베이트 계열
	소프비탄 계열
	글리세릴모노스테아레이트
	폴리글리세린 계열
	피이지 계열
	알카놀아마이드

모의고사 1회 정답 및 해설

9번 문항

〈고급지방산의 종류〉

성상	지방산	탄소수
흰색의 고상	라우릭애씨드	12
	미리스틱애씨드	14
	팔미틱애씨드	16
	스테아릭애씨드	18
	아라키딕애씨드	20
	베헤닉애씨드	22
투명한 액상	올레익애씨드	18(불포화결합 1개)
	리놀레익애씨드	18(불포화결합 2개)
	리놀레닉애씨드	18(불포화결합 3개)

10번 문항
염료는 물이나 오일에 녹기 때문에 메이크업 화장품에는 잘 사용하지 않는다.

11번 문항
산화방지제로 - BHT, BHA, 토코페롤, 토코페릴 아세테이트, 프로필 갈레이트, TBHQ, 이데베논, 유비퀴논 등이 있다.

12번 문항
- W/O : 오일에 물이 섞여 있는 형태
- O/W : 물에 오일 성분이 섞여 있는 형태
- O/W/O : 오일에 O/W형 에멀전이 섞여 있는 형태
- W/O/W : 물에 W/O형 에멀전을 섞는 형태
- W/Si : 실리콘 오일에 물이 섞여있는 형태

13번 문항
- 비이온 계면활성제 : 기초화장품, 색조화장품
- 양쪽성 계면활성제 : 베이비샴푸, 저자극샴푸

14번 문항
식물성 오일은 산패되기 쉽고 특이취가 있으며 무거운 사용감이 있다. 그리고 피부에 대한 친화성이 우수하고 피부흡수가 느리다.

15번 문항

〈착색안료 분류〉

무기계	울트라마린 블루, 크롬옥사이드, 망가네즈바이올렛, 산화철
유기계	- 합성안료 : 레이크 - 천연안료 : 카민, 카라멜, 커큐민, 베타카로틴

16번 문항

④ - 펄 안료 (진주광택을 나타내는 것)

〈체질안료 분류〉

체질안료 종류	작용
탤크, 카올린	벌킹제
하이드록시아파타이트	피지흡수
마그네슘스테아레이트, 알루미늄스테아레이트	결합제
마이카, 세리사이트, 칼슘카보네이트, 마그네슘카보네이트	펄효과, 화사함
보론나이트라이드, 실리카, 나일론6, 폴리메틸메타크릴레이트	부드러운 사용감

※체질안료란 파우더의 사용감과 제형을 구성하는 기능을 한다.

17번 문항

〈식물에서 향을 추출하는 방법〉

냉각압착법	누르는 압착에 의한 추출로 원심분리 실시로 얻어진다.
흡착법	열에 약한 꽃의 향을 추출할 때 사용하는 방법으로 냉침법과 온침법이 있다.
용매추출법	휘발성용제에 의해 향성분을 추출하는 방법으로 열에 불안정한 성분을 추출한다.
수증기증류법	수증기를 동반하여 증류, 향료성분의 끓는 점 차이를 이용한 방법이다.

18번 문항

〈향료의 구분〉

식물성	자스민, 라벤더, 로즈메리 등
동물성	무스크, 시베트, 카스토리움 등
합 성	멘톨, 벤질아세테이트 등

모의고사 1회 정답 및 해설

19번 문항
자외선 차단지수는 자외선 차단제가 UVB를 차단하는 정도를 나타내는 지수이다.

20번 문항
에탄올은 화장품에서 수렴제, 살균제, 청결제, 가용화제 등 이용된다.
에탄올이 함유된 토너류는 주로 수렴효과, 네일 제품에서는 가용화제로 사용, 에탄올과 물의 비율이 7:3인 경우 살균과 소독의 효과가 가장 우수하다.

21번 문항

〈보습제 분류〉

글리세린	폴리올류로 가장 널리 사용되는 보습제이다. 보습력이 다른 폴리올류에 비해 우수하나 많이 사용될 경우 끈적임이 심하게 남는 단점이 있다.
하이알루로닉애씨드	고분자물질로서 보습제로 널리 사용된다. 초기에는 탯줄이나 닭 벼슬로부터 추출해서 사용함으로 고가의 추출물이였지만 현재 미생물로부터 생산하여 가격이 저렴하여 널리 사용되고 있다.
세라마이드 유도체 및 합성 세라마이드	세라마이드 자체는 보습제가 아니지만 세라마이드가 다른 계면 활성제와 복합물을 이루면서 피부 표면에 라멜라 상태로 존재하여 피부에 수분을 유지시켜 주는 역할을 한다.

22번 문항
성분의 명칭은 대한화장품협회장이 발간하는 〈화장품성분 사전〉에 따른다.

23번 문항
① 은 아이크림에 대한 설명이다.
- 유액 : 세안 후 피부에 유분과 수분을 공급, 끈적이지 않는 가벼운 사용감

24번 문항

〈색조화장품의 제품별 안료함유율〉

비비크림	안료 5~7%
쿠션	안료 5~7%
메이크업베이스	안료 5~7%
메이크업 프라이머	안료 5~7%
파운데이션	안료 12~15%
컨실러	안료 14~20%
파우더	안료 98~99%

1회 정답 및 해설

25번 문항

메이크업베이스, 메이크업 프라이머	메이크업베이스, 메이크업 프라이머 피부색 정돈, 파운데이션이 잘 발라지도록 하는 베이스로 파운데이션의 색소침착을 방지, 인공피지막을 형성하여 피부보호.
쿠션, 비비크림	피부색 정돈, 피부결점 커버, 자외선 차단

26번 문항
트로메트리졸트리실록산 - 자외선차단성분의 사용한도 대상 원료이다.

27번 문항

〈착향제의 구성성분 중 알레르기 유발성분〉

연번	성분명	연번	성분명
1	아밀신남알	14	벤질신나메이트
2	벤질알코올	15	파네솔
3	신나밀알코올	16	부틸페닐메틸프로피오날
4	시트랄	17	리날룰
5	유제놀	18	벤질벤조에이트
6	하이드록시시트로넬알	19	시트로넬올
7	아이소유제놀	20	헥실신남알
8	아밀신나밀알코올	21	리모넨
9	벤질살리실레이트	22	메틸2-옥티노에이트
10	신남알	23	알파-아이소메틸아이오논
11	쿠마린	24	참나무이끼추출물
12	제라니올	25	나무이끼추출물
13	아니스알코올		

※ 사용 후 씻어내는 제품에는 0.01% 초과, 사용 후 씻어내지 않는 제품에는 0.001% 초과 함유하는 경우에 한 한다.

【모의고사 1회 - 3과목 유통화장품 안전관리 해설】

28번 문항

- '기준일탈'이란 규정된 합격 판정 기준에 일치하지 않는 검사, 측정 또는 시험결과를 말한다.
- '불만'이란 제품이 규정된 적합판정기준을 충족시키지 못한다고 주장하는 외부 정보를

모의고사 1회 정답 및 해설

말한다.
- '품질관리'란 화장품의 책임판매 시 필요한 제품의 품질을 확보하기 위해서 실시하는 것으로서, 화장품제조업자 및 제조에 관계된 업무에 대한 관리·감독 및 화장품의 시장 출하에 관한 관리, 그 밖에 제품의 품질의 관리에 필요한 업무를 말한다.

29번 문항
개방할 수 있는 창문을 만들지 않는다.

30번 문항
〈식품의약품안전처 제3회 시험 예상문제〉
ⓒ. 제조일로부터 1년이 경과하지 않은 제품은 재작업이 가능하다.
ⓒ. 기준 일탈제품이 발생되었을 때는 신속히 절차를 만드는 것이 아니고 미리 정해진 절차에 따라 처리해야 한다.
ⓜ. 폐기 또는 재작업 여부는 품질보증책임자에 의해 승인되어야 한다.

31번 문항
눈 화장용 제품류, 두발염색용 제품류, 색조 화장용 제품류, 손발톱용 제품류에서 호수별로 착색제가 다르게 사용된 경우 '± 또는 +/-의 표시 다음에 사용된 모든 착색제 성분을 함께 기재·표시할 수 있다.

32번 문항
① - 유지관리는 예방적 활동, 유지보수, 정기 검교정으로 나눌 수 있다.
② - 결함 발생 및 정비 중인 설비는 '정비중', '수리중' 등 적절한 방법으로 표시하고, '고장' 등 사용이 불가할 경우 표시하여야 한다.
④ - 유지관리 중 예방적 활동은 주요 설비 및 시험장비에 대하여 실시하는 것을 말하며, 고장 발생 시의 긴급점검이나 수리하는 것은 유지보수라 한다.
⑤ - 생산 시설에 제조 관련 설비는 승인된 인원만 접근 및 사용할 수 있다.

33번 문항
토너, 로션, 크림 및 유사한 제형은 액상 제품의 pH 기준이 3.0 ~ 9.0이어야 한다. 다만, 물을 포함하지 않는 제품과 사용한 후 곧바로 물로 씻어 내는 제품은 제외한다.

34번 문항
소독제는 기구 등에 부착한 균에 대해 사용하는 약제를 말한다.

35번 문항
반제품을 보관할 때는 ①, ②, ③, ⑤를 표시해야 한다.
보관 시에는 최대 보관기한을 설정해야 하며 최대 보관기한이 가까워진 반제품은 완제품 제조 전에 품질 이상, 변질 여부 등을 확인한다.

36번 문항
기준일탈 제품의 처리 과정은 시험, 검사, 측정에서 기준일탈 결과 나옴 → 기준일탈 조사 → '시험, 검사, 측정이 틀림 없음'을 확인 → 기준일탈 처리 → 기준일탈 제품에 불합격라벨 첨부 → 격리 보관 → 폐기 처분, 재작업 또는 반품' 이다.

37번 문항
세제 또는 세척제의 조건으로는 효능이 입증된 것을 사용하고, 잔류하거나 표면에 이상을 초래해서는 안된다.

38번 문항
대장균, 녹농균, 황색포도상구균은 검출되지 않아야 한다.
- 영유아용 제품류 및 눈화장용 제품류 : 총호기성생균수 500개/g(mL) 이하
- 물휴지 : 세균 및 진균수 각각 100개/g(mL) 이하
- 기타 화장품류 (수분 에센스, 마사지 크림) : 총호기성생균수 1,000개/g(mL) 이하

39번 문항
기능성 크림, 영유아용 바디로션은 pH 기준이 3.0~9.0 이다.
물을 포함하지 않은 제품과 사용 후 곧바로 씻어 내는 제품은 pH 기준이 없다.

40번 문항
〈포장용기의 종류〉
- 밀폐용기 : 고형의 이물질 유입 및 고형의 내용물 유출 방지
- 기밀용기 : 액상 또는 고형의 이물질 또는 수분 침입 방지
- 차광용기 : 광선의 투과 방지
- 밀봉용기 : 기체 또는 미생물 침입 방지

41번 문항
제조번호(뱃치번호)는 뱃치(하나의 공정이나 일련의 공정으로 제조되어 균질성을 갖는 화장품의 일정 분량)에 대하여 제조관리 및 출하에 관한 모든 사항을 확인할 수 있도록 표시된 번호로 숫자, 문자, 기호 또는 이들의 특정적인 조합이다.

42번 문항
〈포장재의 선정 절차〉
중요도 분류 → 공급자 선정 → 공급자 승인 → 품질 결정 → 품질계약서 공급계약 체결 → (제조개시) 정기적 모니터링

43번 문항
- 필터, 여과기 : 입자를 고르게 하고 불순물을 제거하기 위해 사용

모의고사 1회 정답 및 해설

- 호모게나이저 : 내용물과 내용물 간의 혼합 및 분산을 위해 터빈형의 회전날개가 달린 기계로 일반적으로 유화 시 사용
- 이송파이프 : 제품을 한 위치에서 다른 위치로 운반하기 위해 사용
- 탱크 : 공정 중인 또는 보관용 원료를 저장하기 위해 사용

44번 문항
〈불만 처리 시 기록·유지해야 하는 사항〉
- 불만 접수연월일
- 불만 제기자의 이름, 연락처
- 제품명, 제조번호 등을 포함한 불만내용
- 불만조사 및 추적조사 내용, 처리결과 및 향후 대책
- 다른 제조번호의 제품에도 영향이 없는지 점검

45번 문항
사용 후 벌크제품을 재보관 시에는 밀폐하고 기존의 보관 환경에서 보관해야 한다.

46번 문항
Clean Bench는 1등급의 청정도 엄격관리가 필요한 곳으로, 20회/hr 이상 또는 차압관리로 공기 순환이 진행되어야하며, 부유균 20개/㎥ 또는 낙하균 10개/hr의 관리 기준에 적합해야 한다.

47번 문항
미생물 실험실은 작업 종료 후 중성세제와 70% 에탄올을 이용하여 청소 및 점검한다.
〈작업장별 청소방법 및 점검 주기〉

시설기구	청소 주기	세제	점검방법
원료 창고	수시	상수	육안
	1회/월	상수	육안
칭량실	작업 후	상수, 70% 에탄올	육안
	1회/월	중성세제, 70% 에탄올	육안
제조실, 충전실, 반제품보관실 및 미생물실험실	수시 (최소 1회/일)	중성세제, 70% 에탄올	육안
	1회/월	중성세제, 70% 에탄올	육안

1회 정답 및 해설

48번 문항
음식, 음료수 섭취 및 흡연 등은 제조 및 보관 구역과 분리된 구역에서만 해야 한다.

49번 문항
일탈이 있는 경우 이에 대한 조사 및 기록을 화장품 품질보증 책임자가 주관한다.

50번 문항
⑤은 불만의 정의이다.
공정관리란 제조 공정 중 적합 판정 기준의 충족을 보증하기 위하여 공정을 모니터링하거나 조정하는 모든 작업.

51번 문항
원료와 포장재가 재포장될 경우, 원래의 용기와 동일하게 표시되어야 한다.

52번 문항

청정도등급	대상시설	해당 작업실
1	청정도 엄격관리	Clean bench
2	화장품 내용물이 노출되는 작업실	제조실, 성형실, 충전실, 내용물 보관소, 원료칭량실, 미생물실험실
3	화장품 내용물이 노출 안 되는 작업실	포장실
4	일반작업실 (내용물 완전폐색)	포장재보관소, 완제품보관소, 관리품보관소, 원료보관소, 갱의실, 일반시험실

【모의고사 1회 - 제 4과목 맞춤형화장품의 이해 해설】

53번 문항

<맞춤형화장품조제관리사 교수·학습 가이드 수록 예시문항>
경쟁상품과 비교하는 표시·광고는 비교대상 및 기준을 분명히 밝히고 객관적으로 확인될 수 있는 사항만을 표시·광고할 수 있다.

모의고사 1회 정답 및 해설

54번 문항
① - 사용하고 남은 제품은 개봉 후 사용기한을 정하고 오염방지 조치를 취해 보관하였다가 사용한다.
② - 모든 원료를 냉장고에 보관해야 하는 것은 아니다. 직사광선을 피하는 등 각 원료의 품질에 영향이 없도록 보관하면 된다.
③ - 판매장 또는 혼합·판매 시 오염 등 문제가 발생했을 경우에는 세척, 소독, 위생관리 등의 조치를 취한다.
④ - 혼합 시 층분리 등의 이상 유무를 육안으로 확인한다.

55번 문항
가속시험은 유통 경로나 제형 특성에 따라 적절한 조건이 설정된다.

56번 문항
화장품의 관능검사란
사람의 눈, 코, 귀, 혀, 손을 이용하여 최종 상품의 특성을 측정, 비교 분석하는 한 분야이다.
화장품과 같은 기호품의 관능검사는 새로운 제품 개발 시 중요한 역할을 한다.
그러므로 기업은 관능검사를 통해 시장에서의 제품력을 확인해 볼 수 있다.

57번 문항
모발의 주성분은 케라틴이라고 하는 유황을 함유한 80~90%의 단백질이며 나머지는 멜라닌 색소, 피질, 미량원소, 수분 등으로 되어있다. 모발이나 손톱을 태울 때 나는 이상한 냄새는 시스틴의 분해로 인한 유황화합물(유황, 수소, 산소, 질소)의 냄새이다.

58번 문항
② - 세탁비누는 화장품이 아니다.
③ - 교차오염이 없다면 화장품을 생산하는 시설에서 화장품 외의 물품을 생산할 수 있다.
④ - 피그먼트 적색5호는 화장비누에만 사용할 수 있는 색소이다.
⑤ - 화장비누만을 단순 소분해 판매하는 경우 맞춤형화장품판매업 신고가 필요 없다.

59번 문항

맞춤형화장품에는 식품의약품안전처장이 고시한 기능성화장품의 효능·효과를 나타내는 원료는 사용할 수 없다. (단, 맞춤형화장품판매자에게 원료를 공급하는 화장품책임판매업자가 해당 원료를 포함하여 기능성화장품에 대한 심사를 받거나 보고서를 제출한 경우는 제외).
닥나무추출물은 식품의약품안전처 고시에 의해 기능성화장품의 미백 원료이다.

60번 문항
화장품의 안전성 평가를 위한 심사도 의약품의 경우와 유사하게 진행된다.

투여 독성 시험 자료, 안점막 자극시험 자료, 광독성 및 광감작성 시험 자료, 인체 첩포시험 자료 및 피부 감작성 시험 자료를 제출하여야 한다.
주관적인 관능 검사표는 요구되지 않는다.

61번 문항
엑소 큐티클은 산소나 화학약품에 대한 저항성이 아주 낮은 층이다.

62번 문항
① - 화장품에 사용상의 제한이 필요한 원료는 사용할 수 없다.
② - 총리령에 따라 맞춤형화장품조제관리사를 두어야 한다.
③ - 행정구역 개편에 따른 소재지 변경일 경우만 90일 이내에 신고한다.
④ - 매년 1회 교육을 받아야 한다.

63번 문항
④ - 진피에 위치한 신경을 통해 감각을 느낀다.

64번 문항
머켈세포는 표피의 기저층에 존재한다.

65번 문항
큐티클은 피부의 각질에 해당하는 것으로 화학적 결합과는 관련이 없다.

66번 문항
색소침착 피부 - 멜라닌이 비정상적으로 생성된 피부

67번 문항
전문가 외에 소비자에 의한 자가평가도 관능평가에 해당한다.

68번 문항
붓기, 다크서클 완화도 인체적용시험 자료를 제출하면 표시·광고가 가능하다.

69번 문항
원료의 기원은 필요에 따라 기재할 수 있다.

70번 문항
〈제품별 포장공간 기준〉
- 인체 및 두발 세정용 제품류 : 15% 이하(포장 최대 2차)
- 그 외 화장품류 : 10% 이하(향수 제외) (포장 최대 2차)
- 종합세트 화장품류 : 25% 이하(포장 최대 2차)

모의고사 1회 정답 및 해설

- 최소 판매단위 제품 2개 이상을 함께 포장 구성할 경우 : 40% 이하(포장 최대 3차)

71번 문항
④ 은 선한선출 방식에 대한 설명이다.

72번 문항
시험기간 - 6개월 이상 시험하는 것을 원칙으로 하나, 화장품 특성에 따라 따로 정할 수 있다.

73번 문항
① 각질층 - 천연보습인자(NMF)가 존재
② 투명층 - 반유동성 물질 엘라이딘 존재
④ 유극층 - 랑게르한스세포 존재. 면역기능을 함
⑤ 기저층 - 멜라닌 형성세포 존재

74번 문항
② - 하나의 상에 다른 상이 균일하게 혼합된 것을 분산이라고 한다.
③ - 스킨토너, 향수 등은 가용화를 통해 만들어진다.
④ - 비비 크림, 마스카라, 아이라이너 등은 분산을 통해 만들어진다.
⑤ - 서로 섞이지 않는 두 액체의 한쪽이 미세한 입자의 상태로 균일하게 분산시켜
　　 불투명한 상태로 나타나는 것을 유화라고 한다.

75번 문항
맞춤형화장품조제관리사는 식품의약품처장이 고시한 사용제한 원료는 사용할 수 없다.

76번 문항
⑤ 은 염증에 대한 설명이다.
인설이란 건선과 같은 심한 피부건조에 의해 각질이 은백색의 비늘처럼 피부표면에 발생하는 것을 말한다.

77번 문항

78번 문항
- 사용 제한 원료 : 메칠이노치아졸리논, 벤제토늄클로라이드 등
- 사용 금지 원료 : 히드로퀴논, 방사성 물질 등

79번 문항
〈맞춤형화장품조제관리사 교수・학습 가이드 수록 예시문항〉
유상과 수상 성분을 균질하게 한상에 혼합할 때는 균질화기를 사용한다.

1회 정답 및 해설

80번 문항

〈맞춤형화장품조제관리사 교수·학습 가이드 수록 예시문항〉

ⓒ - 메틸살리실레이트를 5% 이상 함유제품은 안전용기에 충전·포장하여 고객에게 판매해야 한다.

ⓔ - 페녹시에탄올을 사용상의 제한 원료이므로 맞춤형화장품혼합에 사용할 수 없다.

맞춤형화장품 조제관리사 모의고사

정답 및 해설

2회

모의고사 2회 정답 및 해설

맞춤형화장품조제관리사 모의고사 2회 정답 및 해설

객관식																			
1	①	2	③	3	③	4	③	5	④	6	①	7	②	8	⑤	9	①	10	④
11	④	12	②	13	⑤	14	①	15	④	16	④	17	③	18	③	19	④	20	①
21	①	22	⑤	23	②	24	②	25	⑤	26	④	27	④	28	③	29	④	30	①
31	④	32	④	33	③	34	②	35	①	36	④	37	③	38	⑤	39	①	40	④
41	⑤	42	④	43	④	44	①	45	③	46	②	47	③	48	③	49	④	50	②
51	④	52	②	53	②	54	⑤	55	④	56	⑤	57	⑤	58	①	59	⑤	60	①
61	③	62	③	63	④	64	⑤	65	①	66	①	67	④	68	③	69	②	70	⑤
71	③	72	①	73	④	74	⑤	75	③	76	①	77	②	78	①	79	④	80	②

주관식			
81	㉠ 35 ㉡ 30	82	㉠ 30일 ㉡ 행정안전부장관
83	세라마이드	84	인체(생체) 외 시험
85	기미	86	㉠ 벤질알코올, ㉡ 1.0%
87	엘-멘톨	88	산화방지제
89	㉠ 건조중량, ㉡ 0.1	90	㉠ 15, ㉡ 30, ㉢ 30
91	각화과정	92	각질층
93	글루타치온	94	토코페롤(비타민E)
95	㉠ 이미다졸리디닐우레아, ㉡ 0.6	96	관리번호
97	클로로아트라놀, 트레티노인, 벤조일퍼옥사이드	98	밀봉
99	타르색소	100	미셀

【모의고사 2회 - 1과목 화장품법의 이해 해설】

1번 문항
〈1차 포장〉
- 화장품 제조 시 내용물과 직접 접촉하는 포장용기를 말한다.
- 병, 펌프 캡, 튜브, 립스틱 용기, 퍼프, 브러쉬, 디스크(바킹) 등이 있다.
〈2차 포장〉
1차 포장을 수용하는 1개 또는 그 이상의 포장과 보호재 및 표시의 목적으로 한

포장(첨부문서 등을 포함)을 말한다.

2번 문항
〈화장품 1차 포장 필수 표시 기재 사항(화장품법 제10조 제2항)〉
- 화장품의 명칭
- 영업자의 상호
- 제조번호
- 사용기한 또는 개봉 후 사용기간

3번 문항
책임판매관리자, 맞춤형화장품조제관리사의 교육이수 의무에 따른 명령을 위반한 경우 과태료 50만원을 부과한다.

4번 문항
①, ②, ④ - 금지 표현을 사용함.
⑤ - 인체적용시험 또는 인체외시험 자료로 입증해야 표시·광고로 사용할 수 있다.

5번 문항
〈중요한 내용의 표시 방법〉
- 글씨 크기는 최소한 9포인트 이상이고, 다른 내용보다 20% 이상 크게 작성 한다.
- 글씨의 색깔, 굵기, 밑줄 등을 통해 그 내용을 명확히 표시한다.
- 동의 사항이 많아 내용이 명확히 구분되기 어려운 경우 중요한 내용은 별도로 구분하여 표시한다.

6번 문항
보존제, 색소, 자외선 차단제 등 특별히 사용상의 제한이 필요한 원료에 대하여 그 사용 기준을 지정하거나 국민보건상 위해 우려가 제기되는 화장품 원료 등에 대한 위해 평가를 하기 위하여 필요한 경우만 예외에 해당한다.

7번 문항
- 개인정보 : 성명, 주민등록번호, 영상을 통해 개인을 알아볼 수 있는 정보, 이름+전화번호와 같이 다른 정보와 쉽게 결합해 개인을 알아 볼 수 있는 정보를 말한다.
- 민감정보 : 건강, 신념 등 사생활 침해 우려 정보로서 피부질환, 알레르기 유발 성분, 피부과 진료 내역 등은 건강과 관련된 항목으로 민감정보에 해당한다.

모의고사 2회 정답 및 해설

【모의고사 2회 - 2과목 화장품 제조 및 품질관리 해설】

8번 문항
여드름 치유효과 - AHA, 유황성분이 각질을 제거한다.

9번 문항
② 톨루엔 : 손발톱용 제품류에 25%
③ 레조시놀 : 산화염모제에 용법·용량에 따른 혼합물의 염모성분으로서 2%
④ 실버나이트레이트 : 속눈썹 및 눈썹 착색 용도의 제품에 4%
⑤ 칼슘하이드록사이드 : 헤어 스트레이트너 제품에 7%

10번 문항

〈회수대상 위해성 등급[화장품법 시행규칙 제14조의2제2항]〉

가등급 (15일 내 회수완료)	- 화장품의 제조 등에 사용할 수 없는 원료 사용 - 배합한도고시 외 보존제, 색소, 자외선 차단원료 사용 (원료 사용한도 초과)

나등급
(30일 내 회수완료)
	- 안전용기·포장 규정 위반
	- 유통화장품 안전관리 기준 부적합
	  (기능성화장품의 기능성을 나타나게 하는 주원료 함량이
	  기준치에 부족합한 경우는 제외)

다등급
(30일 내 회수완료)
	- 전부 또는 일부가 변패된 화장품
	- 병원미생물에 오염된 화장품
	- 이물이 혼입되었거나 부착된 것 중 보건위생상 위해를 발생할 우려가
	  있는 화장품
	- 유통화장품 안전관리기준 부적합(기능성화장품의 기능성을 나타나게
	  하는 주원료 함량이 기준치에 부적합한 경우만 해당)
	- 사용기한 또는 개봉 후 사용기간(병행 표기된 제조연월일을 포함)을
	  위조·변조한 화장품
	- 그 밖에 화장품제조업자, 화장품책임판매업자 및 맞춤형화장품판매
	  업자 스스로 "국민보건에 위해를 끼칠 우려가 있어" 회수가 필요하다
	  고 판단한 화장품
	- 화장품 판매 등의 금지 규정에 위반되는 화장품

2회 정답 및 해설

11번 문항
화장품 제조 등에 사용할 수 없는 원료를 사용하거나 사용상의 제한이 필요한 원료라고 고시된 원료 외의 보존제, 색소, 자외선 차단제 등을 사용한 화장품의 위해성 등급은 '가등급'이다.
①, ②, ③, ⑤는 사용할 수 없는 원료로 고시된 성분이다.

12번 문항
①, ⑤ - 양이온성 계면활성제
③ - 양쪽성 계면활성제
④ - 음이온성 계면활성제

13번 문항
㉠ - 탈염·탈색제의 주의사항이다.
㉡ - 외음부 세정제의 주의사항이다.
㉣ - 퍼머넌트 웨이브 제품 및 헤어 스트레이너 제품의 주의사항이다.

14번 문항
② - 염모제 : 모발의 색상을 변화시키기 위하여 사용하는 제품
③ - 정발제 : 모발을 물리적으로 원하는 형태로 만들고 형태를 고정시키기 위하여 사용하는 제품
④ - 세정용 모발화장품 : 모발과 두피의 피지, 땀, 각질 등 오염 물질을 제거하여 모발과 두피를 청결하고 건강하게 유지하기 위해 사용하는 제품
⑤ - 퍼머넌트 웨이브 용제 : 모발에 웨이브를 만들기 위하여 사용하는 제품

15번 문항
- 양이온 계면활성제 : 헤어컨디셔너, 린스
- 음이온 계면활성제 : 비누, 샴푸, 바디클렌저, 손세정제 등 세정용품
- 비이온 계면활성제 : 기초화장품
- 실리콘계 : 파운데이션, 비비크림 등 W/SI제형

16번 문항
④ 카르복실 비닐폴리머(Carbomer)는 합성고분자 점증제이다.
- 전분 : 식물성 천연점증제
- 잔탄검 : 미생물 유래 천연점증제
- 펙틴 : 식물성(과일추출물) 천연점증제
- 카라기난 : 식물성(해초추출물) 천연점증제

17번 문항
- 천수국꽃 추출물 또는 오일은 2019년 사용금지 원료로 신규 지정되었다.
  사용상의 제한이 필요한 원료 : 엠디엠하이단토인, 만수국꽃 추출물 또는 오일, 만수국아재비꽃 추출물 또는 오일, 하이드롤라이즈드밀단백질

모의고사 2회 정답 및 해설

18번 문항
㉠, ㉢, ㉥, ㉦ - 비이온 계면활성제
양이온 계면활성제는 살균·소독작용이 있고 대전방지효과와 모발에 대한 컨디셔닝효과가 있다.
- 세테아디모늄클로라이드
- 다이스테아릴다이모늄클로라이드
- 베헨트라이모늄클로라이드

19번 문항
음이온 계면활성제는 세정력이 우수하고 기포형성작용이 있어 세정제품에 사용된다.
- 소듐라우릴설페이트
- 소듐라우레스설페이트
- 소듐자일렌설포네이트
- 암모늄라우릴설페이트
- 암모늄라우레스설페이트
- 트라이에탄올아민라우릴설페이트

양쪽성 계면활성제는 피부자극이 적고 세정작용이 있어 베이비샴푸, 저자극샴푸 등에 이용된다
- 코코암포글리시네이트
- 코카미도프로필베타인

20번 문항
탄화수소는 탄소와 수소로 이루어진 물질로 미네랄오일, 페트롤라튬, 스쿠알렌, 스쿠알란, 폴리부텐, 하이드로제네이티드폴리부텐 등이 있다.
미네랄오일, 페트롤라튬, 스쿠알란은 화장품에서 오일로 사용됨.
합성에 의해 만들어지는 폴리부텐류는 끈적거리는 사용감으로 립크로스 제형에서 부착력과 광택을 주는 데 사용된다.

21번 문항
광물성에서 유래되는 클레이, 실리카 등은 비수계 점증제 겸 무기계 점증제이다

22번 문항
기초화장품, 색조화장품, 헤어케어 화장품 등에서 널리 사용되고 있다.

23번 문항

〈합성 무기안료 분류〉

징크옥사이드	백색의 분말로 피부보호, 진정작용, 무정형의 특징을 갖는다.
티타늄디옥사이드	백색안료로 자외선차단제로 활용된다.
비스머스옥시클로라이드	백색의 분말로 진주광택을 띤다.
징크스테아레이트	진정작용
마그네슘스테아레이트	불투명화, 안료간 결합제, 부착력과 발수성 우수
칼슘스테아레이트	불투명화, 안료간 결합제, 부착력과 발수성 우수

24번 문항
향료는 화장품에서 제품 이미지와 원료 특이취 억제를 위해 제형에 따라 0.1~1.0%까지 사용되고 있다.

25번 문항
레티놀 - 주름개선의 성분으로 기능성 성분이다.

26번 문항

〈유성원료의 구분〉

액상유성성분	식물성 오일, 동물성 오일, 광물성 오일, 실리콘, 에스테류, 탄화수소류
고형유성성분	왁스, 고급 지방산, 고급 알코올

27번 문항
메이크업용 제품, 눈화장용 제품, 염모용 제품 및 매니큐어용 제품에서 호수별로 착색제가 다르게 사용된 경우 〈± 또는 +/- 〉의 표시 뒤에 사용된 모든 착색제 성분을 공동으로 기재할 수 있다.

모의고사 2회 정답 및 해설

【모의고사 2회 - 3과목 유통화장품 안전관리 해설】

28번 문항
작업복은 정기 교체주기 6개월로 정해야 한다.

29번 문항
효율적이며 안전한 조작을 위한 적절한 공간이 제공되어야 한다.

30번 문항

31번 문항
윈도우 피리어드(Window Period)는 감염 초기에 세균, 진균, 바이러스 및 그 항원·항체·유전자 등을 검출할 수 없는 기간을 말한다.

32번 문항
① - 함량이 1% 이하로 사용된 성분, 착향제 또는 착색제는 함량이 순서에 상관없이 기재·표시한다.
② - 혼합원료는 혼합 후의 최종 성분이 아니라 혼합된 개별 성분의 명칭을 기재·표시한다.
③ - 화장품 제조에 사용된 함량은 많은 것부터 순서대로 기재·표시한다.
⑤ - 글자의 크기는 5포인트 이상으로 한다.

33번 문항
- 바닥, 벽, 천장은 가능하면 청소하기 쉽게 매끄러운 표면을 지니고, 소독제 등의 부식성에 저항력이 있는 재질로 구비한다.
- 작업실 내에 설치되어 있는 배수로 및 배수고는 월 1회 락스 소독 후 내용물 잔류물, 기타 이물질 등을 완전히 제거한다.

34번 문항
*배지분류
- 세균용 : 대두카제인 소화한천배지(tryptic soy agar)
- 진균용 : 사부로포도당 한천배지(sabouraud dextrose agar) 또는 포테이토덱스트로즈 한천배지(potatodextrose agar)에 배지 100ml당 클로람페니콜 50mg을 넣음

35번 문항
맞춤형화장품조제관리사 교수·학습 가이드 수록 예시문항

2회 정답 및 해설

36번 문항
〈식품의약품안전처 제3회 시험 예상문제〉
- ① 자외선 차단 성분이 함유되어 있지 않다.
- ② 납의 비의도적 유래물질의 검출 허용 한도는 20mg/g이므로 8mg/g은 유통화장품 안전관리에 문제가 없다.
- ③ 페녹시에탄올이 보존제로서 첨가되어 있다.
- ⑤ 아데노신은 미백이 아니고 주름기능성 화장품 성분이다.

37번 문항
사용기한은 "사용기한" 또는 " ~까지", "연/월/일"을 소비자가 알기 쉽도록 기재·표시해야 한다.
다만, "연/월"로 표시하는 경우 사용기한을 넘지 않는 범위에서 기재·표시해야 한다.
⇨ 제조일자가 2022.11.24. 이므로, 사용기한을 "연/월/일"로 기재·표기 시에는 2024.11.24. 이 넘지 않도록 2024.11.23. 또는 "연/월"로 기재·표기 시에는 2024.10까지로 기재·표기해야 한다.

38번 문항
내용량의 기준(화장품 안전기준 등에 관한 규정 제6조 제5항)
- 제품 3개를 가지고 시험할 때 평균 내용량이 표기량에 대하여 97% 이상
- 위의 기준치를 벗어날 경우 6개를 더 취하여 시험할 때 9개의 평균 내용량이 97% 이상
- 그 밖의 특수한 제품은「대한민국약전」을 따를 것

39번 문항
〈제조시설의 세척 및 평가〉
책임자 지정, 세척방법과 세척에 사용되는 약품 및 기구, 이전 작업 표시 제거방법, 작업 전 청소상태 확인방법, 세척 및 소독 계획, 제조시설의 분해 및 조립 방법, 청소상태 유지방법

41번 문항
방충방서의 절차 순서
현상파악 ⇨ 제조시설의 방충방서체제 확립 ⇨ 방충방서체제 유지 ⇨ 모니터링 ⇨ 방충방서체제 보완

42번 문항
품질에 문제가 있거나 회수 및 반품된 제품의 폐기 또는 재작업 여부는 품질보증 책임자의 의해 승인되어야 한다.

43번 문항
맞춤형화장품 사용 시 관련 부작용 발생사례에 대해서는 지체 없이 식품의약품안전처장에게 보고해야 한다.

모의고사 2회 정답 및 해설

44번 문항
② - 세제 또는 소독제는 효과는 입증되고, 잔류하거나 표면에 이상을 초래해서는 안 된다.
③ - 수세실과 화장실은 접근이 쉬워야 하나 생산 구역과 분리되어 있어야 한다.
④ - 제조 구역별 청소 및 위생관리 절차에 따라 효능이 입증된 세척제 및 소독제를 사용해야 한다.
⑤ - 제조하는 화장품의 종류·제형에 따라 구획·구분하여 교차오염이 없어야 한다.

45번 문항
원자재 용기 및 시험기록서의 필수적인 기재사항이다.

46번 문항
화장품 제조 시에는 정제수만을 사용해야 한다.

47번 문항
①, ②, ④, ⑤ - 눈화장용 제품류로서 미생물 검출 한도는 총호기성생균수 500개/g(mL) 이하이다.
③ - 아이크림은 기타 화장품류로서 총호기성세균수가 1,000개/g(mL) 이하이다.

48번 문항
〈안전용기·포장을 사용해야 하는 품목〉
- 아세톤을 함유하는 네일 에나멜 리무버 및 네일 폴리시 리무버
- 어린이용 오일 등 개별 포장당 탄화수소류를 10% 이상 함유하고 운동점도가 21센티스톡스 이하인 비에멀젼 타입의 액체 상태의 제품
- 개별 포장당 메틸살리실레이트를 5.0% 이상 함유하는 액체 상태의 제품

〈안전용기·포장 대상 기준〉
- 안전용기·포장은 성인이 개봉하기는 어렵지 않고, 만 5세 미만의 어린이는 개봉하기 어렵게 되어야 함
- 일회용 제품, 용기 입구 부분이 펌프 또는 방아쇠로 작동되는 분무용기 제품, 압축 분무용기 제품(에어로졸 제품 등)은 대상에서 제외함.

49번 문항
완제품은 시험 결과 적합으로 판정되고 품질보증 책임자가 출고를 승인한 것만 출고하여야 한다.

50번 문항
위험에 대한 충분한 정보가 부족할 경우에는 위해 평가가 불필요하다.

51번 문항
〈폐기확인서의 포함사항〉
- 폐기 의뢰자 : 상호(법인의 경우 법인의 명칭), 대표자, 전화번호
- 폐기 현황 : 제품명, 제조번호 및 제조일자, 사용기한 또는 개봉 후 사용기간, 포장단위, 폐기량
- 폐기 사유 : 폐기일자, 폐기 장소, 폐기 방법

2회 정답 및 해설

52번 문항
폐기 대상은 따로 보관하고 규정에 따라 신속하게 폐기해야 한다.

【모의고사 2회 - 제 4과목 맞춤형화장품의 이해 해설】

53번 문항
① - 진피는 표피를 지지하는 역할을 한다.
③ - 온도가 낮으면 입모근에 의해 털이 수직 방향으로 세워지고, 소름이 돋는다.
④ - 피지선은 손바닥, 발바닥을 제외한 전신의 피부에 존재하고 신체 부위에 따라 크기, 형태가 다르다.
⑤ - 피지선은 모낭으로 피지를 분비하며 이는 윤활유로 작용하여 털의 손상을 보호한다.

54번 문항
고객에게 추천할 제품은 피지조절과 노폐물 흡착 효과가 있는 제품이다.
ⓔ- 피지조절, ⓜ- 노폐물 흡착, ㉠ - 보습(유연제), ㉡- 미백, ㉢- 자외선차단

55번 문항
①·②- 맞춤형화장품판매업을 하려는 자는 총리령으로 정하는 바에 따라 식품의약품안전처장에게 신고하여야 한다. 신고한 사항 중 총리령으로 정하는 사항을 변경할 때에도 또한 같다.
(화장품법 제3조의2 제1항)
③ 맞춤형화장품판매업을 신고한 자는 총리령으로 정하는 바에 따라 맞춤형화장품의 혼합·소분 업무에 종사하는 자를 두어야 한다. (화장품법 제3조의2 제2항)
④식품의약품안전처장은 자격시험 업무를 효과적으로 수행하기 위하여 필요한 전문인력과 시설을 갖춘 기관 또는 단체를 시험운영기관으로 지정하여 시험업무를 위탁할 수 있다. (화장품법 제3조의4 제3항)

56번 문항
고객에게 추천할 제품은 노폐물 흡착과 보습 효과 있는 제품이다.
㉢ - 노폐물 흡착, ㉣ - 보습, ㉠ - 재생, ㉡ - 미백, ㉤ - 주름

57번 문항
클로로부탄올은 사용 한도 0.5%로 규정된 사용상 제한이 필요한 보존제이다.

58번 문항
분산 상태의 안정성이 양호하며 경시 변화가 적고 상품적 기능이 저하되지 않아야 한다.

모의고사 2회 정답 및 해설

59번 문항
단회 투여 독성시험은 먹었을 때 반수 치사량(동물의 절반을 죽음에 이르게 할 정도의 투여량)을 보는 시험으로 안전성시험으로 사용된다.

60번 문항
〈제품 충진 시 확인해야 할 사항〉
- 충전기의 타입
- 충전 용량(g, mL)
- 포장 기기의 포장 능력과 포장 가능 크기
- 전원 및 전압의 종류
- 필요한 적정 에어 압력
- 단위 시간당 가능 포장 개수
- 스티커 부착기의 경우 부착 위치
- 로트 번호, 포장일자, 유통기한, 바코드를 인쇄할 경우 인쇄 위치 및 문구
- 필요 시 온·습도

61번 문항
〈피막형성제(밀폐제)에 대한 분류〉
- 점증제 : 화장품의 점도를 높여주는 화합물
- 희석제 : 색소를 용이하게 사용하기 위하여 혼합되는 성분
- 계면활성제 : 유성과 수성의 경계면에 흡착해 성질을 변화시킨
- 금속이온봉쇄제 : 품질 저하의 원인이 될 수 있는 금속이온 활성을 억제

62번 문항
맞춤형화장품 판매업소의 소재지변경 시 변경신고를 한다.

63번 문항
화장품 책임판매업을 등록하려는 자는 화장품 책임판매업 등록신청서에 필요서류를 첨부하여 화장품 책임판매업소의 소재지를 관할하는 지방 식품의약품안전청장에게 제출하여야 한다.

64번 문항
㉠, ㉣, ㉥ - 미백효과에 도움을 주는 제품의 유효성 또는 기능성을 입증하는 시험이다.
〈주름개선 효력시험〉
- 세포내 콜라겐 생성시험 : 섬유아세포 배양 시 시료의 세포내 콜라겐 생성증가 정도를 공시험액과 비교하는 시험
- 세포내 콜라게나제활성 억제시험 : 섬유아세포 배양 시 시료가 세포내 콜라게나제 생성억제 정도를 공시료액과 비교하는 시험
- 엘라스타제 활성억제 시험 : 이 시험방법은 시험물질과 대조물질의 섬유아세포 엘라스타제 활성 억제 정도를 비교하는 시험

2회 정답 및 해설

66번 문항

〈장기보존시험 및 가속시험의 물리적 시험항목과 화학적 시험항목 분류〉

물리적 시험항목	비중, 융점, 경도, 점도, pH, 유화상태 등
화학적 시험항목	시험물가용성 성분, 에탄올 가용성 성분, 에탄올 가용성 불검화물, 에탄올 가용성 검화물, 에탄올 불용성 불검화물, 증발잔류물, 에탄올 등

67번 문항
피부의 무게는 성인기준으로 약 4kg 이다.

68번 문항
정상피부 기준으로 각질층의 수분은 약 15~20% 이다.
(10% 이하로 수분량이 떨어질 경우 건조증을 느낄 수 있다)

69번 문항
땀의 구성성분 - 물, 소금, 요소, 암모니아, 아미노산, 단백질, 젖산, 크레아틴 등이다.

70번 문항
제품상담을 통해 맞춤형화장품에 배합하기로 한 화장품 원료가 유통화장품 안전관리에 관한 기준 별표에서 규정한 화장품에 사용할 수 없는 원료인지 소분·혼합 전에 맞춤형화장품조제관리사가 확인하여야 한다.

71번 문항
국내용 제품은 기재·표시 시 한글로 읽기 쉽도록 표시 하고 외국어와 함께 적을 수 있다.

72번 문항
①은 유화분산제형에 대한 설명이다.
유화제형 - 크림, 유액(로션), 영양액, 에센스, 세럼 등

73번 문항
제품에 레티놀(비타민A) 및 그 유도체, 아스코빅애씨드(비타민C) 및 그 유도체, 토코페롤(비타민E), 효소, 과산화화합물이 0.5% 이상 함유되었을 경우 안정성시험 자료를 최종 제조된 제품의 사용기한이 만료되는 날로부터 1년간 보존해야 한다.

74번 문항
- 아데노신 : 주름개선에 효과가 있으나 기능성 고시 원료로 화장품 책임판매업자의 심사를 받거나 또는 보고서를 제출한 기능성화장품이 아니면 사용할 수 없다.
- 토코페롤(비타민E) : 사용상의 제한 원료로 맞춤형화장품조제관리사는 사용할 수 없다.

모의고사 2회 정답 및 해설

75번 문항
저밀도 폴리에틸렌 - 반투명, 광택성, 유연성 우수

77번 문항
모발은 수소결합, 염결합, 디설파이드(시스틴)결합, 펩티드 결합이 존재한다.

78번 문항
가용화 제형은 미쉘의 입자가 작아서 반투명 혹은 투명하다.

79번 문항
필라그린은 표피의 각질층에 존재한다.

80번 문항
화장품 바코드 표시 및 관리요령(식품의약품안전처 고시)에 따르면 화장품 바코드 표시는 국내에서 화장품을 유통·판매하고자 하는 화장품 책임판매업자가 의무자이다.

2회 정답 및 해설

【단답형 해설】

81번 문항
눈 화장용 제품은 35㎍/g 이하, 색조 화장용 제품은 30㎍/g 이하, 그 밖의 제품은 10㎍/g 이하이다.

82번 문항
〈과징금의 부과기준(개인정보 보호법 시행령 제40조의2 제3항)〉
통지를 받은 자는 통지를 받은 날부터 30일 이내에 행정안전부장관이 정하는 수납기관에 과징금을 납부하여야 한다. 다만, 천재지변이나 그 밖에 부득이한 사유로 인하여 인하여 그 기간 내에 과징금을 납부할 수 없는 경우에는 그 사유가 없어진 날부터 7일 이내에 납부하여야 한다.

83번 문항
지질의 구성성분 : 세라마이드 40%, 유리지방산 25%, 콜레스테롤 25% 등

84번 문항
- 인체 내 시험 : 사람을 대상으로 하는 방법
- 인체 외 시험 : 실험실의 배양접시, 인체로부터 분리한 모발 및 피부, 인공피부 등 인위적 환경에서 시험물질과 대조물질 처리 후 결과를 측정하는 방법

91번 문항
각질세포는 4개의 표피층을 차례로 통과하여 위쪽으로 이동하고 기저층에서 각질층에 이르기까지 약 14일이 걸리고 각질층이 되어 떨어질 때까지 약 14일이 소요된다.

92번 문항
각질층은 최외각에 위치하며, 케라틴 약 58%, 천연보습인자(NMF) 약 31%, 세포간지질 약 11%로 구성되어 있다.

맞춤형화장품 조제관리사 모의고사

정답 및 해설

3회

모의고사 3회 정답 및 해설

맞춤형화장품조제관리사 모의고사 3회 정답 및 해설

객관식																			
1	②	2	③	3	⑤	4	⑤	5	④	6	④	7	①	8	⑤	9	①	10	②
11	②	12	①	13	③	14	⑤	15	④	16	②	17	④	18	①	19	③	20	③
21	①	22	⑤	23	①	24	④	25	③	26	⑤	27	⑤	28	②	29	④	30	①
31	①	32	③	33	②	34	③	35	③	36	①	37	④	38	⑤	39	⑤	40	②
41	④	42	③	43	①	44	③	45	②	46	⑤	47	⑤	48	①	49	①	50	④
51	④	52	②	53	③	54	③	55	③	56	①	57	④	58	①	59	②	60	④
61	①	62	①	63	③	64	⑤	65	③	66	①	67	②	68	④	69	①	70	⑤
71	③	72	③	73	③	74	②	75	⑤	76	①	77	②	78	②	79	④	80	④

주관식			
81	책임판매관리자	82	안전성 정보
83	개인정보 보호책임자	84	디아졸리디닐우레아, 페녹시에탄올
85	레이크	86	손·발의 피부연화
87	아밀신남알, 벤질벤조에이트	88	㉠ 3, ㉡ 1
89	㉠ 친수성(수용성), ㉡ 친유성(지용성)	90	사용기한
91	칼리납	92	라멜라구조
93	비듬	94	맹검 사용시험
95	토코페롤(비타민 E)	96	자외선 산란제
97	0.5	98	물을 포함하지 않는 제품, 사용 후 곧 바로 씻어내는 제품
99	㉠ 인체적용, ㉡ 10	100	8800, 부적합

【모의고사 3회 - 1과목 화장품법의 이해 해설】

1번 문항
영업등록의 결격사유 중 마약류의 중독자 및 정신질환자는 제조업 등록에만 해당하며, 화장품영업 등록 및 신고 중 결격사유의 어느 하나에 해당되면 영업이 취소된다.

<영업 등록 및 신고의 결격사유>

결격사유	화장품 제조업	화장품 책임판매업	맞춤형 화장품판매업
정신질환자 (전문의가 적합하다고 인정하는 사람은 제외)	○	×	×
마약류의 중독자	○	×	×
피성년후견인 또는 파산선고를 받고 복권되지 않은자	○	○	○
「화장품법」, 「보건범죄 단속에 관한 특별조치법」을 위반하여 금고 이상의 형을 선고받고 집행이 끝나지 않았거나 집행을 받지 않기로 확정되지 않은 자	○	○	○
등록 취소 또는 영업소가 폐쇄된 날부터 1년이 지나지 않은자	○	○	○

2번 문항
<맞춤형화장품 판매업소 소재지 변경 미신고시 행정처분>
- 1차 위반 : 판매업무정지 1개월
- 2차 위반 : 판매업무정지 2개월
- 3차 위반 : 판매업무정지 3개월
- 4차 이상위반 : 판매업무정지 4개월

3번 문항
맞춤형화장품조제관리사 자격시험에 합격한 사람으로서 화장품 제조 또는 품질관리 업무에
1년 이상 종사한 자

4번 문항
화장품책임판매업자가 중요한 유해사례를 알았거나 판매중지나 회수에 준하는 외국정보의 조치 등을 알았을 때에는 15일 이내, 정기보고는 매 반기 종료 후 1개월 이내에 식품의약품안전처장에게 보고

모의고사 3회 정답 및 해설

(상시근로자수가 2인 이하로서 직접 제조한 화장비누만을 판매하는 화장품책임판매업자는 해당 안전성 정보를 보고하지 아니할 수 있음)

5번 문항
버블배스는 목욕용 제품류이다.

인체 세정용 제품류	폼 클렌저, 액체비누 및 화장비누, 보디 클렌저, 외음부 세정제, 물휴지 등
목욕용 제품류	목욕용 오일·정제·캡슐, 목욕용 소금류, 버블배스 등

6번 문항
〈중요한 내용의 표시방법〉
- 글씨 크기는 최소한 9포인트 이상이고, 다른 내용보다 20% 이상 크게 작성한다.
- 글씨의 색깔, 굵기, 밑줄 등을 통해 그 내용을 명확히 표시한다.
- 동의 사항이 많아 내용이 명확히 구분되기 어려운 경우 중요한 내용은 별도로 구분하여 표시한다.

7번 문항
① - 3천만원 이하의 과태료
②, ③, ④, ⑤ - 1천만원 이하의 과태료

【모의고사 3회 - 2과목 화장품 제조 및 품질관리 해설】

8번 문항
①, ②, ③, ④ - 고급 지방산
⑤ - 수용성 비타민 중 하나로 비타민C를 말한다.

9번 문항
피부에 멜라닌색소가 침착하는 것을 방지하여 기미·주근깨 등의 생성을 억제함으로써 피부의 미백에 도움을 준다.

10번 문항
② 정발제 : 모발의 물리적으로 원하는 형태로 만들어 주고 형태를 고정시켜주기 위해 사용한다.

ex) 헤어오일, 헤어 스프레이, 헤어 젤, 헤어 왁스 등

11번 문항
②은 「화장품 안전기준 등에 관한 규정」에 따라 사용할 수 없는 원료이다.
①은 1.0%의 사용한도가 있는 보존제
  (다만, 두발염색용 제품류에 용제로 사용할 경우에는 10%)
③, ④은 0.15%의 사용한도가 있는 보존제
⑤은 1.0%의 사용한도가 있는 보존제

12번 문항
㉠ - 천연화장품, 유기농화장품을 판매하는 경우 인증이 필요 없다.
㉡ - 인증의 유효기간은 인증을 받은 날로부터 3년이다.
㉢ - 인증의 유효기간을 연장 받으려는 경우에는 유효기간 만료 90일 전까지 그 인증을 한 인증기관에 식품의약품안전처장이 정하여 고시한 서류를 갖추어 제출해야 한다.

13번 문항
① - 영유아용 제품류 또는 만 13세 이하 어린이가 사용할 수 있음을 특정하여 표시하는 제품에는 사용금지(다만, 샴푸는 제외)
② - 영유아용 제품류 또는 만 13세 이하 어린이가 사용할 수 있음을 특정하여 표시하는 제품에는 사용금지(목욕용 제품, 샤워젤류 및 삼푸류는 제외)
④ - 사용상의 제한이 필요한 원료이므로 맞춤형화장품에 사용할 수 없다.
⑤ - 화장품에 사용할 수 없는 원료이다.

14번 문항
리도카인은 사용금지 원료이다.
< 착향제(향료)성분 중 알레르기 유발 물질 >

성분명	
리날룰	신나밀알코올
리모넨	아밀신나밀알코올
벤질벤조에이트	신남알
벤질살리실레이트	아밀신남알
벤질신나메이트	헥실신남알
벤질알코올	메틸2- 옥티노에이트
유제놀	부틸페닐메틸프로피오날
아이소유제놀제라니올	알파- 아이소메틸아이오논
아니스알코올	쿠마린
시트랄	파네솔
시트로넬올	참나무이끼추출물나무이끼추출물
하이드록시시트로넬알	

모의고사 3회 정답 및 해설

15번 문항

〈천연화장품 및 유기농화장품의 제조에 금지되는 공정〉

구분	공정명	비고
금지되는 제조공정	탈색, 탈취	동물 유래
	방사선 조사	알파선, 감마선
	설폰화	
	에칠렌 옥사이드, 프로필렌 옥사이드 또는 다른 알켄 옥사이드 사용	
	수은화합물을 사용한 처리	
	포름알데하이드 사용	

16번 문항

천연화장품 및 유기농화장품에는 합성 원료는 5%, 천연유래와 석유화학 부분을 포함하고 있는 원료는 2% 이내 사용 가능하다.
② - 천연유래와 석유화학 부분을 포함하고 있는 원료이다.

17번 문항

'사용기한'에 대한 설명이다.

18번 문항

② - 원자재, 반제품 및 벌크제품은 바닥에 닿지 않도록 보관하고, 특별한 사유가 없는 한 선입선출에 의해 출고될 수 있도록 보관한다.
③ - 원자재, 반제품 및 벌크제품은 품질에 나쁜 영향을 미치지 아니하는 조건에서 보관해야 하며, 보관기한을 설정하고, 주기적으로 재고 점검을 수행해야 한다.
④ - 원자재, 시험 중인 제품 및 부적합품은 각각 구획된 장소에서 보관해야 한다.
　　다만, 서로 혼동을 일으킬 우려가 없는 시스템에 의해 보관되는 경우는 제외한다.
⑤ - 설정된 보관기한이 지나면 사용의 적절성을 결정하기 위해 재평가 시스템을 확립해야하며, 동 시스템을 통해 보관기한이 경과한 경우 사용하지 않도록 규정한다.

3회 정답 및 해설

19번 문항
티이에이-살리실레이트 - 12%

〈 자외선 차단성분 및 사용한도 〉

성분명	사용한도
로우손과 디하이드록시아세톤의 혼합물	로우손 0.25%, 디하이드록시아세톤 3.0%
드로메트리졸	1.0%
벤조페논-8(디옥시벤존)	3.0%
4-메칠벤질리덴캠퍼	4.0%
페닐벤즈이미다졸설포닉애씨드	4.0%
벤조페논-3(옥시벤존)	5.0%
벤조페논-4	5.0%
에칠디하이드록시프로필파바	5.0%
에칠헥실살리실레이트	5.0%
에칠헥실트리아존	5.0%
디갈로일트리올리에이트	5.0%
멘틸안트라닐레이트	5.0%
부틸메톡시디벤조일메탄	5.0%
시녹세이트	5.0%
에칠헥실메톡시신나메이트	7.5%
에칠헥실디메칠파바	8.0%
옥토크릴렌	10%
호모살레이트	10%
이소아밀-p-메톡시신나메이트	10%
비스에칠헥실옥시페놀메톡시페닐트리아진	10%
디에칠헥실부타미도트리아존	10%
폴리실리콘-15	10%
메칠렌비스-벤조트리아졸릴테트라메칠부틸페놀	10%
디에칠아미노하이드록시벤조일헥실벤조에이트	10%
테레프탈릴리덴디캠퍼솔포닉애씨드 및 그 염류	산으로서 10%
디소듐페닐디벤즈이미다졸테트라설포네이트	산으로서 10%
티이에이-살리실레이트	12%
드로메트리졸트리실록산	15%
징크옥사이드	25%(자외선 산란제)
티타늄디옥사이드	25%(자외선 산란제)

모의고사 3회 정답 및 해설

20번 문항
- 실버나이트레이트 함유 제품 : 눈에 접촉을 피하고 눈에 들어갔을 때는 즉시 씻어낼 것
- 스테아린산아연 함유 제품(기초화장용 제품류 중 파우더 제품에 한함) : 사용 시 흡입되지 않도록 주의할 것

21번 문항
팩의 개별 주의사항에 대한 설명이다.

22번 문항
⑤은 위해성에 대한 설명이다.

23번 문항
① - 고급 알코올에 해당됨.
②, ③, ④, ⑤ - 화장품에 사용할 수 없는 원료로 규정되어있다. 가등급 위해성이다.

24번 문항

〈위해성 등급에 따른 회수 기간〉

가등급	회수를 시작한 날부터 15일 이내 회수되어야 함
나등급	회수를 시작한 날부터 30일 이내 회수되어야 함
다등급	

27번 문항
비타민 P(플라보노이드)는 수용성 비타민이다.
- 감귤류 색소인 플라본류를 총칭하는 화합물
- 콜라겐을 만드는 비타민 C의 기능을 도움

【모의고사 3회 - 3과목 유통화장품 안전관리 해설】

28번 문항
탱크의 바깥 면들은 정기적으로 청소한다.
제조 구역에서 흘린 것은 신속히 청소하고, 폐기물(여과지, 개스킷, 폐지, 플라스틱 봉지)은 주기적으로 버려 장기간 모아놓거나 쌓아두지 않아야 한다.

3회 정답 및 해설

29번 문항
〈작업장의 낙하균 측정법 노출시간〉
- 청정도가 높은 시설 : 30분 이상 노출
- 청정도가 낮고, 오염도가 높은 시설 : 측정 시간 단축

31번 문항
소독제의 종류는 물리적 소독, 화학적 소독으로 나뉜다.
① - 물리적 소독
②, ③, ④, ⑤ - 화학적 소독

32번 문항
제조공장은 깨끗하고 정돈된 상태로 유지하기 위해 필요할 때 청소가 수행되어야 한다. 이러한 직무를 수행하는 모든 사람은 적절하게 교육되어야 한다.

33번 문항
②은 세제의 요구조건이다.
〈세제의 요구조건〉
- 우수한 세정력과 표면 보호
- 세정 후 표면에 잔류물이 없는 건조 상태
- 사용 및 계량의 편리성
- 적절한 기포 거동
- 인체 및 환경 안전성 및 충분한 저장 안정성

34번 문항
화장실 바닥에 있는 이물을 완전히 제거하고 소독제로 세척해야 한다.

35번 문항
의약품을 포함한 개인 물품은 별도의 지역에 보관해야 한다.
음식 및 음료 섭취, 흡연 등은 제조 및 보관 지역과 분리된 곳에서 해야 한다.

36번 문항
〈작업자 정기적 교육내용〉
- 손씻기
- 제품 오염 방지
- 복장상태
- 건강상태
- 작업 중 주의사항
- 방문객 및 교육 훈련을 받지 않은 직원 위생관리

모의고사 3회 정답 및 해설

37번 문항

①, ②, ③, ⑤ - 손 소독제 종류이다.
〈작업자 소독을 위한 소독제의 종류와 사용법〉

종류	설 명	사용법
알코올	단백질 변성기전으로 소독 및 살균 효과	70~80% 농도로 사용
클로르헥시딘	양이온 항균제, 세포질막의 파괴로 소독 효과	약 0.5~4.0% 농도로 사용
헥시클로로펜	세포벽 파괴로 소독 효과약	3.0% 농도로 사용
아이오도퍼	세포 단백질 합성 저해와 세포막 변성에 의한 소독 효과	약 0.5~10% 농도로 사용

38번 문항
미생물시험실은 2등급 대상시설이다.
2등급 관리기준은 낙하균 30개/hr 또는 부유균 200개/m^{3}이다.

39번 문항
〈안전용기·포장 대상 품목의 기준〉
- 일회용 제품, 용기 입구 부분이 펌프 또는 방아쇠로 작동되는 분무용기 제품, 압축 분무용기 제품(에어로졸 제품 등)은 제외
- 안전용기·포장은 성인이 개봉하기는 어렵지 아니하나 만 5세 미만의 어린이가 개봉하기는 어렵게 된 것이어야 한다.
  1. 아세톤을 함유하는 네일 에나멜 리무버 및 네일 폴리시 리무버
  2. 어린이용 오일 등 개별포장 당 탄화수소류를 10% 이상 함유하고 운동점도가 21센티스톡스(섭씨 40도 기준) 이하인 비에멀젼 타입의 액체상태의 제품
  3. 개별포장당 메틸 살리실레이트를 5퍼센트 이상 함유하는 액체상태의 제품

40번 문항
제조 및 품질관리에 필요한 설비의 위생 기준은 자동화 시스템을 도입한 경우에도 같다.

41번 문항
- 펌프 : 다양한 점도의 액체를 다른 지점으로 이동시키기 위해 사용한다.
- 칭량장치 : 원료, 제조 과정 중 재료 및 완제품에서 요구되는 성분표 양과 기준을 만족하는지를 보증하기 위해 중량적으로 측정하는 장치이다.
- 게이지와 미터기 : 온도, 압력, 흐름, 점도 등 화장품의 특성을 측정 및 기록하기 위해 사용한다.
- 호스 : 한 위치에서 다른 위치로 제품을 전달하기 위해 사용한다.

3회 정답 및 해설

42번 문항
③은 내부감사에 대한 설명이다.
감사 : 제조 및 품질과 관련한 결과가 계획된 사항과 일치하는지의 여부와 제조 및 품질관리가 효과적으로 실행되고 목적 달성에 적합한지 여부를 결정하기 위한 체계적이고 독립적인 조사이다.

44번 문항
수은 1㎍/g 이하 이다.
완전 제거가 불가능한 성분의 검출 허용한도란 화장품 제조 시 아래 물질을 인위적으로 첨가하지 않았으나, 제조 또는 보관 과정 중 비의도적으로 유래된 사실이 객관적인 자료로 확인되고 기술적으로 해당 물질을 완전히 제거할 수 없는 경우 각 물질의 검출 허용한도를 말하는 것이다.

45번 문항
영유아용 제품류 및 눈화장용 제품류 - 총호기성생균수 500개/g(mL) 이하

46번 문항
화장품책임판매업자의 역할이다.

47번 문항
⑤은 반제품의 보관 기준에 대한 설명이다.
〈반제품의 보관 기준〉
- 반제품은 품질이 변하지 않도록 적당한 용기에 넣어 지정된 장소에서 보관하고 용기에 다음 사항을 표시해야 한다.
  · 명칭 또는 확인코드
  · 제조번호
  · 완료된 공정명
  · 필요한 경우에는 보관 조건
- 최대 보관기한을 설정해야 하며, 최대 보관기한이 가까워진 반제품은 완제품 제조전에 품질 이상, 변질, 변색, 변취 여부 등을 확인해야 한다.

49번 문항
공여자 DNA는 민감정보이다.
세포 또는 조직에 대한 품질 및 안전성 확보에 필요한 정보를 확인할 수 있도록 다음의 내용을 포함한 세포 · 조직 채취 및 검사기록서를 작성 · 보관하여야 한다.
- 채취한 의료기관 명칭
- 채취 연월일
- 공여자 식별 번호
- 공여자의 적격성 평가 결과
- 동의서
- 세포 또는 조직의 종류, 채취방법, 채취량, 사용한 재료 등의 정보

모의고사 3회 정답 및 해설

50번 문항
〈인체 세포·조직 배양액의 안전성시험 자료〉
- 단회 투여 독성시험 자료
- 반복 투여 독성시험 자료
- 1차 피부 자극시험 자료
- 안점막 자극 또는 기타 점막 자극시험 자료
- 피부 감작성시험 자료
- 인체 세포·조직 배양액의 구성 성분에 관한 자료
- 유전 독성시험 자료
- 인체 첩포시험자료
- 광독성 및 광감작성 시험자료(자외선에서 흡수가 없음을 입증하는 흡광도 시험자료를 제출하는 경우에는 제외함)

51번 문항
질소가 충전된 경우 뚜껑을 천천히 열어 질소가 서서히 빠져나가도록 한다.

52번 문항
각 뱃치를 대표하는 검체를 보관한다.

【모의고사 3회 - 제 4과목 맞춤형화장품의 이해 해설】

53번 문항
화장품책임판매업자는 신속보고하지 않은 지난해의 화장품의 안전성 정보를 매 반기 종료 후 1월 이내에 식품의약품안전처장에게 보고하여야 하며 이를 '안전성 정보의 정기보고'라고 한다.

54번 문항
자격시험이 정지되거나 합격이 무효가 된 사람은 그 처분이 있는 날부터 3년간 자격시험에 응시 불가하다.

55번 문항
③은 광독성시험에 대한 설명이다.
- 광감작성시험 : 광조사를 하여 자외선에 의해 생기는 접촉 감작성(접촉 알레르기)을 평가함

3회 정답 및 해설

56번 문항
- ㉠ 맞춤형화장품 제도는 개성과 다양성을 추구하는 소비자가 증가하였다.
- ㉡ 맞춤형화장품은 소비자 중심으로 소비자의 특성 및 기호에 따라 즉석에서 제품을 혼합·소분하여 판매하는 소량 생산 방식이다.

57번 문항

〈진피에 존재하는 세포〉

대식세포	백혈구의 한 유형, 선천 면역과 적응 면역에 관여
비만세포	염증 반응에 중요한 역할, 히스타민, 세로토닌 생성
섬유아세포	결합조직세포로 세포외기질인 콜라겐과 엘라스틴 생성

58번 문항
①은 모간부분의 모표피에 대한 설명이다.

59번 문항

〈두피의 기능〉

보호	- 멜라닌색소와 표피는 광선으로부터 두피를 보호함. - 표면이 산성막으로 되어 있어 감염과 미생물의 침입으로부터 두피를 보호함 - 외부 마찰에 대항하여 외부 환경으로부터 두피 내부를 보호하는 역할 호흡
호흡	- 두피에 각질이나 노폐물이 쌓이면 두피의 모공을 막아 피부의 호흡을 저해할 수 있음
분비와 배설	- 한선에서는 땀 배출을, 피지선에서는 피지를 분비함 체온 유지
체온 유지	- 입모근에서는 수축과 이완을 통해 모공을 개폐하여 체온을 유지하고, 모세혈관의 혈류량을 조절하여 체온을 조절함

60번 문항
- 점도, 경도 : 실온에 방치한 뒤 용기에 넣고 점도, 경도 범위에 적합한 회전봉을 사용하여 점도를 측정하고, 점도가 높을 경우에는 경도를 측정

모의고사 3회 정답 및 해설

61번 문항

〈제품별 관능평가 요소〉

스킨, 토너	탁도, 변취
로션, 에센스	변취, 분리(성상), 점도, 경도
크림	변취, 분리(성상), 점도, 경도, 증발, 표면 굳음
메이크업 베이스, 파운데이션	변취, 점도, 경도, 증발, 표면 굳음
립스틱	변취, 분리(성상), 점도, 경도

62번 문항
①은 광학적 관능 요소의 관능 용어이다.

63번 문항
맞춤형화장품 사용과 관련된 부작용 사례가 발생하면 지체 없이 식품의약품안전처장에게 보고해야 한다.

64번 문항
피지 분비량 감소는 화장품의 부작용으로 볼 수 없다.

65번 문항
벤질알코올은 보존제 성분으로 1.0% 한도로 사용이 제한된 원료이다.

66번 문항
전문가 외에 소비자에 의한 자가평가도 관능평가에 해당한다.

67번 문항
나이아신아마이드, 유용성 감초추출물은 미백에 효과는 있으나 기능성 고시 원료로 화장품책임판매업자의 심사 또는 보고서를 받은 기능성화장품이 아니면 사용할 수 없다.
- 세라마이드, 글리세린 : 보습효과
- 아스코빅애씨드(비타민 C) : 미백효과

68번 문항
〈제품별 포장공간 기준〉
- 인체 및 두발 세정용 제품류 : 15%이하 (포장 최대 2차)
- 그 외 화장품류 : 10% 이하(향수 제외/포장 최대 2차)
- 종합세트 화장품류 : 25% 이하(포장 최대 2차)
- 최소 판매단위 제품 2개 이상을 함께 포장 구성할 경우 : 40% 이하(포장최대 3차)

3회 정답 및 해설

69번 문항
①은 1차 위반 시 해당 품목 판매 또는 광고 업무정지 3개월에 해당한다.

71번 문항
적정 재고를 유지하기 위해
발주 - 입고 - 라벨 첨부 - 보관 - 불출 순서를 따른다.

72번 문항
원료와 원료를 혼합하는 것은 화장품 제조에 해당한다.

73번 문항
③은 인체적용시험 자료에 해당한다.
효과 발현의 작용기전이 포함되어야 하는 성분 효력에 대한 비임상시험 자료를 효력시험 자료라고 한다.

74번 문항
혼합·소분 전에 내용물 및 원료에 대한 품질성적서를 확인해야 한다.

75번 문항
보관기한을 설정해야 한다.

76번 문항
- 티트리 오일 : 항염효과
- 글리세린, 코코넛 오일, 부틸렌글라이콜 : 보습작용
- 토코페롤 : 사용제한 원료로 사용할 수 없다.
- 아데노신 : 주름 개선에 도움을 주는 기능성화장품 고시 원료

77번 문항
- ㉡, ㉢, ㉥은 수분증발 억제 및 수분 흡수를 돕는 성분이다.
- 1,2 헥산다이올 : 부패를 방지하는 보존제

78번 문항
물에 함유되어 있는 이온, 고체입자, 미생물 등을 모두 제거한 물을 정제수라고 한다.

79번 문항
손으로 누르거나 만져서 분석하는 것은 촉진법이다.
①, ②, ③, ⑤ - 기기를 이용한 판독법이다.

모의고사 3회 정답 및 해설

80번 문항
남성호르몬을 테스토스테론이라 한다.
5α - 리덕타아제(5α - 환원효소)는 남성호르몬인 테스토스테론을 디히드로테스토스테론으로 환원시키는 데 관여한다.

【단답형 해설】

98번 문항
영·유아용제품(영·유아용 샴푸, 영·유아용 린스, 영·유아용 인체 세정용 제품, 영·유아 목욕용 제품 제외), 눈 화장용 제품류, 색조 화장품 제품류, 두발용 제품류(샴푸, 린스 제외), 면도용 제품류(셰이빙 크림, 셰이빙폼 제외), 기초화장용 제품류(클렌징 워터, 클렌징 오일, 클렌징 로션, 클렌징 크림 등 메이크업 리무버 제품 제외)중 액, 로션, 크림 및 이와 유사한 제형의 액상제품은 pH기준이 3.0 ~ 9.0 이어야 한다.
다만, 물을 포함하지 않는 제품과 사용한 후 곧바로 물로 씻어내는 제품은 제외한다.

100번 문항
각 배지에서 검출된 집락 수

	각 배지에서 검출된 집락 수		
	평판1	평판2	평균
세균용 배지	66	58	62
진균용 배지	28	24	26
세균수	$\{(66+58) \div 2\} \times 10 \div 0.1 = 6200$		
진균수	$\{(28+24) \div 2\} \times 10 \div 0.1 = 2600$		
총 호기성 생균수	$6200 + 2600 = 8800$		

맞춤형화장품 조제관리사 모의고사

정답 및 해설

4회

모의고사 4회 정답 및 해설

맞춤형화장품조제관리사 모의고사 4회 정답 및 해설

객관식																			
1	①	2	③	3	③	4	④	5	⑤	6	⑤	7	②	8	②	9	⑤	10	①
11	③	12	③	13	④	14	①	15	④	16	③	17	④	18	①	19	②	20	⑤
21	⑤	22	②	23	②	24	③	25	②	26	④	27	②	28	③	29	③	30	①
31	④	32	②	33	④	34	④	35	③	36	⑤	37	⑤	38	②	39	②	40	③
41	①	42	⑤	43	⑤	44	⑤	45	③	46	④	47	②	48	①	49	①	50	②
51	③	52	①	53	②	54	②	55	③	56	⑤	57	①	58	⑤	59	②	60	②
61	⑤	62	③	63	④	64	②	65	①	66	④	67	⑤	68	⑤	69	④	70	④
71	①	72	②	73	③	74	②	75	④	76	①	77	③	78	⑤	79	③	80	③

주관식			
81	㉠ 데오도런트, ㉡ 트리클로산, ㉢ 0.3	82	적색 206
83	㉠ 소듐라우릴설페이트 ㉡ 코카미도프로필베타인 ㉢ 폴리쿼터늄-10 ㉣ 솔비탄팔미테이트	84	㉠ 최소 홍반량(MED) ㉡ 최소 지속형즉시흑화량(MPPD)
85	㉠ 50, ㉡ 4	86	클렌징 폼
87	㉠ 실증자료, ㉡ 신뢰성	88	㉠ - 맞춤형화장품판매업자 ㉡ - 식품의약품안전처장 ㉢ - 원료의 목록
89	㉠ 15, ㉡ - 2, ㉢ 10	90	에피큐티클
91	㉠ 계면활성제, ㉡ 미셀	92	㉠ 재작업, ㉡ 교정
93	㉠ 청결, ㉡ 모발, ㉢ 표시	94	㉠ 5.0, ㉡ 5.0, ㉢ 2.5
95	㉠ 기밀용기, ㉡ 미생물	96	인체적용시험
97	유화	98	레조시놀, 2.0%
99	비누와 반응	100	6개

4회 정답 및 해설

【모의고사 4회 - 1과목 화장품법의 이해 해설】

1번 문항
"기능성화장품"이란 화장품 중에서 다음 각 목의 어느 하나에 해당되는 것으로서 총리령으로 정하는 화장품을 말한다.
다. 피부를 곱게 태워주거나 자외선으로부터 피부를 보호하는 데에 도움을 주는 제품
라. 모발의 색상 변화·제거 또는 영양공급에 도움을 주는 제품

2번 문항
〈화장품 표시·광고 시 준수사항〉
가. 의약품으로 잘못 인식할 우려가 있는 내용, 제품의 명칭 및 효능·효과 등에 대한 표시·광고를 하지 말 것
나. 기능성화장품, 천연화장품 또는 유기농화장품이 아님에도 불구하고 제품의 명칭, 제조방법, 효능·효과 등에 관하여 기능성화장품, 천연화장품 또는 유기농화장품으로 잘못 인식할 우려가 있는 표시·광고를 하지 말 것
다. 의사·치과의사·한의사·약사·의료기관 또는 그 밖의 자가 이를 지정·공인·추천·지도·연구·개발 또는 사용하고 있다는 내용이나 이를 암시하는 등의 표시·광고를 하지 말 것.
라. 외국제품을 국내제품으로 또는 국내제품을 외국제품으로 잘못 인식할 우려가 있는 표시·광고를 하지 말 것
마. 외국과의 기술제품를 하지 않고 외국과의 기술제휴 등을 표현하는 표시·광고를 하지 말것
바. 경쟁상품과 비교하는 표시·광고는 비교 대상 및 기능을 분명히 밝히고 객관적으로 확인 될 수 있는 사항만을 표시·광고하여야 하며, 배타성을 띤 "최고" 또는 "최상" 등의 절대적 표현의 표시·광고를 하지 말 것
사. 사실과 다르거나 부분적으로 사실이라고 하더라도 전체적으로 보아 소비자가 잘못 인식할 우려가 있는 표시·광고 또는 소비자를 속이거나 소비자가 속을 우려가 있는 표시·광고를 하지 말 것
아. 품질·효능 등에 관하여 객관적으로 확인될 수 없거나 확인되지 않았는데도 불구하고 이를 광고하거나 법2조제1호에 따른 화장품의 범위를 벗어나는 표시·광고를 하지 말 것
자. 저속하거나 혐오감을 주는 표현·도안·사진 등을 이용하는 표시·광고를 하지 말 것
차. 국제적 멸종위기종의 가공품이 함유된 화장품임을 표현하거나 암시하는 표시·광고를 하지 말 것
카. 사실 유무와 관계없이 다른 제품을 비방하거나 비방한다고 의심이 되는 표시·광고를 하지 말 것.

3번 문항
식물은 해조류와 같은 해양식물, 버섯과 같은 균사체를 포함하고 있다.

4번 문항
ⓒ, ⓓ, ⓔ, ⓗ, ⓘ은 공공기관에 한하여 개인정보를 목적 외 용도로 이용하거나 제3자에게 제공할 수 있는 경우에 해당하지 않는다.

모의고사 4회 정답 및 해설

5번 문항
수집된 개인정보는 폐업 시 법령 또는 이용자의 요청에 따라 달리 정한 경우를 제외하고는 모두 영구 파기하여야 한다.

6번 문항
①, ② - 화장품제조업의 결격사유이다
③, ④ - 등록취소일로부터 1년이 지나지 않은 자는 화장품책임판매업의 결격사유에 해당한다.

7번 문항
- 맞춤형화장품판매업자는 3년 이하 징역 또는 3천만원 벌금(징역형과 벌금형 함께 부과 가능)
- 소재지 변경은 30일(행정구역 개편에 따른 소재지 변경의 경우에는 90일) 이내에 해당 서류를 제출하면 된다.

【모의고사 4회 - 2과목 화장품 제조 및 품질관리 해설】

8번 문항
- 알부틴이 2% 이상 함유된 제품 사용 시 구진과 경미한 가려움이 보고된 예가 있음을 주의사항에 표기해야 한다.

9번 문항
1.0% 이하로 사용된 성분은 순서 상관없이 기재·표시가 가능하다.
미백 기능성화장품 고시 성분 나이아신아마이드가 최대 사용한도 5.0%이고 사용상 제한이 필요한 원료 중 보존제 성분인 페녹시에탄올이 1.0%이므로 태반 추출물은 1.0% ~ 5.0% 사이임을 알 수 있다.

10번 문항
① 세테아디모늄클로라이드 : 양이온 계면활성제
비이온 계면활성제는 피부자극이 적고 기초 화장품류의 가용화제, 유화제로 사용된다.
 - 폴리소르베이트 계열
 - 소프비탄 계열
 - 폴리글리세린 계열
 - 피오이 계열, 피이지 계열
 - 알카놀아마이드
 - 글리세릴모노스테아레이트

11번 문항

〈보습제 분류〉

휴멕턴트	- 의의 : 수분을 유지시켜 주는 역할 - 종류 : 폴리올(다가알코올), 트레할로스, 우레아(요소), 베타인, AHA, 소듐하이알루로네이트, 소듐콘드로이틴설페이트, 소듐피씨에이, 소듐락테이트, 아미노산 등
폐색제	- 의의 : 수분의 증발을 막아주는 역할 - 종류 : 페트롤라툼, 라놀린, 미네랄 오일 등

12번 문항

타르색소는 석탄의 콜타르에 함유된 방향족 물질을 원료로 하여 합성한 색소로 색상이 선명하여 색조제품에 많이 사용된다. 다만, 안전성에 대한 이슈가 항상 있고 눈 주위, 영·유아용 제품, 어린이용 제품에 사용할 수 없는 타르색소가 정해져 있다. 타르색소에 해당되는 색소는 레이크, 염료가 있다.

13번 문항

〈천연향료의 종류 및 제법〉

에센셜오일	수증기증류법, 냉각압착법, 건식증류법으로 생성된 식물성 원료로부터 얻은 생성물이며 정유라고도 함.
앱솔루트	실온에서 콘크리트, 포마드 또는 레지노이드를 에탄올로 추출해서 얻은 향기를 지닌 생성물
콘크리트	신선한 식물성 원료를 비수용매로 추출하여 얻은 특징적인 냄새를 지닌 추출물
레지노이드	건조된 식물성 원료를 비수용매로 추출하여 얻은 특징적인 냄새를 지닌 추출물
발삼	벤조 및 신나믹 유도체를 함유하고 있는 천연 올레오레진
팅크처	천연원료를 다양한 농도의 에탄올에 침지시켜 얻은 용액
올레오리진	올레오리진

14번 문항

〈자외선 성분 분류〉

자외선 산란제	산화아연(징크옥사이드), 이산화티타늄(티타늄디옥사이드)
자외선 흡수제	옥틸다이메틸파바, 옥틸메톡시신나메이트, 벤조페논유도체, 캄파유도체, 다이벤조일메탄유도체, 갈릭산유도체, 파라아미노벤조산 등

모의고사 4회 정답 및 해설

15번 문항
- 탈모증상의 완화에 도움을 주는 성분 : 덱스판테놀, 비오틴, 엘-멘톨, 징크피리치온액 50%
- 여드름성 피부의 완화에 도움을 주는 성분 : 살리실릭애씨드

16번 문항

〈기초화장품의 제품별 유분함유량〉

영양액	유분량 3~5%
유액	유분량 5~7%
영양크림	유분량 10~30%
아이크림	유분량 10~30%
마사지크림	유분량 50% 이상

17번 문항
- O/W형 유화 타입은 리퀴드 파운데이션이며, 크림 파운데이션은 유중수형(W/O형)으로 커버력이 좋다.

18번 문항
보관조건은 각각의 원료와 포장재의 세부요건에 따라 적절한 방식으로 정의되어야 하며, 원료와 포장재가 재포장될 때, 새로운 용기에는 원래와 동일한 라벨링이 있어야 한다.

19번 문항
- ②은 위해성평가에 대한 설명이다.
위해성이란 인체적용제품에 존재하는 위해요소에 노출되는 경우 인체의 건강을 해칠 수 있는 정도를 말한다.

20번 문항
- ①, ③는 피부 미백에 도움을 주는 기능성화장품 고시 원료
- ② 징크옥사이드는 25%,
- ④ 옥토크릴렌은 10%까지 자료 제출 생략이 가능하다.

21번 문항
염색 2일 전 (48시간 전)에는 패치테스트를 반드시 실시해야 한다. 테스트액을 바른 후 30분 그리고 48시간 후 총 2회를 행한다.

22번 문항
천연화장품 및 유기농화장품의 용기와 포장에 폴리염화비닐(PVC)과 폴리스티렌폼은 사용할 수 없다.

23번 문항
에탄올은 유기용매로 물에 녹지 않는 향료, 색소, 유기안료 등 비극성 물질을 녹인다.

4회 정답 및 해설

24번 문항

완전 제거가 불가능한 성분의 경우 각 물질의 검출 허용한도는 다음과 같다

성분명	함량
납	점토를 원료로 사용한 분말 제품의 경우 50μg/g 이하, 그 밖의 제품은 20μg/g 이하
니켈	눈화장용 제품 35μg/g 이하, 색조화장용 제품 30μg/g 이하, 그 밖의 제품은 10μg/g 이하
비소	10μg/g 이하
안티몬	10μg/g 이하
카드뮴	5μg/g 이하
수은	1μg/g 이하
디옥산	100μg/g 이하
메탄올	0.2(v/v)% 이하, 물휴지는 0.002(v/v)% 이하
포름알데하이드	2,000μg/g 이하, 물휴지는 20μg/g 이하
프탈레이트류	디부틸프탈레이트, 부틸벤질프탈레이트 및 디에칠헥실프탈레이트에 한하여 총합으로서 100μg/g 이하

25번 문항
디옥산은 주로 계면활성제를 포함하는 샴푸, 액상비누, 보디클렌저 등의 제품에 포함되어 있다. 소듐라우레스설페이트에서도 검출된다.

26번 문항
- 브롬산나트륨 함유제제: 브롬산나트륨에 그 품질을 유지하거나 유용성을 높이기 위하여 적당한 용해제, 침투제, 습윤제, 착색제, 유화제, 향료 등을 첨가한 것이다.
- 과산화수소수 함유제제: 과산화수소수 또는 과산화수소수에 그 품질을 유지하거나 유용성을 높이기 위하여 적당한 침투제, 안정제, 습윤제, 착색제, 유화제, 향료 등을 첨가한 것이다.

27번 문항
- ㉠은 실리콘 오일 성분인 사이클로메티콘으로 대체가 가능하다.
- ㉡은 자외선 차단 기능성 고시 성분 중 자외선 산란제 성분인 티타늄디옥사이드로 대체가 가능하다.
- ㉢은 피부 미백 기능성 고시 성분 중 티로시나아제의 활성을 억제하는 성분인 유용성 감초 추출물로 대체가 가능하다.

모의고사 4회 정답 및 해설

【모의고사 4회 - 3과목 유통화장품 안전관리 해설】

28번 문항
ⓒ - 판정 후의 설비는 건조·밀폐해서 보관한다.
ⓔ - 가능한 한 세제를 사용하지 않는다.
ⓢ - 분해할 수 있는 설비는 분해해서 세척한다.

29번 문항
제조일로부터 1년이 경과하지 않았거나 사용기한이 1년 이상 남아있는 경우를 모두 만족하여야 재작업을 할 수 있다.

30번 문항
완전 제거가 불가능한 성분의 검출 허용한도 중 프탈레이트류는 디부틸프탈레이트, 부틸벤질프탈레이트 및 디에칠헥실프탈레이트에 한하여 총합으로서 100㎍/g 이하이다.
디부틸프탈레이트 30㎍/g + 부틸벤질프탈레이트 20㎍/g + 디에칠헥실프탈레이트 10㎍/g = 60㎍/g

32번 문항
<보기>는 유통화장품 안전관리 시험 방법 중 대장균 시험에 대한 방법이다.
①, ③-녹농균 시험과 황색포도상구균 시험은 검체 1g 또는 1mL를 달아 카제인대두소화액체배지를 사용하여 10mL로 하고 30~35℃에서 24~48시간 증균 배양한다.
① 녹농균 시험은 증식이 나타나는 경우는 백금이 등으로 세트리미드한천배지 또는 엔에이씨한천배지에 도말하여 30~35℃에서 24~48시간 배양한다.
③ 황색포도상구균 시험은 증균 배양액을 보겔존슨한천배지 또는 베어드파카한천배지에 이식한 후 30~35℃에서 24시간 배양한다. 균의 집락이 검정색이고 집락 주위에 황색투명대가 형성되며 그람염색법에 따라 염색하여 검경한 결과 그람 양성균으로 나타나면 응고효소시험을 실시한다.

33번 문항
①은 품질보증의 정의
②은 제조의 정의
③은 제조단위 또는 뱃치의 정의
⑤은 감사의 정의
- 유지관리 : 적절한 작업 환경에서 건물과 설비가 유지되도록 정기적·비정기적인 지원 및 검증 작업을 말한다.
- 공정관리 : 제조공정 중 적합 판정 기준의 충족을 보증하기 위하여 공정을 모니터링하거나 조정하는 모든 작업을 말한다.
- 완제품 : 출하를 위해 제품의 포장 및 첨부문서에 표시공정 등을 포함한 모든 제조공정이 완료된 화장품

34번 문항
① - 화장품 제조에 사용된 함량이 많은 것부터 기재·표기한다. 단, 1.0% 이하로 사용된 성분, 착향제 또는 착색제는 순서에 상관없이 기재·표시가 가능하다.
② - 화장품 포장의 글자 크기는 5포인트 이상으로 한다.
③ - 화장품제조업자와 화장품판매업자는 따로 구분하여 기재·표기한다. 다만, 같은 경우는 구분할 필요 없다.
⑤ - 비누화 반응을 거치는 성분은 비누화 반응에 따른 생성물로 기재·표기 할 수 있다.

35번 문항
- 비색법: 비소에 대한 안전관리 시험 방법이다.
- 액체크로마토그래프 - 절대검량선법: 포름알데하이드에 대한 안전관리 시험 방법이다.
- 기체크로마토그래프 - 질량분석기법: 메탄올, 프탈레이트류에 대한 시험방법이다.
- 기체크로마토그래프 - 수소염이온화검출기를 이용하는 방법: 프탈레이트류에 대한 안전관리 시험 방법이다.

36번 문항
- 비소는 10㎍/g 이하로 검출이 허용된다.
- 수은은 1㎍/g 이하로 검출이 허용된다.
- 디옥산은 100㎍/g 이하로 검출이 허용된다.
- 포름알데하이드는 2,000㎍/g 이하, 물휴지는 20㎍/g 이하로 검출이 허용된다.

37번 문항
재작업 실시를 제안하는 것은 제조 책임자이다. 품질보증 책임자는 재작업 실시를 결정한다.

39번 문항
① - 안정성 가이드라인을 제시하고 있다.
③ - 가혹시험은 온도순환(-15 ~ 45℃), 냉동-해동 또는 저온-고온의 가혹 조건을 고려하여 설정할 수 있다.
④ - 개봉 후 안정성시험에 대한 설명이다.
⑤ - 가속시험은 3로트 이상 선정하고, 장기보존시험 온도보다 15℃ 이상 높은 돈도에서 시험해야 한다.

40번 문항
영유아 또는 어린이 사용 화장품책임판매업자는 화장품책임판매업자는 제품별 안전성 자료의 훼손 또는 소실에 대비하기 위해 사본, 백업자료 등을 생성·유지할 수 있다.

모의고사 4회 정답 및 해설

42번 문항
작업소 내의 바닥, 벽, 천장은 청소하기 쉽게 가능한 한 매끄럽게 설계하고, 소독제의 부식성에 저항력이 있어야 한다.

43번 문항
- 금속염(Cu, Zn, Hg), 유기-수은화합물의 항균성을 중화시킬 수 있는 중화제는 이황산수소 나트륨, L-시스테인-SH 화합물, 치오글리콜산이다.
- 레시틴, 사포닌, 폴리솔베이트80은 비구아니드의 항균성을 중화시킬 수 있는 중화제이다.

44번 문항
① - 유리병 내부압력시험
② - 유리병 열 충격시험
③ - 용기의 내열성 및 내한성시험
④ - 접척력시험

45번 문항
설비·기구의 위생 상태 판정 시 사용되는 표면 균 측정법 중 콘택트 플레이트법에 대한 설명이다.

46번 문항
- ㉠ 디티존법: 납의 시험 방법이다.
- ㉣ 액체크로마토그래프-절대검량선법: 포름알데하이드 시험 방법이다.
- ㉤ 유도결합플라즈마-질량분석기를 이용하는 방법: 납, 비소, 니켈, 안티몬, 카드뮴의 시험 방법이다.

49번 문항
- ㉢, ㉤ 가등급에 해당하며 회수를 시작한 날부터 15일 내에 회수되어야 한다.
- ㉣ 다등급에 해당하며 회수를 시작한 날부터 30일 내에 회수되어야 한다.
- ㉥ 나등급에 해당하며 회수를 시작한 날부터 30일 내에 회수되어야 한다.

50번 문항
②는 「화장품법」제5조제8항에 따른 화장품 관련 법령 및 제도에 관한 교육 실시기관이다.

51번 문항
- ㉠ 제조소별로 독립된 제조부서와 품질보증부서를 두어야 하며, 제조부서와 품질보증부서 책임자는 1인이 겸직하지 못한다.
- ㉣ 품질부문의 권한과 독립성은 어떤 경우에도 보장될 수 있도록 조직이 구성되어야 하나 회사 규모가 작은 경우, 보관관리 또는 시험책임자 밑의 담당자 일부는 겸직할 수 있다.

4회 정답 및 해설

52번 문항
맞춤형화장품조제관리사가 아닌 기계를 사용하여 맞춤형화장품을 혼합하거나 소분하는 경우에는 구분·구획된 것으로 보기 때문에 별도로 하지 않아도 된다.

【모의고사 4회 - 제 4과목 맞춤형화장품의 이해 해설】

53번 문항
소비자에게 판매하기 전에 둘 이상의 화장품책임판매업자로부터 제공 받은 내용물 및 원료를 혼합하여 품질 등을 미리 확인 및 검증한 경우 가능하다.

54번 문항
- ㉠, ㉢, ㉤: 48시간
- ㉡: 30분
- ㉣: 2회

(㉠48+㉡30+㉢48+㉣2+㉤48=176)

55번 문항
천연화장품·유기농화장품 인증 신청을 할 수 있는 자로 화장품제조업자, 화장품책임판매업자 또는 총리령으로 정하는 대학·연구소 등 만 규정하고 있어서 맞춤형화장품판매업자는 인증 신청이 불가능 하다.

56번 문항
유화 제조 시 발생한 기포를 제거하지 않을 경우 점도, 비중에 영향을 줄 수 있다.

57번 문항
- 무화과나무잎엡솔루트, 미세플라스틱은 사용할 수 없는 원료이다.
- 글루타랄의 사용한도는 0.1%이며, 입술에 사용되는 제품 및 에어로졸(스프레이에 한함)제품에는 사용할 수 없다.
- 에칠라우로일알지네이트 하이드로클로라이드 0.4%이며, 에어로졸(스프레이에 한함)제품에는 사용할 수 없다.

58번 문항
ppm - 질량백만분율

모의고사 4회 정답 및 해설

59번 문항
- 디스퍼 : 가용화 제품이나 간단한 물질을 혼합할 때 사용한다.
- 디스펜서 : 내용물을 자동으로 소분하고자 할 때 사용한다.
- 호모게나이저 : 물과 기름을 유화시켜 안정한 상태로 유지하기 위해 사용된다.
- 점도계 : 내용물 및 특정 성분의 점도를 측정 할 때 사용한다.
- 광학현미경 : 유화된 내용물의 유화입자의 크기를 관찰할 때 사용한다.
- 오버헤드스터러 : 아지믹서, 프로펠러믹서, 분산기라고도 한다. 내용물에 특정 성분 또는 다른 내용물을 혼합 및 분산할 때 사용하며 점증제를 물에 분산할 때 사용한다.
- 스패츌러 : 혼합 및 소분 시 화장품을 위생적으로 덜어내거나 계량할 때 사용한다.
- 데이케이터 : 표준품 보관시 사용한다.

60번 문항
관능평가 종류 중 맹검 사용시험은 제품의 정보를 제공하지 않는 제품 사용시험이다.

61번 문항
- 경피수분손실량(TEWL) : 피부 표면에서 증발되는 수분량을 나타낸다.
- 피부장벽 : 각질층의 수분 손실을 막고 외부 물질의 침입을 막아준다.
- 세라마이드 : 세포간지질의 50% 정도이며, 각질층의 장벽 기능을 회복 시키고 유지시키는데 중요하다.
- 밀폐제 : 피지처럼 피부 표면에 얇은 소수성 피막을 만들어 수분 증발을 억제하는 성분으로 TEWL을 저하시키며 피막형성제라고도 한다.

62번 문항
〈교수 가이드 예시문항〉
①, ②, ④, ⑤는 동물성 원료이고, ③은 락로즈잎과 꽃에서 추출한 항균성이 뛰어난 가벼운 식물성 오일이다.

63번 문항
〈교수 가이드 예시문항〉
화장품 전성분표시는 함유량 순이다. 닥나무추출물은 기능성화장품 성분으로서 최대 사용 한도가 2%이고, 페녹시에탄올은 사용상 제한 보존제로서 1% 이하로 사용해야 하므로 그 중간에 있는 녹차추출물은 1~2% 정도 사용한 것으로 추측할 수 있다.

64번 문항
〈교수 가이드 예시문항〉
글라이콜릭애씨드는 AHA(과일산)로서 5.0% 정도면 각질제거 효과로 인해 피부자극 우려가 있으므로 ㉠, ㉢, ㉣이 답이 된다.

65번 문항
「인체적용제품의 위해성 평가 등에 관한 규정」중 제13조 독성시험의 실시에 관한 내용이다.

66번 문항
ⓒ, ⓓ, ⓔ은 피부 주름 개선 기능 제품에 대한 유효성 평가시험 및 근거 자료이다.

67번 문항
모발 단백질을 구성하는 아미노산 중 구성 비율이 가장 높은 것은 시스틴(16%), 글루타민산(14%), 아르기닌(9.6%), 글리신(9.5%), 알라닌(4%), 히스티딘(0.9%), 트립토판(0.7%) 등 순이며, 모발을 이루고 있는 아미노산은 18개 이다.

68번 문항
피부노화에 영향을 주는 진피의 변화이다.

69번 문항
한국의약품수출입협회는 화장품책임판매관리자 및 맞춤형화장품조제관리사가 매년 받아야 하는 화장품 안전성 확보 및 품질관리에 관한 교육을 실시하는 기관이다.

70번 문항
알부틴 2%에 대한 개별 주의사항 문구이다.

71번 문항
티로시나아제(타이로시나아제)는 약 0.2%의 구리를 함유하는 구리 단백질이며, 멜라닌형성세포에서 멜라닌색소를 만들 때 작용한다.

72번 문항
알레르기 유발 성분: 유제놀, 벤질알코올, 제라니올
- ⓒ 천연화장품 인증을 받지 않은 제품이며 허용 합성원료가 아닌 디부틸프탈레이트가 함유되어 있다.
- ⓔ 소듐하이드록사이드는 변성제, pH조절제로 사용 소듐하이알루로닉애씨드는 주로 보습제로 사용

74번 문항
제2단계 퍼머액 중 주성분이 과산화수소인 제품은 모발색이 검정에서 갈색으로 변할 수 있으므로 유의해서 사용해야 한다.

75번 문항
- 과립층은 살아 있는 세포와 죽어 있는 세포가 공존하는 층으로 케라틴 단백질이 뭉쳐진 케라토하이알린 과립이 존재하며, 피부 외부의 이물질 침투 방지와 수분 증발 방지 기능을 한다.

76번 문항
- ② 카트리지 필름을 피부에 밀착시켜 측정하는 방법은 유분량을 측정할 때 사용한다.
- ③ 경피수분손실량 측정 방법은 피부장벽의 수분손실량 측정할 때 사용한다.
- ④ 피부에 음압을 가한 후 상태복원 정도를 측정하는 방법은 피부 탄력도를 측정할 때 사용한다.
- ⑤ 근적외선 분광광도계는 멜라닌의 양을 측정할 때 사용한다.

모의고사 4회 정답 및 해설

77번 문항
- ㉠ 멜라닌세포는 기저층에 존재하고 있으며, 멜라닌세포가 만들어낸 멜라닌색소는 각질형성세포와 같이 지속적으로 각질층에서 탈락한다.
- ㉣ 피부에는 모세혈관이 존재한다. 진피에 분포하고 있다.
- ㉤ 비만세포는 히스타민, 헤파린 등을 함유한 과립을 갖고 있는 백혈구의 일종이다. 지방세포를 만들지 않는다.

78번 문항
〈맞춤형화장품 판매내역서〉에는 다음 내용이 작성·보관되어야 한다.
1. 제조번호(맞춤형화장품의 경우 식별번호를 제조번호로 함)
2. 사용기한 또는 개봉 후 사용기간
3. 판매일자 및 판매량

79번 문항
내피세포의 확장과 투과성의 증가는 홍반과 부종을 일으킬 수 있다.

80번 문항
- 채린 : 표피는 바깥쪽부터 각질층, 투명층, 과립층, 유극층, 기저층으로 구성되어 있다.
- 은정 : 필라그린은 표피의 각질층 형성에 중요한 역할을 하는 단백질로, 각질층에서 단백질 분해 효소에 의해 분해되는 천연보습인자(NMF)를 구성하는 아미노산을 이룬다.
- 수정 : 대식세포, 비만세포, 섬유아세포는 진피에 존재하는 세포이다.

4회 정답 및 해설

【단답형 해설】

82번 문항
적색 206호는 눈 주의 및 입술에 사용할 수 없는 색소이다.

83번 문항
음이온성 ⇨ 양쪽성 ⇨ 양이온성 ⇨ 비이온성 순으로 세정력이 강하다.
- ㉠ - 소듐라우릴설페이트 (음이온성)
- ㉡ - 코카미도프로필베타인 (양쪽성)
- ㉢ - 폴리쿼터늄-10 (양이온성)
- ㉣ - 솔비탄팔미테이트 (비이온성)

85번 문항
- 2 이상 4 미만: PA+ (차단 효과 낮음)
- 4 이상 8 미만: PA++ (차단 효과 보통)
- 8 이상 16 미만: PA+++ (차단 효과 높음)
- 16이상: PA++++ (차단 효과 매우 높음)

86번 문항
클렌징 폼은 인체 세정용 제품이다.
- 기초화장용 제품류 : 마스크 팩, 마사지 크림, 클렌징 크림, 클렌징 워터, 클렌징 오일, 클렌징 로션

88번 문항
「화장품법」 제5조 영업자의 의무 중 맞춤형화장품판매업자와 화장품책임판매업자의 의무사항이다.

90번 문항
모간부의 표피층의 에피큐티클, 엑소큐티클, 엔도큐티클 3개의 층으로 구성되어 있으며, 가장 바깥층은 에피큐티클이다.

91번 문항
가용화제는 용매에 난용성 물질을 용해시키기 위한 목적으로 사용되는 계면활성제이며, 가용화력과 미셀 형성과는 밀접한 관계를 가진다.

92번 문항
「우수화장품 제조 및 품질관리 기준」 제2조 용어의 정의에 대한 내용이다.

모의고사 4회 정답 및 해설

100번 문항

〈자외선 차단 성분〉
- 호모살레이트
- 디에칠아미노하이드록시벤조일헥실벤조에이트
- 에칠헥실살리실레이트
- 비스-에칠헥실옥시페놀메톡시페닐트리아진
- 테레프탈릴리덴디캠퍼설포닉애씨드
- 티타늄디옥사이드

맞춤형화장품 조제관리사 모의고사

정답 및 해설

5회

모의고사 5회 정답 및 해설

맞춤형화장품조제관리사 모의고사 5회 정답 및 해설

객관식																			
1	④	2	①	3	④	4	④	5	⑤	6	②	7	③	8	⑤	9	①	10	②
11	④	12	④	13	①	14	③	15	③	16	③	17	⑤	18	②	19	④	20	④
21	②	22	⑤	23	②	24	⑤	25	②	26	④	27	①	28	③	29	①	30	②
31	④	32	⑤	33	⑤	34	③	35	①	36	⑤	37	④	38	②	39	①	40	③
41	④	42	⑤	43	⑤	44	②	45	②	46	③	47	⑤	48	②	49	①	50	④
51	②	52	⑤	53	①	54	③	55	②	56	⑤	57	④	58	①	59	①	60	⑤
61	③	62	⑤	63	⑤	64	①	65	④	66	④	67	②	68	⑤	69	⑤	70	①
71	②	72	③	73	③	74	④	75	③	76	③	77	①	78	⑤	79	②	80	⑤

주관식		
81	미생물	
		82	흡광도
83	㉠ 기밀용기, ㉡ 밀봉용기	
		84	㉠ 제품표준서, ㉡ 품질관리기록서
85	- 레티놀(비타민 A) 및 그 유도체 - 아스코빅애시드(비타민 C) 및 그 유도체 - 토코페롤(비타민 E) - 과산화화합물 - 효소	85	- 민감정보 - 고유식별정보 - 주민등록번호
87	3년	88	0.00375 유
89	만수국꽃 추출물 또는 오일 만수국아재비꽃 추출물 또는 오일	90	비타민 E 클로페네신 알란토인클로로하이드록시알루미늄
91	징크피리티온	92	모노테르펜
93	각질층(피부장벽)	94	㉠ 기저층, ㉡ 아연이온
95	㉠ 출하, ㉡ 시장출하	96	점성(점도)
97	모발용 샴푸	98	기미
99	㉠ 모모세포(matrix cell) ㉡ 각질형성세포(keratinocyte)	100	㉠ 2, ㉡ 3

【모의고사 5회 - 제 1과목 화장품법의 이해 해설】

1번 문항
㉠, ㉡, ㉥ - 공공기관에 한하여 개인정보를 목적 외 용도로 이용하거나 제3자에게 제공할 수 있는 경우에 해당하지 않는다.

2번 문항
〈개인정보의 수집·이용(개인정보 보호법 제15조)〉
개인정보처리자는 다음의 어느 하나에 해당하는 경우에는 개인정보를 수집할 수 있으며 그 수집 목적의 범위에서 이용할 수 있다.
- 정보주체의 동의를 받은 경우
- 법률에 특별한 규정이 있거나 법령상 의무를 준수하기 위하여 불가피한 경우
- 공공기관이 법령 등에서 정하는 소관 업무의 수행을 위하여 불가피한 경우
- 정보주체 또는 그 법정대리인이 의사표시를 할 수 없는 상태에 있거나 주소불명 등으로 사전 동의를 받을 수 없는 경우로서 명백히 정보주체 또는 제3자의 급박한 생명, 신체, 재산의 이익을 위하여 필요하다고 인정되는 경우
- 개인정보처리자의 정당한 이익을 달성하기 위하여 필요한 경우로서 명백하게 정보주체의 권리보다 우선하는 경우. 이 경우 개인정보처리자의 정당한 이익과 상당한 관련이 있고 합리적인 범위를 초과하지 아니하는 경우에 한한다.

3번 문항
- ①, ②, ③, ⑤ 3천만원 이하의 과태료가 부과된다
- ④ 1천만원 이하의 과태료가 부과된다.

4번 문항
- 화장품제조업의 소재지 변경을 4차까지 위반 시 등록이 취소된다.
- 품질관리 업무 절차서를 작성하지 않고 있다가 4차 위반 시 등록이 취소된다.

5번 문항

〈식약처장 미백 고시 원료〉
유용성 감초 추출물, 알부틴, 알파비사보롤, 닥나무추출물, 나이아신아마이드, 에틸아스코빌에텔, 아스코빌글루코사이드, 아스코빌테트라이소팔미테이트, 마그네슘아스코빌포스페이트

〈식약처장 주름 개선 고시 원료〉
아데노신, 레티놀, 레티닐팔미테이트, 폴리에톡실레이티드레틴아마이드

모의고사 5회 정답 및 해설

〈파장의 길이〉

자외선	가시광선	적외선
200~400nm	400~750nm	750~1500nm

- 모발의 색상을 변화시켜주는 제품 중 일시적으로 모발의 색상을 변화시키는 물품은 두발염색용 화장품이다. 단, 일시적으로 모발의 색상을 변화시키는 물품은 기능성화장품에 포함되지 않는다.

6번 문항
식품의약품안전처장은 과징금을 내지 아니한 자가 독촉장을 받고도 납부기한까지 과징금을 내지 않으면 과징금부과처분을 취소하고 업무정지처분을 하여야 한다.

7번 문항
화장품제조업을 등록하려는 자는 총리령으로 정하는 시설기준을 갖추어야 한다. 다만, 화장품의 일부 공정만을 제조하는 등 총리령으로 정하는 경우에 해당하는 때에는 시설의 일부를 갖추지 아니할 수 있다.

【모의고사 5회 - 2과목 화장품 제조 및 품질관리 해설】

8번 문항

향료의 양: 100g × (0.2/100) = 0.2g

알러지 성분	함량	계산식
리모넨	10%	0.2×(10÷100)=0.02g (향료에 대한 리모넨양) 0.02÷100×100=0.02% (보습토너 전체양에 대한 리모넨 백분율함량)
리날룰	5%	0.2×(5÷100)=0.01g (향료에 대한 리날룰양) 0.01÷100×100=0.01% (보습토너 전체양에 대한 리날룰 백분율함량)
시트랄	1%	0.2×(1÷100)=0.002g (향료에 대한 시트랄양) 0.002÷100×100=0.002% (보습토너 전체양에 대한 시트랄 백분율함량)
벤질알코올	1%	0.2×(1÷100)=0.002g (향료에 대한 벤질알코올양) 0.002÷100×100=0.002% (보습토너 전체양에 대한 벤질알코올 백분율함량)
제나리올	0.5%	0.2×(0.5÷100)=0.001 (향료에 대한 제나리올양) 0.001÷100×100=0.001%

사용 후 씻어내는 제품(샴푸, 린스, 바디클렌저 등)에는 0.01%초과, 사용 후 씻어내지 않는 제품(토너, 로션, 크림 등)에는 0.001% 초과 함유하는 경우에 알레르기 성분명을 전성분명에 표시해야 한다.
(※초과 - 수량이 범위에 포함되지 않으면서 그 위인 경우를 가리킨다)

9번 문항
①은 염모제의 개별 주의사항이다.

10번 문항
밀봉용기 : 미생물 등의 침입으로 오염을 보호할 수 있는 용기.

11번 문항
〈비의도적으로 유래된 물질의 검출허용한도〉
- 납 : 점토를 원료로 사용한 분말제품은 50㎍/g 이하, r 밖의 제품은 20㎍/g 이하
- 니켈 : 눈 화장용 제품은 35㎍/g 이하, 색조 화장용 제품은 30㎍/g 이하, 그 밖의 제품은 10㎍/g이하
- 비소 : 10㎍/g 이하
- 수은 : 1㎍/g 이하
- 안티몬: 10㎍/g 이하
- 카드뮴 : 5㎍/g 이하
- 디옥산 : 100㎍/g 이하
- 메탄올 : 0.2(v/v)% 이하, 물휴지는 0.002%(v/v) 이하
- 포름알데하이드 : 2000㎍/g 이하, 물휴지는 20㎍/g 이하
- 프탈레이트류(디부티르탈레이트, 부틸벤질프탈레이트 및 디에칠헥실프탈레이트에 한함) : 총 합으로서 100㎍/g 이하

12번 문항
① - 레티닐팔미테이트는 피부의 주름개선에 도움을 주는 성분이다.
② - 아스코빌글루코사이드는 피부의 미백에 도움을 주는 성분이다.
③ - 알부틴은 피부의 미백에 도움을 주는 성분이다.
⑤ - 치오글리콜산 80%은 체모를 제거하는 기능을 가진 성분이다.

13번 문항
손 소독제는 의약외품으로 맞춤형화장품조제관리사가 혼합·소분 할 수 없다.

14번 문항
아스코빅애씨드(비타민 C), 글리세린, 시트릭애씨드는 수용성 성질이 강하다.
- 세틸알코올 : 탄소수가 16개인 고급알코올로 지용성 성질이 더 강하다.
- 스테아릭애씨드 : 탄소수가 18개인 고급지방산으로서 지용성 성질이 더 강하다.
 (※알코올은 탄소수가 많을수록 수용성이 감소하고, 지용성이 증가한다.)

모의고사 5회 정답 및 해설

15번 문항
- 브롬산나트륨 : 퍼머넌트 웨이브 성분
- 퀴닌 : 사용상의 제한이 필요한 원료(기타성분)으로 샴푸에 퀴닌염으로서 0.5%, 헤어로션에 퀴닌염으로서 0.2%의 사용한도가 있다.

16번 문항
① - 말릭애씨드는 씻어내는 제품 및 두발용 제품 기재에서 제외한다.
③ - AHA성분이 0.5% 이하면 아예 개별 주의사항을 다 적지 않아도 된다.
④ - AHA 성분이 10% 초과하여 함유되어 있거나 산도가 3.5 미만인 제품은 표시한다.
⑤ - 살리실릭애씨드는 BHA성분이다. 두발용에 3%, 인체세정용에 2% 들어갈 수 있다.

17번 문항
폴리에틸렌글리콜 제조 시 에톡실화의 부산물로 소량의 1, 4-디옥산이 생성될 수 있다.

18번 문항
②함량이 아니라 용법·용량이다.
〈법 제10조제1항제10호〉에 따라 화장품의 포장에 기재·표시하여야 하는 사항은 다음 각 호와 같다. 다만, 맞춤형화장품의 경우에는 제1호 및 제6호를 제외한다.
1. 식품의의약품안전처장이 정하는 바코드
2. 기능성화장품의 경우 심사받거나 보고한 효능·효과, 용법·용량
3. 성분명을 제품 명칭의 일부로 사용한 경우 그 성분명과 함량(방향용 제품은 제외)
4. 인체 세포·조직 배양액이 들어있는 경우 그 함량
5. 화장품에 천연 또는 유기농으로 표시·광고하려는 경우에는 원료의 함량
6. 수입화장품인 경우에는 제조국의 명칭, 제조회사명 및 그 소재지
7. 제2조제8호부터 제11호까지에 해당하는 기능성화장품의 경우에는 "질병의 예방 및 치료를 위한 의약품이 아님"이라는 문구
8. 다음 각 목의 어느 하나에 해당하는 경우 법 제8조제2항에 따라 사용기준이 지정·고시된 원료 중 보존제의 함량
  가. 별표 3 제1호가목에 따른 만 3세 이하의 영유아용제품류인 경우
  나. 만 4세 이상부터 만 13세 이하까지의 어린이가 사용할 수 있는 제품임을 특정하여 표시·광고하려는 경우

19번 문항
외음부 세정제는 임신 중에는 사용하지 않는 것이 바람직하며, 분만 직전에 외음부 주위에는 사용하면 안된다.

20번 문항
가혹조건에서 화장품의 분해과정 및 분해산물 등을 확인하기 위한 시험을 말한다. 일반적으로 개별 화장품의 취약성, 예상되는 운반, 보관, 진열 및 사용 과정에서 뜻하지 않게 일어나는 가능성 있는 가혹한 조건에서 품질 변화를 검토하기 위해 이와 같은 시험을 수행한다. (검체의 특성, 조검에 따라 로트 선택)
- 온도 편차 및 극한 조건 (-15~45℃)
- 기계·물리적시험
- 광안정성

21번 문항
- 품질검사 : 제품 또는 시설이 정상적으로 가동한다는 확증을 얻기 위해 실시하는 작업을 말한다.
- 품질검사성적서 : 품질검사의 결과를 기재한 문서로서, 제품의 품목 및 검사방법을 상세히 기재해야 한다. 품질검사 성적서에는 검사일자와 합격, 불합격, 폐기에 해당하는 각각의 제품 수량을 기재하도록 한다. 또 제품의 품명 및 규격, 검사 시험 수량을 기입하고 이상 발생 내용의 원인과 조치 사항 등을 상세히 작성하도록 한다.

22번 문항
리모넨, 참나무이끼추출물 등은 알레르기유발물질이다.

23번 문항
원료 품질 검사성적서 안정기준(식품의약품안전처, 원료 품질 검사성적서 인정기준)
- 제조업체의 원료에 대한 자가품질검사 또는 공인검사기관 성적서
- 제조판매업체의 원료에 대한 자가품질검사 또는 공인검사기관 성적서
- 원료업체의 원료에 대한 공인검사기관 성적서
- 원료업체의 원료에 대한 자가품질검사 시험성적서 중 대한화장품협회의 원료공급자의 검사결과 신고기준 자율규약 기준에 적합한 것

24번 문항
판매하거나 판매할 목적으로 보관 또는 진열하지 말하야 하는 화장품
- 등록을 하지 아니한 자가 제조한 화장품 또는 제조·수입하여 유통·판매한 화장품
- 맞춤형화장품 판매업 신고를 하지 아니한 자가 판매한 맞춤형화장품
- 맞춤형화장품 판매업자가 맞춤형화장품 조제관리사를 두지 아니하고 판매한 맞춤형화장품
- 화장품의 기재사항, 화장품의 가격표시, 기재·표시상의 주의에 위반되는 화장품 또는 의약품으로 잘못 인식할 우려가 있게 기재·표시된 화장품
- 판매의 목적이 아닌 제품의 홍보·판매촉진 등을 위하여 미리 소비자가 시험·사용하도록 제조 또는 수입된 화장품(소비자에게 판매하는 화장품에 한함)
- 화장품의 포장 및 기재·표시사항을 훼손 또는 위조·변조한 것
- 누구든지(맞춤형화장품 조제관리사를 통하여 판매하는 맞춤형화장품 판매업자는 제외) 화장품의 용기에 담은 내용물을 나누어서 판매하여서는 안 된다.

모의고사 5회 정답 및 해설

25번 문항
장벽대체제이면서 비타민 D를 생성하는 전구물질로 작용하는 것은 콜레스테롤이다. 인간의 피부 표피의 지질은 세라마이드, 콜레스테롤, 콜레스테롤에스터, 지방산 등으로 이루어져 있는데 이 중 피부장벽에서 제일 많은 것은 세라마이드이다. 대부분 건조한 증상과 민감성 피부 등 많은 피부질환들은 세라마이드가 체내에서 잘 생성되지 않거나 부족하여 생기게 된다. 세라마이드 다음으로 가장 낮은 것은 콜레스테롤이다.

26번 문항
지용성 비타민 중 하나인 비타민 A는 레티노이드로 알려진 지용성 물질 군으로 상호 전환되는 레티놀, 레틴알데하이드, 레티노익애씨드의 3가지 형태가 있으며 비가역적인 레티노익애씨드 전환 과정을 거친다. 레티노익애씨드 전환 과정은 비가역적이다.

27번 문항
〈위해평가 불필요한 경우〉
- 불법으로 유해물질을 화장품에 혼입한 경우
- 안전성, 유효성이 입증되어 허가 된 기능성 화장품
- 위험에 대한 충분한 정보가 부족한 경우

〈위해평가 필요한 경우〉
- 위해성에 근거하여 사용금지를 설정
- 안전성을 근거로 사용한도를 설정(살균보존성분 등)
- 현 사용한도 성분의 기준 적절성
- 비의도적 오염물질의 기준 설절
- 화장품 안전 이슈 성분의 위해성
- 위해관리 우선순위를 설정
- 인체 위해의 유의한 증거가 없음을 검증

【모의고사 5회 - 3과목 유통화장품 안전관리 해설】

28번 문항
〈우수화장품 제조 및 품질관리기준(CGMP)〉
원자재 관리에 관한 사항
가. 입고 시 품명, 규격, 수량 및 포장의 훼손 여부에 대한 확인방법과 훼손되었을 경우 그 처리방법
나. 보관장소 및 보관방법
다. 시험결과 부적합품에 대한 처리방법
라. 취급 시의 혼동 및 오염 방지대책

마. 출고 시 선입선출 및 칭량된 용기의 표시사항
바. 재고관리

29번 문항
적합판정기준이란 시험 결과의 적합 판정을 위한 수적인 제한, 범위 또는 기타 적절한 측정법을 말한다.

30번 문항
〈 CGMP 해설서에 명시된 내용 〉
- 방충 대책의 구체적인 예
- 벽, 천장, 창문, 파이프 구멍에 틈이 없도록 함
- 개방할 수 있는 창문을 만들지 않음
- 창문은 차광하고 야간에 빛이 밖으로 새어 나가지 않게 함
- 배기구, 흡기구에 필터 설치
- 폐수구에 트랩 설치
- 문 하부에는 스커트 설치
- 골판지, 나무 부스러기를 방치하지 않음(벌레의 집 원인)
- 실내압을 외부(실외)보다 높게 함(공기조화장치)
- 청소와 정리정돈
- 해충, 곤충의 조사와 구제 실시

31번 문항
CGMP 해설서 공기 조절의 방식에 대한 내용이다.

32번 문항
㉠ - Clean Bench는 Med-Filter, HEPA-Filter, Pre-Filter을 갖추어야 한다.
㉡ - 2차 포장실은 에어 필터로 Pre-Filter가 갖춰져 있어야 한다.
㉢ - 청정도 2등급 설명
㉣ - 청정도 2등급 설명
㉤ - Clean Bench는 1㎥당 부유균이 20마리 이하이어야 한다. 75마리를 33으로 나누면 약 22.7 마리이다. 기준초과이다.
㉥ - 제조실은 청정도 2등급으로 Pre-Filter, Med-Filter만을 갖춘다. 그리고 부유균이 1㎥당 200마리 이하여야 한다. 8800을 55로 나누면 160이므로 이 제조소는 160마리/㎥의 부유균을 관리되고 있다.

34번 문항
세균은 30~35℃에서 적어도 48시간 배양하며, 진균은 20~25℃에서 적어도 5일간 배양한다.

35번 문항
〈CGMP 해설서에 명시된 세제 세척 시 유의사항〉

모의고사 5회 정답 및 해설

- 세제는 설비 내벽에 남기 쉬우므로 철저하게 닦아 낸다.
- 잔존한 세척제는 제품에 악영향을 미칠 수 있으므로 확인 후 제거한다.
- 세제가 잔존하고 있지 않는 것을 설명하기 위해서는 고도의 화학 분석이 필요하다.

36번 문항
에어샤워실에 들어가 양팔을 들고 천천히 몸을 1~2회 회전시켜 청정한 공기로 에어샤워를 하여야 하는 자는 제조실에 들어가는 작업자이다.

〈맞춤형화장품조제관리사 교수학습 가이드〉

구분	복장기준	작업장
제조, 칭량	방진복, 위생모, 안전화/필요 시 마스크 및 보호안경	제조실, 칭량실
생산	방진복, 위생모, 작업화/필요 시 마스크	충진
	지급된 작업복, 위생모, 작업화	포장
품질관리	상의흰색가운, 하의평상복, 슬리퍼	실험실
관리자	상의 및 하의는 평상복, 슬리퍼	사무실
견학, 방문자	각 출입 작업소의 규정에 따라 착용	-

37번 문항
- 손을 대상으로 하는 세정제품에는 고형 타입의 비누와 액상 타입의 핸드워시(Hand wash), 물을 사용하지 않고 세정감을 주는 핸드새니타이저(Hand sanitizer)로 구성된다.
- 손바닥에는 피지선이 없으며 사회적 활동에 따라 미생물의 온상이 될 수 잇으므로 손에 대한 청결을 유지하는 것은 작업자의 위생 유지를 위한 중요한 행위이다
- 에탄올은 세포 내부에 침투하게 만들어 단백질을 응고시켜 바이러스를 사멸시킨다. 하지만 에탄올 농도가 너무 높으면 에탄올이 세포 표면을 통과하기도 전에 표면을 빠르게 응고시켜버려 바이러스 내부의 단백질까지 에탄올이 침투하지 못한다. 따라서 전문가들은 70~80%의 에탄올 농도가 바이러스를 죽이는 데 최적화되어 있다고 권장한다.

38번 문항
비의도적 유래 비소 함량은 10㎍/g이하 이므로 크림제B는 사용 불가능하다.

39번 문항
일탈이란 제조 또는 품질관리 활동 등의 미리 정하여진 기준을 벗어나 이루어진 행위를 말한다

40번 문항
- 시스테인 : 1.5~5.5%

41번 문항
㉠ - 시험대상은 30명 이상으로 수행한다.

ⓒ - 사람의 상등부(정중선의 부분은 제외)또는 전완부 등 인체사용시험을 평가하기에 적정한 부위를 폐쇄
　첩포한다.
ⓜ - 원칙적으로 첩포 24시간후에 patch를 제거하고 제거에 의한 일과성의 홍반의 소실을 기다려 관찰·
　판정한다.

42번 문항
- ⓛ - 커버는 비닐을 사용해도 된다. 세척된 설비는 다시 조립하고, 비닐 등의 씌워 2차 오염이 발생하지
　않도록 보관하라고 명시되어 있다. 〈맞춤형화장품조제관리사 교수 학습가이드〉
- ⓒ - 제품에 잔류하지 않을 때까지 호모게나이저, 믹서, 펌프, 필터, 카트리지 필터를 온수로 세척 후 스펀
　지와 세척제를 이용하여 닦아 낸 다음 상수와 정제수를 이용하여 헹군다.
　그 이후에 깨끗한 공기로 말린다. 즉, '온수'로 세척하는 단계는 꼭 필요한 단계이다.
- ⓡ - 탱크는 반응할 수 있는 제품의 경우 표면을 비활성으로 만들기 위해 사용하기 전에 부동태를
　추천한다.
- ⓜ - 일반적인 제조탱크는 소독 시 세척된 상태의 탱크 내부 표면 전체에 70% 에탄올이
　접촉되도록 고르게 스프레이한 후 뚜껑을 닫고 30분간 정체해둔다.

43번 문항
메틸렌 블루 용액은 염색 용액이지 희석액이나 완충용액이 아니다.

44번 문항
적절한 위생관리 기준 및 절차를 마련하고 제조소 내의 모든 직원이 위생관리 기준 및 절차를 준수할 수 있
도록 교육훈련을 해야 한다. 신규직원에 대하여 위생교육을 실시하며, 기존직원에 대해서도 정기적으로
교육을 실시해야 한다.

45번 문항
제트밀은 단열팽창효과를 이용하여 수 기압 이상의 압축공기 또는 고압증기 및 고압가스를 생성시켜 분사
노즐로 분사시키면 초음속의 속도인 제트기류를 형성한다. 이를 통해 입자끼리 충돌시켜 분쇄하는 방식으
로 건식형태로 가장 작은 입자를 얻을 수 있는 장치이다.

46번 문항
정밀점검 후에 수리가 불가능 한 경우에는 설비를 폐기하고, 폐기 전 까지 '유휴설비' 표시하여 설비가 사용
되는 것을 방지한다.

47번 문항
〈세정제별 작용기능〉
- 효소계 저해에 의한 세포기능 장해 : 양성비누, 붕산, 머큐로크로뮴
- 단백질 응고 또는 변경에 의한 세포기능 장해 : 알코올, 페놀, 알데하이드, 아이소프로판올, 포르말린
- 산화에 의한 세포기능 장해 : 할로겐화합물, 과산화수소, 과망간산칼륨, 아이오딘, 오존
- 원형질 중의 단백질과 결합한 세포기능 장해 : 옥시사이안화수소

모의고사 5회 정답 및 해설

- 세포벽과 세포막 파괴에 의한 세포기능 장해 : 계면활성제, 클로르헥사이딘

48번 문항
원자재의 입고 시 구매 요구서, 원자재 공급업체 성적서 및 현품이 서로 일치하여야 한다. 필요한 경우 운송 관련 자료를 추가적으로 확인할 수 있다.

49번 문항
세정제별 작용 기능

종류	작용 기능
알코올, 페놀, 알데하이드, 아이소프로판올, 포르말린	단백질 응고 또는 변경에 의한 세포기능 장해
할로겐 화합물, 과산화수소, 과망간산칼륨, 아이오딘, 오존	산화에 의한 세포기능 장해
옥시사이안화수소	원형질 중의 단백질과 결합하여 세포기능 장해
계면활성제, 클로르헥사이딘	세포벽과 세포막 파괴에 의한 세포기능 장해
양성 비누, 붕산, 머큐로크로뮴 등	효소계 저해에 의한 세포기능 장해

50번 문항
화학제 세척제

유형	pH	오염 제거 물질	예시	장단점
무기산과 약산성 세척제	0.2~5.5	무기염, 수용성 금속 Complex	- 강산 : 염산, 황산, 인산 - 약산(희석한 유기산) : 초산, 구연산	- 산성에 녹는 물질, 금속 산화물 제거에 효과적 - 독성, 환경 및 취급문제
중성 세척제	5.5~8.5	기름때 작은 입자	약한 계면활성제 용액 (알코올과 같은 수용성 용매를 포함할 수 있음)	- 용해나 유화에 의한 제거 - 낮은 독성 - 부식성
약알칼리성, 알칼리 세척제	8.5~12.5	기름, 지방입자	수환화암모늄, 탄산나트륨, 인산나트륨, 붕산액	- 알칼리는 비누화, 가수분해를 촉진
부식성 알칼리 세척제	12.5~14	찌든 기름	수산화나트륨, 수산화칼륨, 규산나트륨	- 오염물의 가수분해 시 효과 좋음 - 독성 주의, 부식성

51번 문항

ⓒ - 시험용 검체의 용기에는 다음 사항을 기재하여야 한다.
  1. 명칭 또는 확인코드
  2. 제조번호
  3. 검체채취 일자
ⓒ - 재작업은 그 대상이 다음 각 호를 모두 만족한 경우에 할 수 있다.
  1. 변질·변패 또는 병원미생물에 오염되지 아니한 경우
  2. 제조일로부터 1년이 경과하지 않았거나 사용기한이 1년 이상 남아있는 경우
ⓜ - 품질에 문제가 있거나 회수·반품된 제품의 폐기 또는 재작업 여부는 품질보증 책임자에 의해 승인되어야 한다.

52번 문항

ⓒ - 경시변화시험 중 화학적 시험에는 시험물가용성성분, 에테르불용 및 에탄올가용성성분, 에테르 및 에탄올 가용성 불검화물, 에테르 및 에탄올 가용성 검화물, 에테르 가용 및 에탄올 불용성 불검화물, 에테르가용 및 에탄올 불용성 검화물, 증발잔류물, 에탄올 등의 평가항목이 있다.
ⓒ - 가속시험은 시험개시 때를 포함하여 최소 3번을 측정하는 반면, 장기보존 시험과 개봉후 안정성시험은 시험개시 때와 첫 1년간은 3개월마다, 그 후 2년까지는 6개월마다, 2년 이후부터는 1년에 1회 시험결과를 측정한다.
ⓜ - 가혹시험은 화장품의 운반, 보관, 진열 및 사용 과정에서 뜻하지 않게 일어나는 가능성 있는 가혹한 환경 조건에서 품질변화를 검토하기 위해 시험을 수행한다.

【모의고사 5회 - 제 4과목 맞춤형화장품의 이해 해설】

53번 문항

손 소독제는 의약외품으로 맞춤형화장품조제관리사가 혼합·소분 할 수 없다.

54번 문항

특정집단에 노출 가능성이 클 경우 어린이 및 임산부 등 민감집단 및 고위험집단을 대상으로 위해성평가를 실시할 수 있다.

55번 문항

㉠ - 맞춤형화장품조제관리사는 일반화장품을 팔 수 있다.
㉡ - 화장품법 시행규칙에 따라 코롱은 화장품 유형 '방향용 제품류'에 속한다.
㉢ - 벤질알코올은 사용상 제한이 있는 보존제이므로 맞춤형화장품에 사용할 수 없다.
㉣ - 개별 포장당 메틸살리실레이트를 5.0%이상 함유하는 액체상태의 제품은 일반용기가 아닌 안전용기

모의고사 5회 정답 및 해설

포장을 사용해야 한다.
㉤ - 맞춤형화장품판매업자에게 내용물 등을 공급하는 화장품책임판매업자가 사전에 해당 원료를 포함하여 기능성화장품 심사를 받거나 보고서를 제출한 경우에는 맞춤형화장품조제관리사가 기 심사 받거나 보고서를 제출한 조합·함량의 범위 내에서 해당 원료를 혼합할 수 있다.

56번 문항
⑤은 로션에 대한 설명이다.
「맞춤형화장품조제관리사 교수·학습가이드」p. 91~93 참고

57번 문항
「화장품법 시행규칙」에 명시된 화장품의 유형 중 두발 세정용 제품류는 없다.
「맞춤형화장품조제관리사 교수·학습가이드」p. 95 참고

58번 문항
① - 생체 전기저항 분석법은 미세한 교류 전류를 흘려 보냈을 때, 체내에 지방이 많을수록 전기 저항이 크다는 원리에 기초한 신체 구성 측정법이다(체성분 분석 시 사용).
② - 각질층을 통해서 대기 중으로 빠져나가는 수분의 양을 의미한다. 즉 피부로부터 증발 및 발산하는 수분량을 측정함으로써 피부 수분 상태를 평가한다.
③,⑤ - 피부의 전기적 성질(전기전도도, 정전용량)을 이용하여 각질층 수화를 평가한다.
④ - 근적외 분광분석법은 근적외 분광분석기를 사용하여 근적외선을 피부에 조사하였을 때 나타나는 확산반사를 이용하여 측정하는 방법으로, 피부의 수분 측정에 쓰인다.

59번 문항
티로시나아제는 티로신으로부터 멜라닌으로 전환시키는데 중요한 효소이다.
티로시나아제는 구리이온과 결합하지 않으면 활성화되지 않는다. 구리를 함유한 티로시나아제는 티로신을 도파(DOPA)로 수산화시키고, 도파(DOPA)를 도파퀴논(DOPA qui-non)으로 산화시킨다. 도파퀴논(DOPA qui-non)은 여러과정을 거쳐 멜라닌이 된다.

60번 문항
①, ②, ③ - 화장품에 사용상의 제한이 필요한 원료. 맞춤형화장품에는 사용할 수 없다.
④ - 에칠헥실디메칠파바는 식품의약품안전처장이 고시한 기능성화장품의 효능·효과를 나타내는 원료이므로 맞춤형화장품에 사용할 수 없는 원료이다. (다만, 맞춤형화장품판매업자에게 원료를 공급하는 화장품책임판매업자가 해당 원료를 포함하여 기능성화장품에 대한 심사를 받거나 보고서를 제출한 경우는 제외한다.)

61번 문항
① - 고형 비누 소분은 맞춤형화장품이 아니지만, 액상비누는 맞춤형화장품으로 소분 가능.
② - 쿠마린은 식약처 지정 알레르기 유발 성분이다. 조제관리사가 기준치를 초과하여 넣은 경우 '향료'와

별개로 따로 기재해야 하는 성분이다.
④ - 화장품책임판매업자가 납품 시 이미 심사받은 나이아신아마이드가 포함된 벌크 제품은 사용이 가능하다. 벤질알코올(방부제)가 첨가된 원료를 혼합하는 것도 가능하다. 보존제를 단독 사용할 수는 없으나 원료 자체에 부수 성분으로서 보존제가 사용된 경우는 예외이다.
⑤ - 기능성 고시 원료를 배합할 수 없는 게 원칙이나 사전에 책임판매업자가 기능성 고시 원료가 넣어진 상태로 심사를 받았다면 맞춤형화장품판매업소에 기능성 고시 원료를 따로 납품한 경우 조제관리사는 기심사받은 내용과 범위 내에서 기능성 고시 원료를 배합할 수 있다. 단, 심사 받지 않은 다른 기능성 고시원료나 심사 받은 함량을 초과하여 배합할 수 없다.

62번 문항
인체 세포·조직 배양액의 품질을 확보하기 위하여 다음의 항목을 포함한 인체세포·조직 배양액 품질관리 기준서를 작성하고 이에 따라 품질검사를 하여야 한다.
(1) 성상
(2) 무균시험
(3) 마이코플라스마 부정시험
(4) 외래성 바이러스 부정시험
(5) 확인시험
(6) 순도시험(기원 세포 및 조직 부재시험 등)

63번 문항
㉠ - 화장품 사용 시의 주의사항의 공통사항이다.
㉡ - 눈에 접촉을 피하고 눈에 들어갔을 때에 즉시 씻어내는 주의사항 표시 문구는 과산화수소 및 과산화수소 생성물질 함유 제품, 벤잘코늄클로라이드/브로마이드/사카리네이트, 실버나이트레이트 함유제품에 대한 주의사항 표시 문구이다.
㉢ - 흡입되지 않도록 주의의 대한 주의사항 표시는 스테아린산아연 함유 제품(기초화장용 제품류 중 파우더 제품에 한함)에 대한 주의사항 문구이다.
㉣ - 체취 방지용 제품에 대한 주의사항 표시 문구이다.
㉤ - 부틸파라벤, 프로필파라벤, 이소부틸파라벤 또는 이소프로필파라벤 함유 제품(영·유아용 제품류 및 기초화장용 제품류 / 만 3세 이하 영유아가 사용하는 제품 중 사용 후 씻어 내지 않는 제품에 한함)에 대한 주의사항 표시 문구이다.
㉥ - AHA에는 타타릭애씨드, 시트릭애씨드, 글라이콜릭애씨드, 락틱애씨드, 말릭애씨드가 있다. 전성분에는 락틱애씨드가 있으므로 AHA에 대한 주의사항 표시 문구이다.

64번 문항
인체 적용시험의 최종시험결과보고서는 다음의 사항을 포함하여야 한다.
1) 시험의 종류(시험 제목)
2) 코드 또는 명칭에 의한 시험물질의 식별
3) 화학물질명 등에 의한 대조물질의 식별(대조물질이 있는 경우에 한함)

모의고사 5회 정답 및 해설

4) 시험의뢰자 및 시험기관 관련 정보
   가) 시험의뢰자의 명칭과 주소
   나) 관련된 모든 시험시설 및 시험지점의 명칭과 소재지, 연락처
   다) 시험책임자 및 시험자의 성명
5) 날짜
   시험개시 및 종료일
6) 신뢰성보증확인서
   시험점검의 종류, 점검날짜, 점검시험단계, 점검결과 등의 기록된 것
7) 피험자
   가) 선정 및 제외 기준
   나) 피험자 수 및 이에 대한 근거
8) 시험방법
   가) 시험 및 대조물질 적용방법(대조물질이 있는 경우에 한함)
   나) 적용량 또는 농도, 적용 횟수, 시간 및 범위, 사용제한
   다) 사용장비 및 시약
   라) 시험의 순서, 모든 방법, 검사 및 관찰, 사용된 통계학적 방법
   마) 평가방법과 시험목적 사이 연관성, 새로운 방법일 경우 이 연관성을 확인할 수 있는 근거자료
9) 시험결과
   가) 시험결과의 요약
   나) 시험계획서에 제시된 관련 정보 및 자료
   다) 통계학적 유의성 결정 및 계산과정을 포함한 결과
   라) 결과의 평가와 고찰, 결론
10) 부작용 발생 및 조치내역
    가) 부작용 등 발생사례
    나) 부작용 발생에 따른 치료 및 보상 등 조치내역

65번 문항

㉠ - 제 2항에 따라 실증자료의 제출을 요청받은 영업자 또는 판매자는 요청받은 날부터 15일 이내에 그 실증자료를 식품의약품안전처장에게 제출하여야 한다. 다만, 식품의약품안전처장은 정당한 사유가 있다고 인정하는 경우에는 그 제출기간을 연장할 수 있다.

㉢ - 어린이 사용 화장품의 경우 방문광고 또는 실연은 무조건 안된다.

㉣ - 제2항 및 제3항에 따라 식품의약품안전처장으로부터 실증자료의 제출을 요청받아 제출한 경우에는 「표시ㆍ광고의 공정화에 관한 법률」 등 다른 법률에 따라 다른 기관이 요구하는 자료 제출을 거부할 수 있다.

5회 정답 및 해설

66번 문항

원료명	사용한도	비고
벤잘코늄클로라이드, 브로마이드 및 사카리네이트	사용 후 씻어내는 제품에 벤잘코늄클로라이드로서 0.1% 기타 제품에 벤잘코늄클로라이드로서 0.05%	살균보존제

67번 문항
- 천연 및 유기농 함량 계산 방법에 따라 동일한 식물의 유기농과 비유기농이 혼합되어 있을 경우 이 혼합물은 유기농으로 간주하지 않는다. 따라서 라벤더 추출물은 유기농이 들어갔더라도 유기농으로 포함되지 않는다.
- 건조 유기농 원물인 딸기열매를 신선한 유기농 원물로 환산시에는 5를 곱해줘야 한다.
- 계산법

  [유기농÷(유기농+비유기농)×100]이므로, [20+(5×5)+40÷(85+10+20)×100]
  = (85÷115)×100
  = 73.91304……
  = 73.9 (소수 둘째 자리까지 반올림 하시오.)

68번 문항
- 레벨 부착 위치견본 : 완성제품, 레벨부착 위치에 관한 표준
- 향료 표준견본 : 외관, 색, 성상, 냄새 등에 관한 표준
- 원료 표준견본 : 외관, 색, 성상, 냄새 등에 관한 표준
- 제품 색조 표준견본 : 제품 내용물 색조에 관한 표준

69번 문항
- 시제품 제작, 생산, 제품검사 : 견본품, 표준품 등을 기준으로 시제품 모양새 확인·검사
- 설계 : 용기, 패키지 등의 디자인 및 재질, 내용물 특성 등을 분석

70번 문항
- 감초 : 두드러기, 피부염 예방
- 코직산 : 미백, 암 유발
- 살리실산 : 여드름 피부 개선

71번 문항
- 가용화 : 화장수나 에센스처럼 물에 소량의 오일이 계면활성제에 의해 투명하게 용해
- 산화 : 산소와의 결합, 수소는 떨어져 나감
- 분산 : 아이라이너, 마스카라를 만들 때 물 또는 오일 성분에 미세한 고체 입자가 계면활성제에 의해 균일하게 혼합된 상태
- 반응 : 외부의 영향으로 인하여 발생한 변화 혹은 현상

모의고사 5회 정답 및 해설

72번 문항
무기염은 순도 시험이다.

73번 문항
① - 각질층에 형광물질을 염색시킨 후 형광물질이 소멸되는 시간을 측정하여 세포재생 효과를 평가한다(유효성분 : 하이알루론산, 젖산)
② - 인체의 피부로부터 얻은 섬유아세포를 일정 시간 배양한 후 세포의 수를 측정하여 세포 증식효과를 평가한다(유효성분 : 아데노신)
④ - 혈액의 단백질이 응고되는 정도를 관찰하여 수렴효과를 평가한다(유효성분 : 에탄올)
⑤ - 피부의 주름 부분을 본떠서 만든 복제물의 측면에서 빛을 비추었을 때 생기는 그림자의 길이와 면적을 측정하여 피부의 거칠기와 주름억제 효과를 평가한다(유효성분 : 레티놀, 아데노신, 레티닐팔미테이트, 메디민 A)

74번 문항
피부색은 멜라닌 세포(멜라노사이트)의 수가 아니라 멜라닌 색소의 양을 측정하여 색소 침착 정도를 분석한다. 전세계인들은 가지고 태어난 멜라닌 세포의 수는 거의 유사하다. 그러나 멜라닌 색소의 양에 의해서 피부색이 결정된다.
멜라닌 색소의 종류와 양에 따라서 피부색이 다르다.

75번 문항

알레르기 유발 성분으로 식약처장이 고시한 성분 : 신남알, 아이소유제놀, 헥실신남알, 파네솔, 벤질벤조에이트, 하이드록시시트로넬알 총 6개이다.

<향료 1-10g> : <향료 2-10g>를 1:2로 혼합한 바디퍼퓸 조성물(30g)	
성분	함량
글리세린	5+(5×2)=15g
에탄올	3+(3×2)=9g
신남알	255μg
아이소유제놀	120μg
헥실신남알	90μg
파네솔	480μg
벤질벤조에이트	300μg
하이드록시시트로넬알	180μg

신남알은 전체 30g 중 255μg이 들어있으므로 0.00085%이다. 같은 방법으로 환산 시 아이소유제놀은

0.0004%, 헥실신남알은 0.0003%, 파네솔은 0.0016%, 벤질벤조에이트 0.001%, 하이드록시시트로넬알 0.0006% 이다.
바디퍼품의 경우 사용 후 씻어내지 않는 제품이므로 0.001%를 초과하는 것은 기재를 해야한다. 따라서 파네솔은 0.0016%, 벤질벤조에이트 0.001% 이므로 2가지가 알레르기를 유발할 수 있다고 기재·표기해야 한다.

76번 문항
이 제품은 식품의약품안전처에 자료 제출이 생략되는 기능성화장품 고시 성분과 사용상의 제한이 필요한 원료를 최대 사용 한도록 배합하여 제조하였다. (1% 이하의 성분들도 함량 순서대로 기재되어 있음)

전 성 분
정제수, 부틸렌글라이콜, 티타늄디옥사이드(25%), 사이클로펜타실록세인, 글리세린, 이소아밀p-메톡시신나메이트(10%), 나이아신아마이드(5%), 글리세릴카프릴레이트, 유용성 감초추출물(0.05%), (   ), 비피다발효용해물, 다이소듐이디티에이, 폴리솔베이트20, 코튼추출물, 녹차추출물, 아데노신(0.04%), 락틱애씨드, 향료

이 제품은 1% 이하의 성분들도 함량 순서대로 기재되어 있으므로, 괄호 안에 들어갈 성분은 0.04% 이상 0.05% 이하의 사용한도를 지닌 성분이다. 최대함유량으로 0.05%인 ③이 정답이다.
- ① 아세틸헥사메틸테트라린 사용한도 : 0.08%
- ② 세틸피리디늄클로라이드 사용한도 : 0.15%
- ④ 3,4-디클로로벤질알코올 사용한도 : 0.3%
- ⑤ 테트라브로모-o-크레졸 : 사용 후 씻어내지 않는 제품 0.1%(다만, 하이드로알콜성 제품에 배합할 경우 1%, 순수향료 제품에 배합할 경우 2.5%, 방향크림에 배합할 경우 0.5%), 사용 후 씻어내는 제품 0.2% 이다.

77번 문항
사용상의 제한이 필요한 원료에 해당하는 성분은 토코페롤(20%), 에틸헥실살리실레이트(5%), 아이오도프로피닐부틸카바메이트(이 화장품에서는 0.01%)이다. 총합은 25.01%
※ 아데노신은 기능성화장품 고시 원료이며, 사용상의 제한이 필요한 원료는 아니다.

모의고사 5회 정답 및 해설

78번 문항

제품색, 지속력은 분광측색계 이용한다.

	관능용어	물리화학적평가법
물리적요소	촉촉함, 보송보송함, 뽀드득함, 매끄러움, 보들보들함, 부드러움, 딱딱함, 빠르게 스며듦, 느리게스며듦, 가볍게발림, 빡빡하게 발림	마찰감테스터 점탄성 측정(리오미터)
	피부가 탄력이 있음 피부가 부드러워짐	유연성측정
	끈적임, 끈적이지 않음	핸디압축 시험법
광학적요소	투명감이 있음, 매트함 윤기가 있음, 윤기가 없음	변색분광측정계 (고니오스펙트럼포토미터)

79번 문항

② - 표피의 두께는 나이가 들어도 별로 감소하지 않지만 노인의 진피의 두께는 10~20% 줄어든다. 이 때 진피의 세포 수나 혈관 수도 전반적으로 감소한다.

③ - 피부색소를 담당하는 멜라닌 세포의 수가 10년 마다 10~20% 감소한다. 따라서 피부색이 전체적으로 옅어지고, 자외선에 대한 보호능력도 감소된다. 이에 따라 햇볕에 의하여 피부가 일광화상을 입을 위험성이 높아진다.

80번 문항

통증, 홍반, 부종, 발열을 염증의 4요소라 한다.
국소 증상은 염증 부위의 혈관이 이완되고, 모세혈관들의 투과성이 증가하며, 혈류가 증가하는 과정에서 생기게 된다. 홍반과 발열은 혈액의 흐름이 염증 부위쪽으로 증가되기 때문에 생기며, 혈관 투과성이 증가하여 조직에 체액이 축적되고 부종이 생긴다. 신경 말단을 자극하는 히스타민과 브래디키닌이 방출되어 통증을 느끼게 된다. 이러한 복합적인 요인이 모여 염증 부위의 기능 상실을 일으킬 수 있다. 염증이 발생한 부위에 따라 다양한 기능 상실이 나타날 수 있다.

5회 정답 및 해설

【단답형 해설】

81번 문항
화장품위해평가가이드라인, 맞춤형화장품판매업 가이드라인 참고

82번 문항
인체세포조직배양액 안전기준(인체 세포 조직 배양액의 안전성평가)

83번 문항
「기능성화장품의 기준 및 시험방법」[별표 1] 통칙 중 일부
「밀폐용기」는 일상의 취급 또는 보존상태에서 외부로부터 고형의 이물이 들어가는 것을 방지하고 고형의 내용물이 손실되지 않도록 보호할 수 있는 용기를 말한다. 밀폐용기로 규정되어 있는 경우에는 기밀용기도 쓸 수 있다. 「기밀용기」는 일상의 취급 또는 보통 보존상태에서 액상 또는 고형의 이물 또는 수분이 침입하지 않고 내용물을 손실, 풍화, 조해 또는 증발로부터 보호할 수 있는 용기를 말한다. 기밀용기로 규정되어 있는 경우에는 밀봉용기도 쓸 수 있다.
「밀봉용기」는 일상의 취급 또는 보존상태에서 기체 또는 미생물이 침입할 염려가 없는 용기를 말한다.
「차광용기」는 광선의 투과를 방지하는 용기 또는 투과를 방지하는 포장을 한 용기를 말한다.
※ ㉠기밀용기와 ㉡밀봉용기 순서를 바꿔서 답을 쓰면 안된다.

86번 문항
개인정보의 처리 제한 항목
- 민감정보의 처리 제한(개인정보보호법 제23조)
- 고유식별정보의 처리 제한(개인정보보호법 제24조)
- 주민등록번호 처리의 제한(개인정보보호법 제24조의2)

88번 문항
- 알레르기 유발성분의 함량 산출방법 : 해당 알레르기 유발성분이 제품의 내용량에서 차지하는 함량의 비율을 계산한다.
  => 0.03 ÷ 800 × 100 = 0.00375%
- 알레르기 유발성분의 표시 유무 : 사용 후 씻어내지 않는 제품에는 0.001% 초과하는 경우에 한한다. 그러므로 알레르기 유발성분의 표시유무는 "유" 이다.

89번 문항
만수국꽃 추출물 또는 오일
 - 사용 후 씻어내는 제품에 0.1%
 - 사용 후 씻어내지 않는 제품에 0.01%
만수국아재비꽃 추출물 또는 오일

모의고사 5회 정답 및 해설

- 사용 후 씻어내는 제품에 0.1%
- 사용 후 씻어내지 않는 제품에 0.01%

90번 문항
- 징크피리티온 : 보존제로서 사용 후 씻어내는 제품에 0.5%, 보존제 외기타 성분으로 1%의 사용제한이 있다.
- 알파 - 비사보롤 0.5%, 트라이클로산은 사용 후 씻어내는 제품류에 0.3%(기능성화장품의 유효성분으로 사용하는 경우에 한하며 기타 제품에는 사용금지)

95번 문항
화장품 제조업자가 제조소 외로 완제품을 운반(운송)하면 출하, 화장품 책임판매업자가 판매를 위해 완제품을 운반(운송)하면 시장출하이다.

96번 문항
액체가 일정방향으로 운동할 때 그 흐름에 평행한 평면의 양측에 내부마찰력이 일어난다. 이 성질을 점성이라고 한다. 점성은 면의 넓이 및 그 면에 대하여 수직방향의 속도구배에 비례한다. 그 비례점소를 절점도라 하고 일정 온도에 대하여 그 액체의 고유한 정수이다. 그 단위로서는 포아스 또는 센티포아스를 쓴다. (기능성화장품 기준 및 시험방법 별표 10 일반시험법)

98번 문항
기미는 30대 임신 또는 원전 등으로 인해 지속적으로 햇빛에 노출되었을 때 발생하는 색소침착이다.

100번 문항
〈pH 시험법(기능성화장품 기준 및 시험방법 별표 10 일반시험법)〉
따로 규정이 없는 한 검체 약 2g 또는 2mL를 취하여 100mL 비이커에 넣고 물 30mL를 넣어 수욕상에서 가온하여 지방분을 녹이고 흔들어 섞은 다음 냉장고에서 지방분을 응결시켜 여과한다. 이때 지방층과 물층이 분리되지 않을 때는 그대로 사용한다.

저 자　　황 예 지 | Hwang Ye Ji

- 차의과대학교 의학과 보건학 박사
- 건국대학교 향장품학 석사
- 현)구미대학교 의료미용학과 조교수
- 현)구미대학교 헤어메이크업네일아트과 조교수
- 현)라스텔라 뷰티센터 대표
- 현)유글로우 교육센터 대표
- 전)힐리노 화장품소재 기업부설연구소 팀장

맞춤형 화장품조제관리사 (난이도별) 모의고사 500제

초판발행일	2022년 03월 18일
초판인쇄일	2022년 03월 15일
지 은 이	황예지
펴 낸 이	김미아
펴 낸 곳	도서출판 한수
인 쇄 처	(주)아이엠애드
출 판 등 록	제303-2003-000031호
주　　소	서울특별시 성동구 왕십리로 311-1
전　　화	02-2281-8013
팩　　스	02-921-8785
홈 페 이 지	www.hansoo.or.kr
ISBN	979-11-85174-62-4

※ 이 책의 내용을 무단으로 인용하거나 발췌를 금지하며, 내용의 전부 또는 일부를 이용하려면 도서출판 한수 의 서면 동의를 받아야 합니다.

※ 파본 및 낙장본은 교환하여 드립니다.

※ 책값은 표지에 있습니다.